现代数学基础丛书·典藏版　19

实用微分几何引论

苏步青　华宣积　忻元龙　著

科学出版社
北　京

内 容 简 介

本书以三维空间的向量运算和微分几何为理论基础，以几何学在生产实际中的一些应用为主要内容，论述了微分几何在机械设计和加工、船体的设计和制造等方面的一些应用.

全书共分八章，第一、二、四章是基础知识，系统地介绍了曲线论和曲面论. 第三章等距曲线是为解决凸轮型线设计问题而设的. 第五章论述齿轮啮合问题. 其余三章论述曲线的拟合与设计、曲面的相交与展开、曲面的拟合与设计. 本书的着重点在于数学模型的建立.

本书可供机械制造等方面的工程技术人员以及应用数学工作者参考，也可作为高等院校有关专业的教材.

图书在版编目(CIP)数据

实用微分几何引论／苏步青，华宣积，忻元龙著. —北京：科学出版社，2010.9

(现代数学基础丛书・典藏版；19)

ISBN 978-7-03-028794-6

Ⅰ.①实… Ⅱ.①苏… ②华… ③忻… Ⅲ.①微分几何 Ⅳ.①O186.1

中国版本图书馆 CIP 数据核字（2010）第 166889 号

责任编辑：杜小杨 王丽平／责任校对：陈玉凤

责任印制：徐晓晨／封面设计：王 浩

科学出版社 出版

北京东黄城根北街 16 号

邮政编码：100717

http://www.sciencep.com

北京厚诚则铭印刷科技有限公司印刷

科学出版社发行 各地新华书店经销

*

2010 年 9 月 第 一 版 开本：B5(720×1000)

2016 年 6 月 印 刷 印张：15

字数：285 000

定价：98.00 元

(如有印装质量问题，我社负责调换)

前　言

随着电子计算机的发展和应用, 数学的各个分支为国民经济和社会发展服务的途径越来越宽广. 数学工作者在应用研究和开发研究方面都取得了越来越多的成绩. 为了反映这方面的部分成果, 一九七七年科学出版社出版了主要是由我们编写的《曲线与曲面》一书. 该书出版后, 我们收到许多读者的来信. 在信中, 他们提出了不少宝贵意见, 并且要求适当增加基础理论方面的内容和配备一些习题. 另外, 近几年来我们又接触到一些新的应用领域, 看到了一些应用成果和开发研究成果. 因此, 我们以《曲线与曲面》一书为基础, 重新编写了这本书. 它以几何学在生产实际中的一些应用为主要内容, 以三维空间的向量运算和微分几何学为理论基础. 我们希望本书对工程技术人员能有所帮助; 希望它能为数学工作者从事应用研究提供参考; 也希望它可作为应用数学专业或有关工科大学的微分几何的教材或参考书.

几何学已广泛应用于计算机辅助设计(CAD)和计算机辅助制造(CAM)的许多方面, 并且这种应用将会有更大的发展. 由于我们的实践不多, 书中仅联系了机构设计和加工、船体的设计与制造中的一些应用. 即使在这两方面也是挂一漏万的, 和雨后春笋般的研究成果相比, 仅仅是沧海之一粟. 为了适应更多的读者, 书中的基础内容没有涉及三维空间解析几何和微分几何以外的各种几何学, 这无疑地也限制了我们的论述范围.

本书不要求读者有很多的预备知识. 学过空间解析几何、数学分析、高等代数或高等数学的读者, 都可能顺利地阅读. 有些章节的后面还附上习题, 帮助读者消化正文的有关内容. 第1章、第2章和第4章是基础知识, 系统地介绍了向量、曲线论和曲面论. 其余各章除第6章与第8章有密切联系外, 彼此是独立的, 不一定按次序阅读.

书中没有包含上机计算的程序. 这主要是因为我们的着重点在于如何归结数学模型, 在于"几何学"与"机构运动学"以及造船工艺等的一些联系, 而不是程序的编制. 另一个原因是目前的计算机的型号和所用的语言多种多样, 我们的程序对读者未必有多少用处.

我们对科学出版社长期的热情的支持和帮助表示感谢, 对曾向我们提出过宝贵意见的同事和读者表示感谢.

由于我们水平有限, 书中错误之处在所难免. 请读者以及各方面的专家批评指正.

作　者

1984年5月

前言

目　　录

第1章　向　　量

1.1　向量的概念

我们经常碰到的量有两种. 一种叫数量(或标量), 例如时间、距离、体积、温度等等. 这种量在取定量度单位以后, 就可以用数值的大小完全表示出来. 另一种量, 例如力、速度、位移等等, 除了用一定的量度单位的数值表示它们的大小以外, 还必须指明它们的方向, 才能完全表示出来. 这种既有大小又有方向的量叫做向量(或矢量).

向量可以用有向线段(规定了起点和终点的直线段)来表示. 如图1-1所示, 从O点到A点的有向线段OA的长度表示向量的大小, 而它的指向表示向量的方向. 本书中用附有箭头的$\overrightarrow{OA}$或用斜黑体字母$\boldsymbol{a}, \boldsymbol{b}$表示向量. 用$\overrightarrow{OA}$表示向量时, O就是它的起点, A是它的终点.

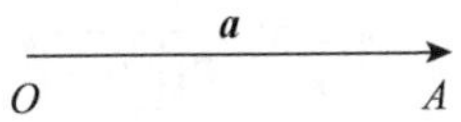

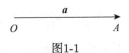

图1-1

如果所讨论的向量只依赖于它的大小和方向而与向量的起点无关, 那么它称为自由向量. 本书中如无特别声明, 向量都指自由向量.

在三维欧氏空间中, 建立右手直角坐标系$\{O;\boldsymbol{i},\boldsymbol{j},\boldsymbol{k}\}$, 其中$O$表示坐标原点, $\boldsymbol{i},\boldsymbol{j},\boldsymbol{k}$表示沿着三个坐标轴正向的单位向量. 这样, 任何向量$\boldsymbol{r}$可以写成

$$\boldsymbol{r} = x\boldsymbol{i} + y\boldsymbol{j} + z\boldsymbol{k} = (x, y, z),$$

其中x, y, z分别称为向量沿X轴, Y轴, Z轴的分量. 向量$\boldsymbol{r}$的长度定义为

$$|\boldsymbol{r}| = \sqrt{x^2 + y^2 + z^2}.$$

零向量为

$$\boldsymbol{0} = 0\boldsymbol{i} + 0\boldsymbol{j} + 0\boldsymbol{k} = (0, 0, 0).$$

当两个向量的分量分别相等时, 我们说, 它们相等.

1.2 向量的代数运算

设λ 为实数, $\boldsymbol{r}=(x,y,z)$, 则λ 与$\boldsymbol{r}$ 之积定义为

$$\lambda\boldsymbol{r}=(\lambda x,\lambda y,\lambda z). \tag{2.1}$$

若$|\boldsymbol{r}|\neq 0$, 则$\boldsymbol{r}/|\boldsymbol{r}|$是和$\boldsymbol{r}$方向相同的单位向量, 它的分量称为向量$\boldsymbol{r}$ 的方向余弦.

若$\boldsymbol{r}_i=(x_i,y_i,z_i)(i=1,2)$ 为两个向量, 则它们的和定义为

$$\boldsymbol{r}_1+\boldsymbol{r}_2=(x_1+x_2,y_1+y_2,z_1+z_2), \tag{2.2}$$

而它们的内积(数量积)则为

$$\boldsymbol{r}_1\cdot\boldsymbol{r}_2=x_1x_2+y_1y_2+z_1z_2. \tag{2.3}$$

向量$\boldsymbol{r}_1,\boldsymbol{r}_2$ 平行的一个充要条件是它们线性相关, 即存在着不同时为零的实数λ_1,λ_2, 使$\lambda_1\boldsymbol{r}_1+\lambda_2\boldsymbol{r}_2=\boldsymbol{0}$.

若记非零向量$\boldsymbol{r}_1$ 与$\boldsymbol{r}_2$ 之间的角为$\theta, 0\leqslant\theta\leqslant\pi$, 则

$$\cos\theta=\frac{\boldsymbol{r}_1\cdot\boldsymbol{r}_2}{|\boldsymbol{r}_1|\cdot|\boldsymbol{r}_2|}. \tag{2.4}$$

因此, $\boldsymbol{r}_1$ 垂直于$\boldsymbol{r}_2$ 的充要条件是它们的数量积$\boldsymbol{r}_1\cdot\boldsymbol{r}_2=0$. 若$\boldsymbol{r}_1=\boldsymbol{r}_2=\boldsymbol{r}$, (2.3)式化为

$$\boldsymbol{r}^2=x^2+y^2+z^2=|\boldsymbol{r}|^2,$$

故

$$\sqrt{\boldsymbol{r}^2}=|\boldsymbol{r}|.$$

设$\boldsymbol{r}_1,\boldsymbol{r}_2$ 为不平行的两个向量, 其间的角为θ , 而且$\boldsymbol{e}$ 为与$\boldsymbol{r}_1,\boldsymbol{r}_2$ 同时垂直的单位向量, 而且$\boldsymbol{r}_1,\boldsymbol{r}_2,\boldsymbol{e}$ 按这个次序构成右手系, 那么向量$\boldsymbol{r}_1,\boldsymbol{r}_2$ 的向量积(或称外积)定义为

$$\boldsymbol{r}_1\times\boldsymbol{r}_2=(|\boldsymbol{r}_1|\,|\boldsymbol{r}_2|\sin\theta)\,\boldsymbol{e}=\begin{vmatrix} y_1 & z_1\\ y_2 & z_2\end{vmatrix}\boldsymbol{i}+\begin{vmatrix} z_1 & x_1\\ z_2 & x_2\end{vmatrix}\boldsymbol{j}+\begin{vmatrix} x_1 & y_1\\ x_2 & y_2\end{vmatrix}\boldsymbol{k}. \tag{2.5}$$

因此, $\boldsymbol{r}_1$ 与$\boldsymbol{r}_2$ 平行的另一个充要条件为$\boldsymbol{r}_1\times\boldsymbol{r}_2=\boldsymbol{0}$.

上面的这些运算之间还满足下面的规律. 若λ,μ 表示实数, $\boldsymbol{r}_1,\boldsymbol{r}_2,\boldsymbol{r}_3$ 表示向量, 则下列式子成立

1) 结合律:

$$\lambda(\mu\boldsymbol{r}_1)=(\lambda\mu)\boldsymbol{r}_1,$$

$$(\boldsymbol{r}_1+\boldsymbol{r}_2)+\boldsymbol{r}_3=\boldsymbol{r}_1+(\boldsymbol{r}_2+\boldsymbol{r}_3),$$

$$(\lambda\boldsymbol{r}_1)\cdot\boldsymbol{r}_2=\lambda(\boldsymbol{r}_1\cdot\boldsymbol{r}_2),$$

$$(\lambda\boldsymbol{r}_1)\times\boldsymbol{r}_2=\lambda(\boldsymbol{r}_1\times\boldsymbol{r}_2);$$

2) 交换律:

$$\boldsymbol{r}_1+\boldsymbol{r}_2=\boldsymbol{r}_2+\boldsymbol{r}_1,$$

$$\boldsymbol{r}_1\cdot\boldsymbol{r}_2=\boldsymbol{r}_2\cdot\boldsymbol{r}_1;$$

3) 分配律:

$$(\lambda+\mu)\boldsymbol{r}_1=\lambda\boldsymbol{r}_1+\mu\boldsymbol{r}_2,$$

$$\lambda(\boldsymbol{r}_1+\boldsymbol{r}_2)=\lambda\boldsymbol{r}_1+\lambda\boldsymbol{r}_2,$$

$$\boldsymbol{r}_1\cdot(\boldsymbol{r}_2+\boldsymbol{r}_3)=\boldsymbol{r}_1\cdot\boldsymbol{r}_2+\boldsymbol{r}_1\cdot\boldsymbol{r}_3,$$

$$\boldsymbol{r}_1\times(\boldsymbol{r}_2+\boldsymbol{r}_3)=\boldsymbol{r}_1\times\boldsymbol{r}_2+\boldsymbol{r}_1\times\boldsymbol{r}_3;$$

此外, 向量积还满足

$$\boldsymbol{r}_1\times\boldsymbol{r}_2=-\boldsymbol{r}_2\times\boldsymbol{r}_1.$$

三个向量$\boldsymbol{r}_1,\boldsymbol{r}_2,\boldsymbol{r}_3$ 的混合积是

$$(\boldsymbol{r}_1,\boldsymbol{r}_2,\boldsymbol{r}_3)=(\boldsymbol{r}_1\times\boldsymbol{r}_2)\cdot\boldsymbol{r}_3=\begin{vmatrix}x_1 & y_1 & z_1\\ x_2 & y_2 & z_2\\ x_3 & y_3 & z_3\end{vmatrix},\tag{2.6}$$

它的绝对值表示以$\boldsymbol{r}_1,\boldsymbol{r}_2,\boldsymbol{r}_3$ 为棱的平行六面体的体积. 因此, $\boldsymbol{r}_1,\boldsymbol{r}_2,\boldsymbol{r}_3$ 共面(即平行于同一平面)的充要条件是

$$(\boldsymbol{r}_1,\boldsymbol{r}_2,\boldsymbol{r}_3)=0.$$

它们成右手系的充要条件是

$$(\boldsymbol{r}_1,\boldsymbol{r}_2,\boldsymbol{r}_3)>0.$$

关于向量的内积和向量积, 下面的Lagrange恒等式成立

$$(\boldsymbol{r}_1\times\boldsymbol{r}_2)\cdot(\boldsymbol{r}_3\times\boldsymbol{r}_4)=(\boldsymbol{r}_1\cdot\boldsymbol{r}_3)(\boldsymbol{r}_2\cdot\boldsymbol{r}_4)-(\boldsymbol{r}_1\cdot\boldsymbol{r}_4)(\boldsymbol{r}_2\cdot\boldsymbol{r}_3).\tag{2.7}$$

关于三个向量的双重向量积, 下面的公式成立:

$$(\boldsymbol{r}_1\times\boldsymbol{r}_2)\times\boldsymbol{r}_3=(\boldsymbol{r}_1\cdot\boldsymbol{r}_3)\boldsymbol{r}_2-(\boldsymbol{r}_2\cdot\boldsymbol{r}_3)\cdot\boldsymbol{r}_1.\tag{2.8}$$

在这两个公式中, 如果已经证明其一, 则可导出另一个. 此外, 两个公式都是可直接从它们的分量表示形式加以验证的.

在本节结束之前, 举出两个应用的例子.

例1 组合机床是一种通用部件和专用部件组成的、工序集中的高效率机床. 它一般采用多轴、多刀、多工序、多面、多工位等操作同时进行加工. 在组合机床中, 动力部件是通过主轴箱和被加工的零件发生关系的. 主轴箱通过齿轮结构把驱动轴的转动传递到各主轴(工作轴)去. 精确地计算出各传动轴位置的坐标是非常重要的. 在主轴箱的坐标计算中反复遇到的问题是这样的:

已知两点$Q_1(x_1,y_1),Q_2(x_2,y_2)$ 和它们到另一点Q 的距离 $p_1=|QQ_1|,p_2=|QQ_2|$, 求Q 点的坐标.

解 如图1-2所示, 向量

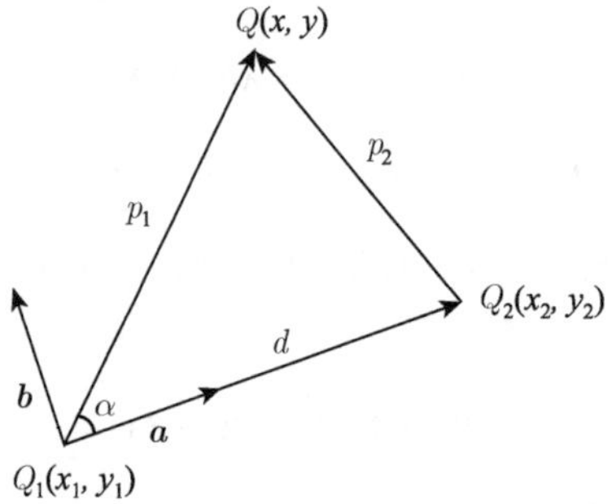

图1-2

$$\overrightarrow{Q_1Q_2}=(x_2-x_1,y_2-y_1).$$

它的单位向量是

$$\boldsymbol{a}=\left(\frac{x_2-x_1}{d},\frac{y_2-y_1}{d}\right),$$

其中

$$d=\left|\overrightarrow{Q_1Q_2}\right|=\sqrt{(x_2-x_1)^2+(y_2-y_1)^2}.$$

设$\boldsymbol{b}$ 是$\boldsymbol{a}$ 逆时针转动90° 后所得到的向量, 那么

$$\boldsymbol{b}=\left(-\frac{y_2-y_1}{d},\frac{x_2-x_1}{d}\right).$$

我们可把向量$\overrightarrow{Q_1Q}$ 关于$\boldsymbol{a}$ 和$\boldsymbol{b}$ 进行分解:

$$\overrightarrow{Q_1Q}=p_1(\boldsymbol{a}\cos\alpha+\boldsymbol{b}\sin\alpha),$$

其中α 表示从$\overrightarrow{Q_1Q_2}$ 到$\overrightarrow{Q_1Q}$ 的转角.

可是$\overrightarrow{Q_1Q}=(x-x_1,y-y_1)$, 而且

$$\boldsymbol{a}\cos\alpha+\boldsymbol{b}\sin\alpha=\cos\alpha\left(\frac{x_2-x_1}{d},\frac{y_2-y_1}{d}\right)+\sin\alpha\left(-\frac{y_2-y_1}{d},\frac{x_2-x_1}{d}\right),$$

所以, 从上面的分解式得出

$$x=x_1+\frac{p_1}{d}\left[(x_2-x_1)\cos\alpha-(y_2-y_1)\sin\alpha\right],$$
$$y=y_1+\frac{p_1}{d}\left[(y_2-y_1)\cos\alpha+(x_2-x_1)\sin\alpha\right].$$

我们只要求出$\cos\alpha$ 和$\sin\alpha$ 就可获得Q 点的坐标. 根据余弦定理得知

$$\cos\alpha=\frac{p_1^2+d^2-p_2^2}{2p_1d},$$

于是

$$\sin\alpha=\pm\sqrt{1-\left(\frac{p_1^2+d^2-p_2^2}{2p_1d}\right)^2}.$$

由于$\sin\alpha$ 一般有两个数值, 分别对应于$\overrightarrow{Q_1Q_2}$, 旋转到$\overrightarrow{Q_1Q}$ 时的方向是逆时针或顺时针, 所以有两个Q 点符合题目的要求.

这个例题在数学上是很简单的向量运算, 但是在复杂的实际问题中归结出这样的数学问题可绝不是轻而易举的事情.

例2 利用向量的运算可以推导球面三角学里的公式. 取单位球, 过球中心O 的平面与球面的交线称为大圆. 以大圆为边的三角形叫做球面三角形. 以A,B,C 代表它的三个顶点, 其对应的对边用α,β,γ 表示(图1-3). 而A,B,C 点位置向量用$\boldsymbol{a},\boldsymbol{b},\boldsymbol{c}$ 表示. A 角, B 角, C 角, α,β,γ 间的关系就是球面三角学中的重要公式. 假定$A,B,C,\alpha,\beta,\gamma$ 都小于π, 我们可以证明下列球面三角的余弦定理

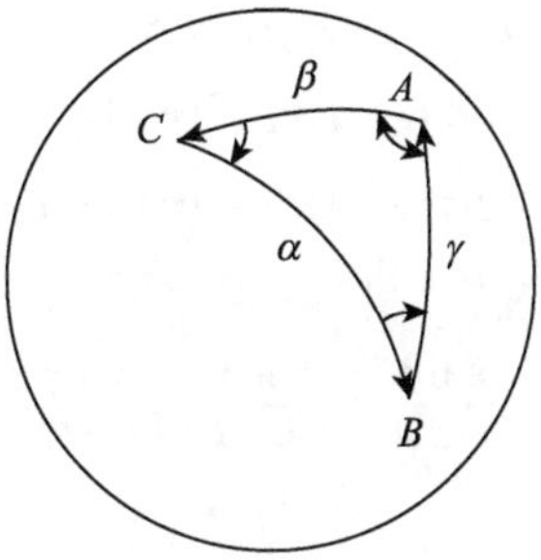

图1-3

$$\cos\alpha=\cos\beta\cos\gamma+\sin\beta\sin\gamma\cos A,$$
$$\cos\beta=\cos\gamma\cos\alpha+\sin\lambda\sin\alpha\cos B,$$
$$\cos\gamma=\cos\alpha\cos\beta+\sin\alpha\sin\beta\cos C.$$

这里, 我们只证明其中第一式, 其余式子的证明是完全类似的. 由Lagrange恒等式

$$(\boldsymbol{a}\times\boldsymbol{b})\cdot(\boldsymbol{c}\times\boldsymbol{d})=(\boldsymbol{a}\cdot\boldsymbol{c})(\boldsymbol{b}\cdot\boldsymbol{d})-(\boldsymbol{a}\cdot\boldsymbol{d})(\boldsymbol{b}\cdot\boldsymbol{c}),$$

得

$$(\boldsymbol{a}\times\boldsymbol{b})\cdot(\boldsymbol{a}\times\boldsymbol{c})=\boldsymbol{b}\cdot\boldsymbol{c}-(\boldsymbol{a}\cdot\boldsymbol{c})(\boldsymbol{a}\cdot\boldsymbol{b}),$$

由于

$$\boldsymbol{a}\cdot\boldsymbol{c}=\cos\beta,\boldsymbol{b}\cdot\boldsymbol{a}=\cos\gamma,\boldsymbol{b}\cdot\boldsymbol{c}=\cos\alpha,$$

又因为向量$\boldsymbol{a}\times\boldsymbol{b}$ 与$\boldsymbol{a}\times\boldsymbol{c}$ 的长度各为$\sin\gamma,\sin\beta$, 它们的夹角就是$\boldsymbol{a},\boldsymbol{b}$ 所构成的平面与$\boldsymbol{c},\boldsymbol{a}$ 所构成平面的夹角, 即A 角, 所以$(\boldsymbol{a}\times\boldsymbol{b})\cdot(\boldsymbol{a}\times\boldsymbol{c})=\sin\beta\sin\gamma\cos A$, 因此有

$$\sin\beta\sin\gamma\cos A=\cos\alpha-\cos\beta\cos\gamma,$$

这就是第一式.

习 题

1. 说明定义两个向量夹角的公式(2.4)是有意义的.
2. 直接证明Lagrange恒等式(2.7).
3. 利用公式(2.7)证明公式(2.8).
4. 利用公式(2.8)证明公式(2.7).
5. 证明

$$(\boldsymbol{r}_1\times\boldsymbol{r}_2)\cdot[(\boldsymbol{r}_2\times\boldsymbol{r}_3)\times(\boldsymbol{r}_3\times\boldsymbol{r}_1)]=(\boldsymbol{r}_1,\boldsymbol{r}_2,\boldsymbol{r}_3)^2=\begin{vmatrix}\boldsymbol{r}_1\cdot\boldsymbol{r}_1 & \boldsymbol{r}_1\cdot\boldsymbol{r}_2 & \boldsymbol{r}_1\cdot\boldsymbol{r}_3\\ \boldsymbol{r}_2\cdot\boldsymbol{r}_1 & \boldsymbol{r}_2\cdot\boldsymbol{r}_2 & \boldsymbol{r}_2\cdot\boldsymbol{r}_3\\ \boldsymbol{r}_3\cdot\boldsymbol{r}_1 & \boldsymbol{r}_3\cdot\boldsymbol{r}_2 & \boldsymbol{r}_3\cdot\boldsymbol{r}_3\end{vmatrix}.$$

6. 证明

$$\begin{aligned}&(\boldsymbol{r}_1\times\boldsymbol{r}_2)\times(\boldsymbol{r}_3\times\boldsymbol{r}_4)\\ =&(\boldsymbol{r}_1,\boldsymbol{r}_3,\boldsymbol{r}_4)\boldsymbol{r}_2-(\boldsymbol{r}_2,\boldsymbol{r}_3,\boldsymbol{r}_4)\boldsymbol{r}_1\\ =&(\boldsymbol{r}_1,\boldsymbol{r}_2,\boldsymbol{r}_4)\boldsymbol{r}_3-(\boldsymbol{r}_1,\boldsymbol{r}_2,\boldsymbol{r}_3)\boldsymbol{r}_4.\end{aligned}$$

7. 证明球面三角中的正弦定理

$$\frac{\sin\alpha}{\sin A}=\frac{\sin\beta}{\sin B}=\frac{\sin\gamma}{\sin C},$$

其中记号参看图1-3.

8. 证明

$$\begin{aligned}&(\boldsymbol{r}_1\times\boldsymbol{r}_2,\boldsymbol{r}_3\times\boldsymbol{r}_4,\boldsymbol{r}_5\times\boldsymbol{r}_6)\\ =&(\boldsymbol{r}_1,\boldsymbol{r}_2,\boldsymbol{r}_4)(\boldsymbol{r}_3,\boldsymbol{r}_5,\boldsymbol{r}_6)-(\boldsymbol{r}_1,\boldsymbol{r}_2,\boldsymbol{r}_3)(\boldsymbol{r}_4,\boldsymbol{r}_5,\boldsymbol{r}_6).\end{aligned}$$

9. 化简

$$(\boldsymbol{r}_1+\boldsymbol{r}_2,\boldsymbol{r}_2+\boldsymbol{r}_3,\boldsymbol{r}_3+\boldsymbol{r}_1).$$

10. 证明

$$\begin{aligned}&(\boldsymbol{r}_1\times\boldsymbol{r}_2)\cdot(\boldsymbol{r}_3\times\boldsymbol{r}_4)+(\boldsymbol{r}_2\times\boldsymbol{r}_3)\cdot(\boldsymbol{r}_1\times\boldsymbol{r}_4)\\ &+(\boldsymbol{r}_3\times\boldsymbol{r}_1)\cdot(\boldsymbol{r}_2\times\boldsymbol{r}_4)=0.\end{aligned}$$

1.3 向量函数与曲线的参数表示

若对应于$a \leqslant t \leqslant b$ 中的每一个t 值, 有一个确定的向量$\boldsymbol{r}$, 则$\boldsymbol{r}$ 称为t 的一个向量函数, 记为$\boldsymbol{r}(t)$. 显然向量函数$\boldsymbol{r}(t)$ 的三个分量都是t 的函数, 即

$$\boldsymbol{r}(t)=(x(t),y(t),z(t)),a \leqslant t \leqslant b.$$

关于函数的极限以及连续的概念都可容易推广到向量函数. 设$\boldsymbol{r}(t)=(x(t),y(t),z(t)),\boldsymbol{r}_0=(x_0,y_0,z_0)$, 如果下式成立

$$\lim_{t\to t_0} x(t)=x_0,\lim_{t\to t_0} y(t)=y_0,\lim_{t\to t_0} z(t)=z_0,$$

我们说, 当t 趋向于t_0 时, $\boldsymbol{r}(t)$ 趋向于极限$\boldsymbol{r}_0$, 记为

$$\lim_{t\to t_0} r(t)=\boldsymbol{r}_0,$$

不难证明上式等价于

$$\lim_{t\to t_0} |\boldsymbol{r}(t)-\boldsymbol{r}_0|=0.$$

容易证明极限运算具有如下的性质:

$$\lim_{t\to t_0} \lambda(t)\boldsymbol{r}(t)=\lim_{t\to t_0} \lambda(t)\lim_{t\to t_0} \boldsymbol{r}(t),$$

$$\lim_{t\to t_0} [\boldsymbol{r}_1(t)+\boldsymbol{r}_2(t)]=\lim_{t\to t_0} \boldsymbol{r}_1(t)+\lim_{t\to t_0} \boldsymbol{r}_2(t),$$

$$\lim_{t\to t_0} [\boldsymbol{r}_1(t)\cdot\boldsymbol{r}_2(t)]=\lim_{t\to t_0} \boldsymbol{r}_1(t)\lim_{t\to t_0} \boldsymbol{r}_2(t),$$

$$\lim_{t\to t_0} [\boldsymbol{r}_1(t)\times\boldsymbol{r}_2(t)]=\lim_{t\to t_0} \boldsymbol{r}_1(t)\times\lim_{t\to t_0} \boldsymbol{r}_2(t),$$

其中$\lambda(t)$ 为一个在$[a,b]$ 中定义的数量函数.

类似地, 向量函数$\boldsymbol{r}(t)$ 的连续性被定义为它的分量函数的连续性. 具体地说, 如果$x(t),y(t),z(t)$ 关于t 具有直到k 阶的连续导函数, 我们就称向量函数$\boldsymbol{r}(t)=(x(t),y(t),z(t))$ 为c^k 阶向量函数. 特别当$x(t),y(t),z(t)$ 是t 的连续函数时, 称$\boldsymbol{r}(t)$ 是连续向量函数.

类似地, 可以定义多个自变量的向量函数.

如果把向量函数$\boldsymbol{r}(t)$ 看成空间一点P 的位置向量, $\boldsymbol{r}(t)=\overrightarrow{OP}$, 则t 在闭区间$[a,b]$ 里变动时, P 的轨迹一般是一条曲线Γ (图1-4). 这时, 方程$\boldsymbol{r}=\boldsymbol{r}(t),a\leqslant t\leqslant b$, 称为曲线$\Gamma$ 的参数方程.

在解析几何课程里, 我们知道一条过P_0 点而以$\boldsymbol{v}$ 为方向的直线有下列方程:

$$\boldsymbol{r}-\boldsymbol{r}_0=t\boldsymbol{v},$$

其中$\boldsymbol{r}_0=\overrightarrow{OP_0}$, t 是实数. 又例如在xy 平面上, 圆的参数方程可以写成

$$\boldsymbol{r}=a(\cos\theta\boldsymbol{i}+\sin\theta\boldsymbol{j}),\quad 0\leqslant\theta<2\pi,$$

它是以坐标原点为圆心, a 为半径的圆.

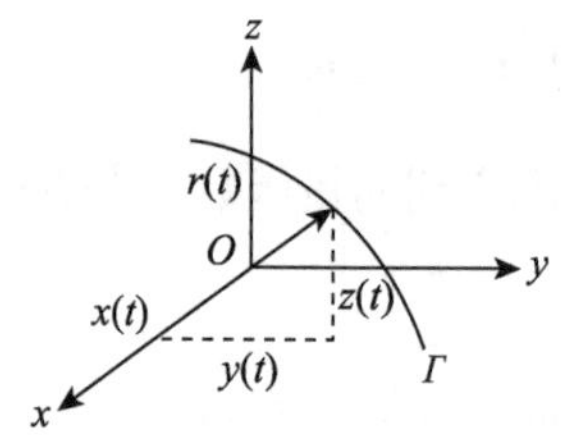

图1-4

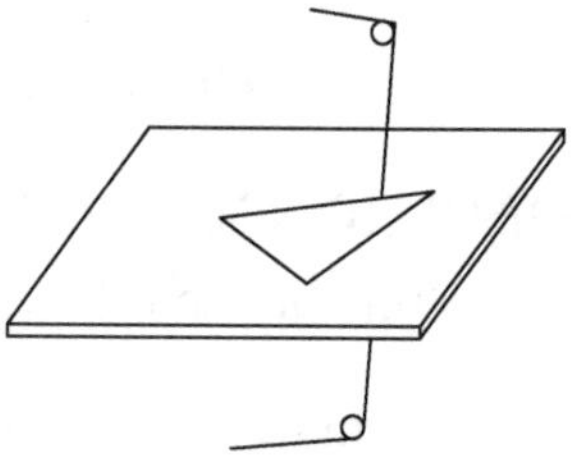

图1-5

直线和圆弧是最简单的曲线, 但也是最有用的曲线, 很多复杂的曲线都可以用许多直线段或圆弧段来近似地表示它们的形状(称为曲线的拟合, 本书后面专门有一章讨论这个问题), 所以有一种专门加工直线和圆弧的数字程序控制线切割机床. 我们取一个实例来作概要的描述.

例3 数字程序控制线切割机床是一种新技术, 切割曲线的精密度很高, 它是用电子计算机控制切割(曲线)的. 在切割时, 把工件固定在机床的十字型拖板上, 利用钼丝和工件间加接高频电源产生的高频脉冲, 使钼丝对金属起腐蚀作用, 以达到切割的目的(图1-5). 十字型拖板由纵板和横板组成, 它们由步进马达带动. 步进马达每走一步, 拖板就移动一μ 米(即一微米, 千分之一毫米), 钼丝也切割一μ 米. 计算机就是通过步进马达控制纵横拖板的进退, 使钼丝切割出规定的直线和圆弧的.

设加工的圆弧是以原点为圆心、半径为R 的圆周的一部分, 它落在第 I 象限内(横纵拖板分别取为x 轴和y 轴). 因为拖板只能在纵横两个方向运动, 实际上加工得到的是一条与圆弧十分近似的折线(图1-6).

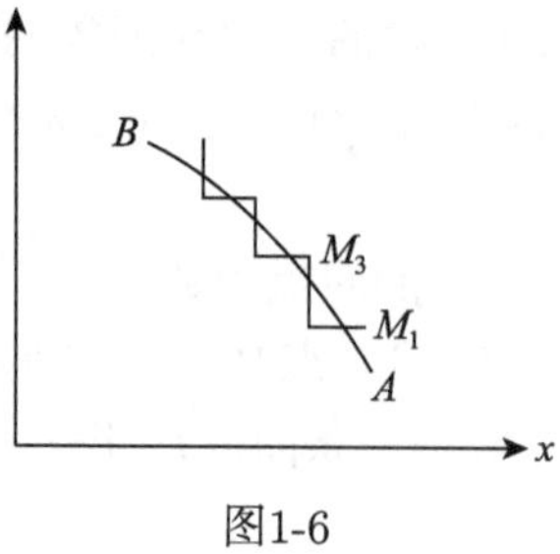

图1-6

线切割机床采用逐点比较法控制钼丝对加工点的位置. 拖板每移动一步, 就比较一下加工点M 和圆的位置关系, 判断M 点在圆内还是在圆外. 如果M 在圆外,

则移动横拖板使加工点向x 轴的负方向移动; 如果M 点在圆内, 则移动纵拖板让加工点向y 轴的正方向移动.

如何判断M 点在圆内还是在圆外呢? 这就要用到圆的方程. 以原点为圆心, R 为半径的圆的方程是

$$x^2+y^2=R^2.$$

如果$M(x,y)$ 在圆内, 它的坐标必须满足

$$x^2+y^2<R^2.$$

如果$M(x,y)$ 在圆外, 它的坐标必须满足

$$x^2+y^2>R^2.$$

记$F=x^2+y^2-R^2$, 它表示加工点M 到原点的距离的平方减去圆弧半径的平方, F 的数值表示M 点对圆的偏差. 电子计算机控制拖板每走一步都要经过四个过程, 用框图表示如下:

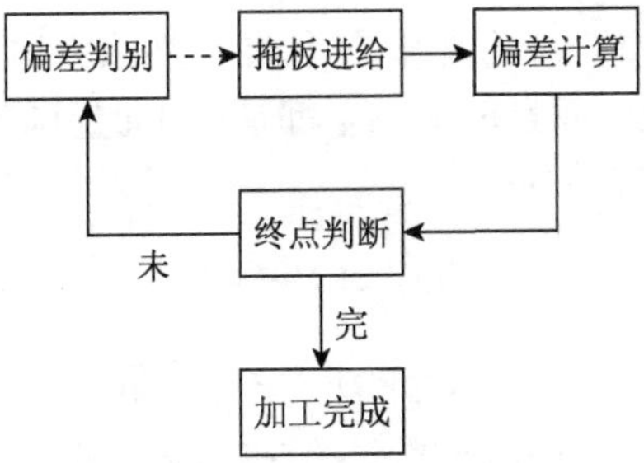

另外, 谈一谈直线的加工. 因为把加工起点取作为坐标原点, 所以可把加工点和原点的连线斜率同规定直线的斜率进行比较. 设规定直线的终点的坐标是(x_e,y_e), 那么, 它的斜率是$\dfrac{y_e}{x_e}$, 而加工点$M(x,y)$ 和原点连线的斜率是$\dfrac{y}{x}$, 这两斜率的差值是

$$\frac{y}{x}-\frac{y_e}{x_e}=\frac{yx_e-xy_e}{xx_e}.$$

因为加工点始终和(x_e,y_e) 在同一象限里, $xx_e>0$, 所以

$$\bar{F}=yx_e-xy_e$$

和上面的斜率差值同符号. 因此实际加工时, 是用$\bar{F}$ 作为偏差进行逐点比较的. 这样, 只要求电子计算机能做加、减和乘的运算就行了. 电子计算机控制拖板的过程, 完全和加工圆弧时一样.

1.4 向量函数的微分、曲线的切线

设$\boldsymbol{r}(t)=(x(t),y(t),z(t))$ 是定义在闭区间$[a,b]$ 上的向量函数, $t_0\in[a,b]$. 如果极限

$$\lim_{\Delta t\to 0}\frac{\boldsymbol{r}(t_0+\Delta t)-\boldsymbol{r}(t_0)}{\Delta t} \tag{4.1}$$

存在, 那么称$\boldsymbol{r}(t)$ 在t_0 是可微的, 这个极限就称为$\boldsymbol{r}(t)$ 在t_0 的导向量, 记为$\left(\frac{\mathrm{d}\boldsymbol{r}}{\mathrm{d}t}\right)_{t_0}$ 或$\boldsymbol{r}'(t_0)$, 即

$$\left(\frac{d\boldsymbol{r}}{dt}\right)_{t_0}=\boldsymbol{r}'(t_0)=\lim_{\Delta t\to 0}\frac{\boldsymbol{r}(t_0+\Delta t)-\boldsymbol{r}(t_0)}{\Delta t}.$$

从极限的定义出发, 容易证明下式成立:

$$\left(\frac{d\boldsymbol{r}}{dt}\right)_{t_0}=\boldsymbol{r}'(t_0)=(x'(t_0),y'(t_0),z'(t_0)), \tag{4.2}$$

式中$x'(t_0)=\left[\frac{dx(t)}{dt}\right]_{t=t_0}$, 等等.

如果$\boldsymbol{r}(t)$ 对$[a,b]$ 中每一个t 值都是可微的, 那么它称为在$[a,b]$ 上是可微的.

设λ 是t 的数量函数, 而且$\boldsymbol{r}_1,\boldsymbol{r}_2,\boldsymbol{r}_3$ 都是t 的向量函数. 如果它们都是可微的, 那么下列公式的验证是容易的:

$$(\lambda\boldsymbol{r})'=\lambda'\boldsymbol{r}+\lambda\boldsymbol{r}', \tag{4.3}$$

$$(\boldsymbol{r}_1+\boldsymbol{r}_2)'=\boldsymbol{r}_1'+\boldsymbol{r}_2', \tag{4.4}$$

$$(\boldsymbol{r}_1\cdot\boldsymbol{r}_2)'=\boldsymbol{r}_1'\cdot\boldsymbol{r}_2+\boldsymbol{r}_1\cdot\boldsymbol{r}_2', \tag{4.5}$$

$$(\boldsymbol{r}_1\times\boldsymbol{r}_2)'=\boldsymbol{r}_1'\times\boldsymbol{r}_2+\boldsymbol{r}_1\times r_2', \tag{4.6}$$

$$(\boldsymbol{r}_1,\boldsymbol{r}_2,\boldsymbol{r}_3)'=(\boldsymbol{r}_1',\boldsymbol{r}_2,\boldsymbol{r}_3)+(\boldsymbol{r}_1,\boldsymbol{r}_2',\boldsymbol{r}_3)+(\boldsymbol{r}_1,\boldsymbol{r}_2,\boldsymbol{r}_3') \tag{4.7}$$

式中的撇“′”表示关于t 的导数.

导向量有重要的几何意义. 设C 为对应于连续向量函数$\boldsymbol{r}(t)$ 的连续曲线, P_0 为C 上一个定点, 它对应的参数为t_0 (图1-7). 又设P 为C 上在P_0 邻近的一点. 当P 点沿曲线C 趋向于P_0 时, 曲线的弦P_0P 有极限位置, 则这个极限位置称为曲线C 在P_0 点的切线. 如果P 点的对应参数为$t_0+\Delta t$, 那么向量

$$\overrightarrow{P_0P}=\boldsymbol{r}(t_0+\Delta t)-\boldsymbol{r}(t_0)$$

为P_0P 弦上的一个向量. 当Δt 趋于零, 即当P 点趋于P_0 点时, $\overrightarrow{P_0P}$ 也趋于零. 同时向量

$$\frac{\overrightarrow{P_0P}}{\Delta t}=\frac{\boldsymbol{r}(t_0+\Delta t)-\boldsymbol{r}(t_0)}{\Delta t}$$

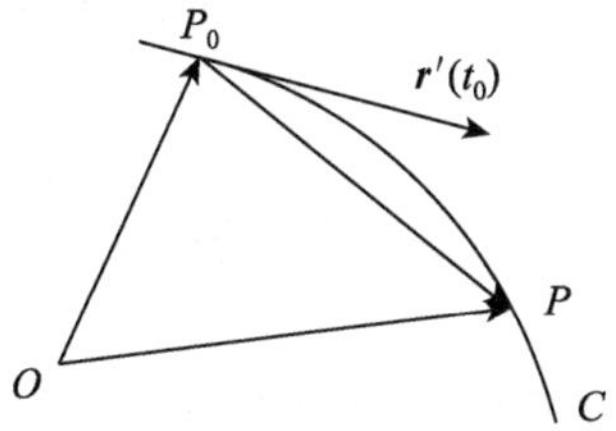

图1-7

也是P_0P 弦上的一个向量, 而且当Δt 趋于零时, 它的极限如果不是零向量, 就可以代表C 在P_0 点的切线方向. 由此可见, 如果$\boldsymbol{r}'(t_0)\neq 0$, 曲线$C$ 在P_0 点的切线一定存在, 这个向量就是切线上的一个非零向量. 对曲线C, 如果选取了它的一种参数表示, 也就自然地定义了曲线C 的正向为参数增加的方向. 这样, 由于$\boldsymbol{r}'(t_0)$ 的方向是$\overrightarrow{P_0P}$ 方向的极限而恰好表示了曲线C 的正向. 具有正向的曲线称为有向曲线.

和普通函数的微分一样, 向量函数的微分定义为

$$d\boldsymbol{r}=\boldsymbol{r}'(t)dt=(dx(t),dy(t),dz(t)).$$

对于复合函数

$$\boldsymbol{r}=\boldsymbol{r}(t),t=\phi(u),$$

则有

$$\frac{d\boldsymbol{r}}{du}=\frac{d\boldsymbol{r}}{dt}\frac{dt}{du}=\boldsymbol{r}'(t)\phi'(u).\tag{4.8}$$

对多自变量的向量函数也可引进偏导向量的概念. 例如,

$$\boldsymbol{r}(u,v)=(x(u,v),y(u,v),z(u,v)),$$

则有

$$\boldsymbol{r}_u=\frac{\partial\boldsymbol{r}}{\partial u}=(x_u,y_u,z_u),$$
$$\boldsymbol{r}_v=\frac{\partial\boldsymbol{r}}{\partial v}=(x_v,y_v,z_v),$$

这里

$$x_u=\frac{\partial x}{\partial u},y_u=\frac{\partial y}{\partial u},z_u=\frac{\partial z}{\partial u},$$
$$x_v=\frac{\partial x}{\partial v},y_v=\frac{\partial y}{\partial v},z_v=\frac{\partial z}{\partial v}.$$

对于复合向量函数$\boldsymbol{r}(u,v)=(x(u,v),y(u,v),z(u,v))$, $u=u(\bar{u},\bar{v}),v=v(\bar{u},\bar{v})$, 则成立链式法则:

$$\boldsymbol{r}_{\bar{u}}=\boldsymbol{r}_u\frac{\partial u}{\partial\bar{u}}+\boldsymbol{r}_v\frac{\partial v}{\partial\bar{u}},$$
$$\boldsymbol{r}_{\bar{v}}=\boldsymbol{r}_u\frac{\partial u}{\partial\bar{v}}+\boldsymbol{r}_v\frac{\partial v}{\partial\bar{v}}.$$

类似于普通函数, 我们还可引进高阶导向量函数, 以及高阶偏导向量函数, 这里就不再赘述.

下面举出一个例子.

例4 曲线$\boldsymbol{r}=\boldsymbol{r}(t)$ 位于以原点为中心的球面上的充要条件是, 它在每一点的切向量和该点的位置向量正交.

证明 如果曲线$\boldsymbol{r}=\boldsymbol{r}(t)$ 在以原点为中心的球面上, 那么曲线上任一点的位置向量的长度是常数(球面半径), 即

$$\boldsymbol{r}^2=|\boldsymbol{r}|^2=\text{常数},$$

微分得

$$\boldsymbol{r}\boldsymbol{r}'=0.$$

反之, 如果上式成立, 则

$$\frac{d}{dt}|\boldsymbol{r}|^2=\frac{d}{dt}\boldsymbol{r}^2=2\boldsymbol{r}\boldsymbol{r}'=0,$$

那么

$$|\boldsymbol{r}|=\text{常数}.$$

证毕.

习 题

1. 证明公式(4.3) $\sim$ 公式(4.8).

2. 设向量函数$\boldsymbol{r}=\boldsymbol{r}(t)$ 在t_0 是可微的. 那么$\boldsymbol{r}'(t_0)\neq 0$ 是$\boldsymbol{r}=\boldsymbol{r}(t)$ 所表示曲线在该点有切线的充分条件. 试举例说明, 它并不是必要条件.

3. 证明向量函数$\boldsymbol{r}(t)$ 有固定方向的充要条件是$\boldsymbol{r}\times\boldsymbol{r}'=0$.

4. 证明曲线$\boldsymbol{r}=\boldsymbol{r}(t)$ 位于过原点的某一固定平面上的充要条件为$(\boldsymbol{r},\boldsymbol{r}',\boldsymbol{r}'')=0$.

5. 对向量函数, 试定义高阶导向量函数的概念.

6. 设向量函数$\boldsymbol{r}(t)$ 在包含t_0 的区间有n 阶为止的连续导函数$\boldsymbol{r}^{(n)}(t)$, 试证它在t_0 附近的Taylor公式

$$\begin{aligned}\boldsymbol{r}(t_0+\Delta t)=&\boldsymbol{r}(t_0)+\boldsymbol{r}'(t_0)\Delta t+\frac{1}{2!}\boldsymbol{r}''(t_0)(\Delta t)^2+\cdots+\frac{1}{(n-1)!}\boldsymbol{r}^{(n-1)}(t_0)(\Delta t)^{n-1}\\&+\frac{1}{n!}\boldsymbol{r}^{(n)}(t_0)(\Delta t)^n+\varepsilon(\Delta t)^n,\end{aligned}$$

其中

$$\lim_{\Delta t\to 0}\varepsilon\Longrightarrow 0.$$

1.5 向量函数的积分

设向量函数$\boldsymbol{r}(t)=(x(t),y(t),z(t))$, 那么$\boldsymbol{r}(t)$ 的不定积分定义为

$$\int \boldsymbol{r}(t)dt=\left(\int x(t)dt,\int y(t)dt,\int z(t)dt\right).$$

对常数λ 和常向量$\boldsymbol{v}$, 容易验证下列公式

$$\int \lambda\boldsymbol{r}(t)dt=\lambda\int \boldsymbol{r}(t)dt,$$

$$\int (\boldsymbol{r}_1(t)+\boldsymbol{r}_2(t))dt=\int \boldsymbol{r}_1(t)dt+\int \boldsymbol{r}_2(t)dt,$$

$$\int \boldsymbol{v}\cdot\boldsymbol{r}(t)dt=\boldsymbol{v}\cdot\int \boldsymbol{r}(t)dt,$$

$$\int [\boldsymbol{v}\times\boldsymbol{r}(t)]\,dt=\boldsymbol{v}\times\int \boldsymbol{r}(t)dt.$$

同样可以定义向量函数$\boldsymbol{r}(t)=(x(t),y(t),z(t))$ 的定积分如下:

$$\int_a^b \boldsymbol{r}(t)dt=\left(\int_a^b x(t)dt,\int_a^b y(t)dt,\int_a^b z(t)dt\right).$$

从定义出发, 立即可以将数量函数积分的许多性质推广到向量函数. 特别地, 如果$\boldsymbol{f}'(t)=\boldsymbol{r}(t)$, 那么

$$\int_a^b \boldsymbol{r}(t)dt=\boldsymbol{f}(b)-\boldsymbol{f}(a).$$

下面举例说明向量函数微积分的一个应用.

例5 某行星按照牛顿万有引力定律被太阳所吸引, 该定律是说: 质量分别为m 和M 的两物体, 相互间的吸引力是

$$F=\frac{GMm}{r^2},$$

其中r 是两物体间的距离, 而G 是引力常数. 设m 和M 分别是行星和太阳的质量, 并选取太阳在原点的坐标系. 这样, 如果忽略其他行星的影响, 该行星的运动方程是

$$m\frac{d^2\boldsymbol{r}}{dt^2}=-\frac{GMm}{r^2}\boldsymbol{r}_1$$

即

$$\frac{d^2\boldsymbol{r}}{dt^2}=-\frac{GM}{r^2}\boldsymbol{r}_1,$$

这里r_1 是和r 同方向的单位向量. 那么, 行星绕太阳运行的轨道是以太阳为其焦点的椭圆(图1-8).

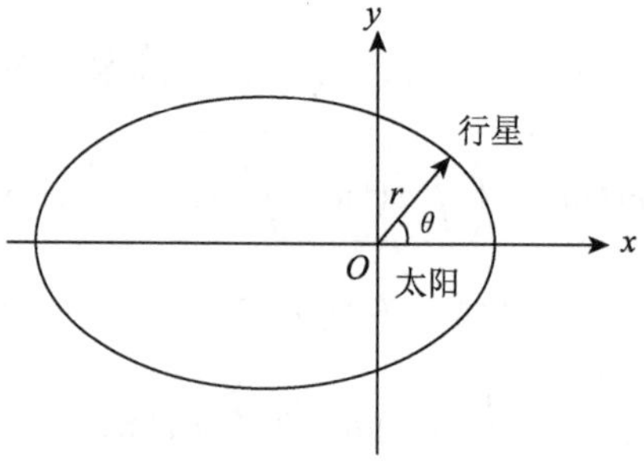

图1-8

为证明这个事实, 设$\boldsymbol{v}=\dfrac{d\boldsymbol{r}}{dt}$ 为行星运动的速度向量. 那么

$$\frac{d\boldsymbol{v}}{dt}=-\frac{GM}{r^2}\boldsymbol{r}_1.$$

因

$$\frac{d}{dt}(\boldsymbol{r}\times\boldsymbol{v})=\boldsymbol{r}\times\frac{d\boldsymbol{v}}{dt}=\boldsymbol{0},$$
$$\boldsymbol{r}\times\boldsymbol{v}=\boldsymbol{h}$$

是常向量. 然而

$$\begin{aligned}h=\boldsymbol{r}\times\boldsymbol{v}&=r\boldsymbol{r}_1\times\left(r\frac{d\boldsymbol{r}_1}{dt}+\frac{dr}{dt}\boldsymbol{r}_1\right)\\&=r^2\boldsymbol{r}_1\times\frac{d\boldsymbol{r}_1}{dt},\end{aligned}$$

由运动方程得到

$$\begin{aligned}\frac{d\boldsymbol{v}}{dt}\times\boldsymbol{h}&=-\frac{GM}{r^2}\boldsymbol{r}_1\times\boldsymbol{h}\\&=-GM\left[\boldsymbol{r}_1\times\left(\boldsymbol{r}_1\times\frac{d\boldsymbol{r}_1}{dt}\right)\right]\\&=-GM\left[\left(\boldsymbol{r}_1\cdot\frac{d\boldsymbol{r}_1}{dt}\right)\boldsymbol{r}_1-(\boldsymbol{r}_1\cdot\boldsymbol{r}_1)\frac{d\boldsymbol{r}_1}{dt}\right]\\&=GM\frac{d\boldsymbol{r}_1}{dt},\end{aligned}$$

这里已用到$\boldsymbol{r}_1$ 是单位向量这一事实. 又因为$\boldsymbol{h}$ 是常向量

$$\frac{d}{dt}(\boldsymbol{v}\times\boldsymbol{h})=\frac{d\boldsymbol{v}}{dt}\times\boldsymbol{h}=GM\frac{d\boldsymbol{r}_1}{dt},$$

积分得

$$\boldsymbol{v}\times\boldsymbol{h}=GM\boldsymbol{r}_1+\boldsymbol{P},$$

这里$\boldsymbol{P}$ 是长度为p 而且与$\boldsymbol{r}_1$ 的夹角为θ 的任一常向量. 由此得到

$$\begin{aligned}\boldsymbol{r}\cdot(\boldsymbol{v}\times\boldsymbol{h}) &= GM\boldsymbol{r}\cdot\boldsymbol{r}_1+\boldsymbol{r}\cdot\boldsymbol{P}\\ &= GMr+rp\cos\theta.\end{aligned}$$

又因为

$$\boldsymbol{r}\cdot(\boldsymbol{v}\times\boldsymbol{h})=(\boldsymbol{r}\times\boldsymbol{v})\cdot\boldsymbol{h}=\boldsymbol{h}\cdot\boldsymbol{h}=h^2.$$

所以, 我们有

$$h^2=GMr+rp\cos\theta,$$

即

$$r=\frac{h^2/GM}{1+(p/GM)\cos\theta}.$$

它是离心率为$\varepsilon=p/GM$ 的圆锥曲线. 按照$\varepsilon<1,\varepsilon=1$ 或$\varepsilon>1$ 而知轨道分别为椭圆、抛物线或双曲线. 因为行星的轨道是封闭曲线, 所以一定是椭圆.

第2章　曲　线　论

2.1　空间曲线的表示与弧长

在解析几何中, 我们已经研究了最简单的曲线, 例如直线和二次曲线. 我们在实际中还碰到了更一般的曲线. 物理学中, 人们常把曲线看作为一个质点运动的轨迹, 而把时间t 用以描述质点运动的参数. 据此, 微分几何中也常用参数方程来描述曲线.

设空间笛卡儿直角坐标系为$\{O; x, y, z\}$, 而且

$$\begin{cases} x = x(t), \\ y = y(t), \qquad a < t < b, \\ z = z(t) \end{cases} \tag{1.1}$$

都是t 的连续可微函数(今后我们总假定它们有三阶连续导数), 其中实数a 和b 都不一定是有限的, 那么(1.1)就表示了空间的一条*连续可微曲线* C , 简称曲线(图2-1), 而且t 是曲线C 的参数. 反过来, 任何一条曲线C , 在一定的范围内总可用(1.1)式表示, 称它为*参数方程*.

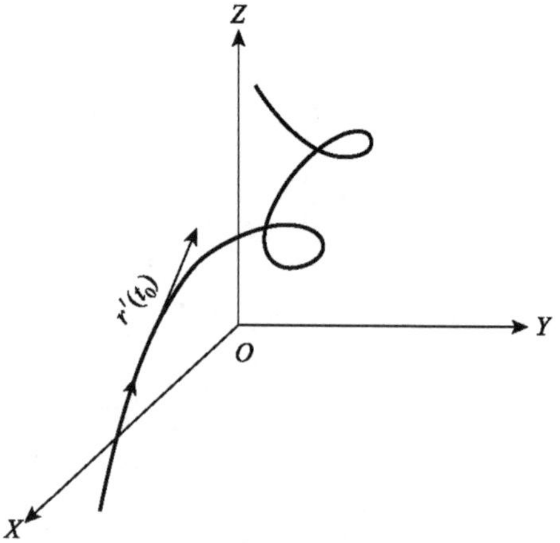

图2-1

例1　在一张长方形的纸上画一条直线, 然后把这张纸卷在一个圆柱上, 则这直线被卷成为圆柱螺线(图2-2).

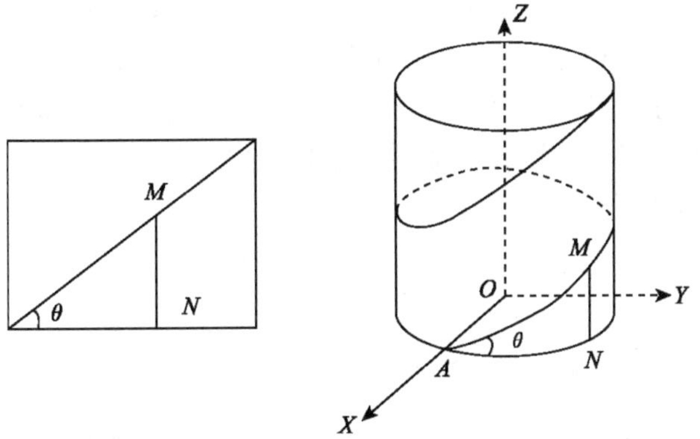

图2-2

我们来求圆柱螺线的参数表示. 取圆柱轴为Z 轴且取X, Y 二轴如图2-2所示. 设圆柱底半径为a , 而矩形的对角线与一边的夹角为θ. 由圆柱上任一点M 作XY 平面的垂线MN. 设ON 与OX 轴的夹角为t , 则$AN = at, MN = at\mathrm{tg}\theta = bt$ (已令$b = a\mathrm{tg}\theta$). 那么圆柱螺线的参数方程为

$$\begin{cases} x = a\cos t, \\ y = a\sin t, \\ z = bt. \end{cases}$$

曲线的参数方程(1.1)常常被写成为向量函数形式

$$\boldsymbol{r} = \boldsymbol{r}(t) = (x(t), y(t), z(t)). \tag{1.2}$$

在曲线$\boldsymbol{r} = \boldsymbol{r}(t)$ 上取$t = t_0$ 的一点. 如果$\boldsymbol{r}'(t_0) \neq 0$, 则称它为正则点. 条件$\boldsymbol{r}'(t_0) \neq 0$ 意味着$x'(t_0), y'(t_0)$ 和$z'(t_0)$ 不同时为零. 当曲线C 的所有点都是正则点时, 则称曲线C 为正则曲线.

在第一章1.4中, 我们已经说明了在曲线的正则点, 切向量一定存在, 且可以用向量

$$\frac{d\boldsymbol{r}(t)}{dt} = \left(\frac{dx(t)}{dt}, \frac{dy(t)}{dt}, \frac{dz(t)}{dt}\right)$$

代表, 它的方向指向参数增加的方向, 即与曲线的正向相一致(图2-1).

如果采用另一个参数, 则曲线C 的方程$\boldsymbol{r}(t) = \bar{\boldsymbol{r}}(\bar{t})$. 为了保证$t$ 和$\bar{t}$ 的一一对应, 参数变换式$\bar{t} = \bar{t}(t)$ 必须满足

$$\frac{d\bar{t}}{dt} \neq 0.$$

为了使t , $\bar{t}$ 的增加方向都相应于曲线的正向, 则要求

$$\frac{d\bar{t}}{dt} > 0. \tag{1.3}$$

从向量值复合函数求导法则知道, 曲线的正则点是与参数选取无关的.

曲线C的参数方程(1.1)或(1.2)不但依赖于参数的选取, 而且还同直角坐标系的选取有关. 另一方面, 微分几何是研究曲线本身固有的性质, 即不依赖于坐标系选取以及参数选取的性质. 因此, 我们将考虑曲线的自然参数.

对于正则曲线$\boldsymbol{r}=\boldsymbol{r}(t)$, 定义

$$s(t)=\int_{t_0}^{t}\left|\frac{d\boldsymbol{r}(t)}{dt}\right|dt \tag{1.4}$$

为曲线从参数t_0的点到t处点的弧长, 其中

$$\left|\frac{d\boldsymbol{r}(t)}{dt}\right|=\sqrt{\left(\frac{dx(t)}{dt}\right)^2+\left(\frac{dy(t)}{dt}\right)^2+\left(\frac{dz(t)}{dt}\right)^2}$$

是切向量$\dfrac{d\boldsymbol{r}(t)}{dt}$的长度. 在数学分析中已经证明了(1.4)式是曲线C内接折线长度的极限. 精确地说, 曲线C上对应于$\boldsymbol{r}(t_0)$和$\boldsymbol{r}(t)$的点为P_0和P_n. 在曲线C上, P_0和P_n之间, 顺着t递增的次序, 取$n-1$个分点$P_1,\cdots,P_{n-1}$, 它们把曲线C分为n个小弧段(图2-3).用直线段把相邻的分点连接起来, 即得一条曲线C的内接折线σ_n, 它的长度是

$$L(\sigma_n)=\sum_{i=1}^{n}\overline{P_{i-1}P}_i.$$

当$\max\limits_{1\leqslant i\leqslant n}\overline{P_{i-1}P_i}\to 0$时, $L(\sigma_n)\to s(t)$.

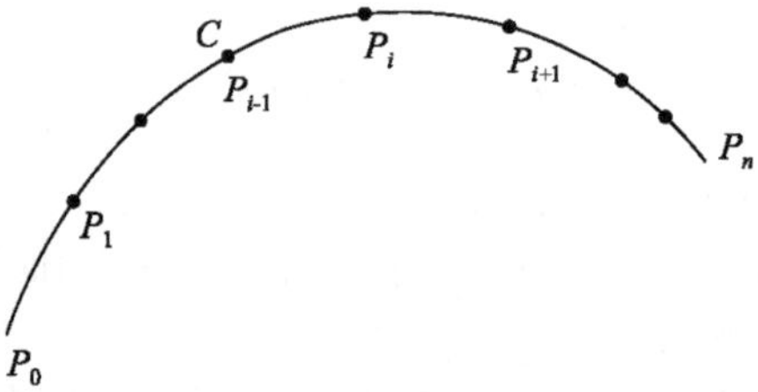

图2-3

从曲线弧长的定义, 不难证明它既不依赖于参数的选取, 又同坐标系的选取无关. 这就是$s(t)$被称为弧长的原因.

显然, 弧长s是t的可微函数, 且

$$\frac{ds}{dt}=\left|\frac{d\boldsymbol{r}(t)}{dt}\right| \tag{1.5}$$

对正则曲线$s'(t)>0$, 所以$s(t)$是t的单调递增函数, 从而$s=s(t)$的反函数$t=t(s)$必存在. 将它代入曲线参数方程, 我们便得到同一曲线以其弧长s为参数的方程

$$\boldsymbol{r}=\boldsymbol{r}(s), \tag{1.6}$$

通常称弧长参数s 为曲线的自然参数.

从(1.5)可以得到

$$\left|\frac{d\boldsymbol{r}}{ds}\right| = 1,$$

就是说, 当弧长s 为参数时, 切向量$\dfrac{d\boldsymbol{r}}{ds}$ 为单位向量. 反之, 当切向量为单位向量时, 从(1.4)得到

$$s = \int_{t_0}^{t}\left|\frac{d\boldsymbol{r}}{dt}\right|dt = \int_{t_0}^{t}dt = t - t_0.$$

当式中t_0 取0时, t 就是以$t=0$ 处起算的弧长.

今后如无特别说明, 曲线总是指正则曲线, 而且$\boldsymbol{r}(s)$ 中的s 是指弧长参数.

习 题

1. 证明曲线的弧长无论在空间的直角坐标变换下和在曲线的参数变换下都不变.

2. 求平面曲线的极坐标方程$\rho=\rho(\theta)$ 下的弧长表示, 其中ρ 为向径, θ 为极角.

3. 设曲线$\boldsymbol{r}=\boldsymbol{r}(t)=(x(t),y(t),z(t))$ 在$t=t_0$ 的点是正则点, 并设$x'(t)\neq 0$, 则曲线C 在$t=t_0$ 点的充分小邻域中可以用方程

$$\begin{cases} y = y(x), \\ z = z(x) \end{cases}$$

表示.

4. 用弧长参数表示圆柱螺线.

2.2 主法向量、从法向量与活动标架

设曲线C 的参数方程是$\boldsymbol{r}=\boldsymbol{r}(s)$. C 在任一点的单位切向量$\boldsymbol{r}'(s)$ 记为$\boldsymbol{T}(s)$.

定义 当$\boldsymbol{r}''(s)\neq 0$ 时, 向量$\boldsymbol{T}'(s)$ 上的单位向量$\boldsymbol{N}(s)$ 称为曲线在s 处的*主法向量*. 过$\boldsymbol{r}(s)$ 以$\boldsymbol{N}(s)$ 为方向的直线叫*主法线*.

因为$\boldsymbol{T}(s)$ 是单位向量, 它与导向量$\boldsymbol{T}'(s)$ 正交, 所以主法向量$\boldsymbol{N}(s)$ 与$\boldsymbol{T}(s)$ 正交. 因此, $\boldsymbol{B}(s)=\boldsymbol{T}(s)\times\boldsymbol{N}(s)$ 是单位向量.

定义 称$\boldsymbol{B}(s)$ 为点$\boldsymbol{r}(s)$ 处的单位*从法向量*. 过点$\boldsymbol{r}(s)$ 而以$\boldsymbol{B}(s)$ 为其方向的直线称为*从法线*.

这样, 过曲线C 的任何一点$\boldsymbol{r}(s)$ 我们就有三个两两正交的单位向量$\boldsymbol{T}(s),\boldsymbol{N}(s),\boldsymbol{B}(s)$. 我们称$\{\boldsymbol{r}(s);\boldsymbol{T}(s),\boldsymbol{N}(s),\boldsymbol{B}(s)\}$ 为曲线在s 处的Frenet标架. 通过点$\boldsymbol{r}(s)$ 且由这点的切向量与主法向量张成的平面, 称为曲线在这点的*密切平面*. 同样, 通过点$\boldsymbol{r}(s)$ 且由切向量与从法向量张成的平面, 称为*从切平面*; 通过点$\boldsymbol{r}(s)$ 且由主法向量与从法向量张成的平面称为*法平面*(图2-4).

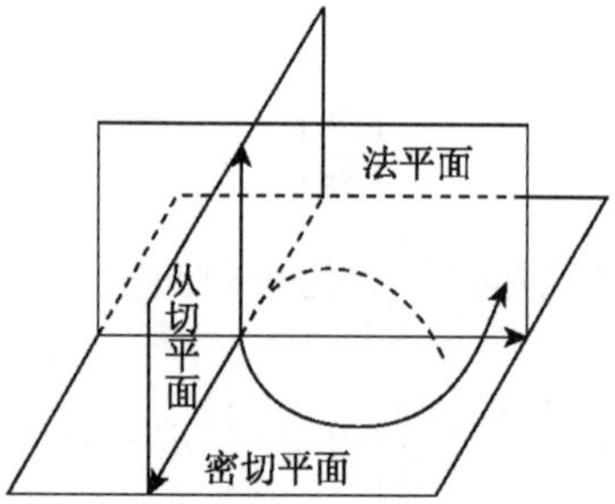

图2-4

当参数值s 在正则曲线上变动时, 我们便得到一族活动标架$\{\boldsymbol{r}(s);\boldsymbol{T}(s),\boldsymbol{N}(s),\boldsymbol{B}(s)\}$. 在研究曲线在一点邻近的几何性质时, 这种活动标架是一个十分便利的工具.

习　题

1. 求曲线$\boldsymbol{r}=(x(t),y(t),z(t))$ 在t_0 处的切线与法平面方程.

2. 设曲线$C:\boldsymbol{r}=\boldsymbol{r}(t)$ 在$P_0(t_0)$ 处$\boldsymbol{r}'(t_0)\times\boldsymbol{r}''(t_0)\neq 0$.

a) 证明: 在P_0 邻近的曲线C 上取两点P_1 和P_2. 当P_1 和P_2 沿曲线独立地趋近于P_0 时, 这三点所决定的平面的极限合于C 在P_0 的密切平面.

b) 设曲线C 在P_0 点的切线为l , 且设σ 为过l 和P_0 的邻近点P 的平面. 当P 沿曲线趋近于P_0 时, 证明平面σ 的极限正好是C 在P_0 点的密切平面.

3. 证明: 圆柱螺线的主法线与它的轴正交, 而从法线则与它的轴相交于定角.

2.3　曲率与挠率

设$\boldsymbol{r}=\boldsymbol{r}(s)$ 是曲线C 的参数方程.

定义　称$k(s)=|\boldsymbol{r}''(s)|$ 为曲线C 在s 点的曲率. 当$k(s)\neq 0$ 时, 其倒数$\rho(s)=\dfrac{1}{k(s)}$ 称为曲线在s 点的曲率半径.

当$\boldsymbol{r}''(s)\neq 0$ 时, 从上一节知道, 在曲线C 上s 点附近存在活动标架$\{\boldsymbol{r}(s);\boldsymbol{T}(s),\boldsymbol{N}(s),\boldsymbol{B}(s)\}$.

对$\boldsymbol{B}\cdot\boldsymbol{T}=0$ 求导的结果是$\boldsymbol{B}'\cdot\boldsymbol{T}=0$. 又因为$\boldsymbol{B}$ 是单位向量, 所以$\boldsymbol{B}'\cdot\boldsymbol{B}=0$, 因此$\boldsymbol{B}'$ 平行于$\boldsymbol{N}$.

定义　设$\boldsymbol{r}''\neq 0$, 则由$\boldsymbol{B}'(s)=-\boldsymbol{\tau}(s)\boldsymbol{N}(s)$ 所确定的函数$\tau(s)$ 称为曲线在s 处的挠率.

为了说明曲率和挠率的几何意义, 我们先证明

命题1 设曲线$C:\boldsymbol{r}=\boldsymbol{r}(s)$ 的每点有一个单位向量$\boldsymbol{a}(s)$ (图2-5). 如果它是s 的可微的向量函数, 则有

$$|\boldsymbol{a}'(s)|=\lim_{\Delta s\to 0}\left|\frac{\Delta\theta}{\Delta s}\right|,$$

其中$\Delta\theta$ 表示$\boldsymbol{a}(s+\Delta s)$ 与$\boldsymbol{a}(s)$ 的夹角.

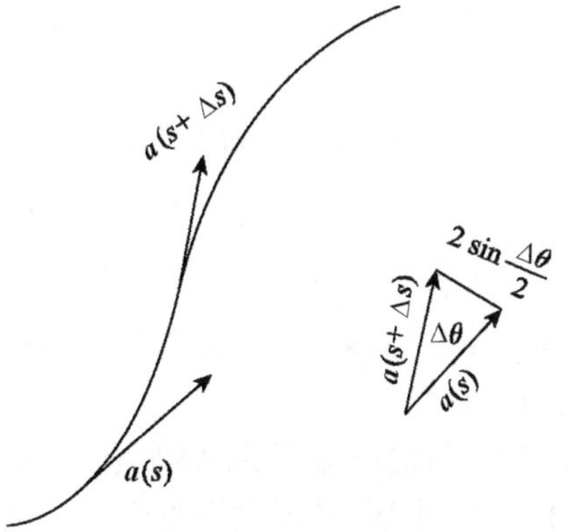

图2-5

证明 因为向量$\boldsymbol{a}(s)$ 和$\boldsymbol{a}(s+\Delta s)$ 都是单位向量并且其夹角为$\Delta\theta$, 所以

$$|\boldsymbol{a}(s+\Delta s)-\boldsymbol{a}(s)|=2\sin\frac{\Delta\theta}{2}.$$

因此

$$\frac{|\boldsymbol{a}(s+\Delta s)-\boldsymbol{a}(s)|}{|\Delta s|}=\frac{2\sin\dfrac{\Delta\theta}{2}}{|\Delta s|}=\frac{\sin\dfrac{\Delta\theta}{2}}{\dfrac{\Delta\theta}{2}}\cdot\frac{|\Delta\theta|}{|\Delta s|},$$

当$|\Delta s|\to 0$ 时, 由于$\boldsymbol{a}(s)$ 的连续性, $\Delta\theta\to 0$. 对上式取极限, 即得要证明的结论.

根据命题1, 我们可用$|\boldsymbol{T}'(s)|=|\boldsymbol{r}''(s)|$ 来表示曲线在其两邻近点$s, s+\Delta s$ 的两切向量$\boldsymbol{T}(s),\boldsymbol{T}(s+\Delta s)$ 之间的夹角与Δs 之比当$\Delta s\to 0$ 时的变化情况, 它度量了曲线在其两邻近点的切向量的夹角对弧长的变化率, 就是说, 它表达了曲线的弯曲度. 同样, 挠率的绝对值度量了曲线在其两邻近点的从法向量的夹角对弧长的变化率.

命题2 直线(或直线段)的特征是曲率$k\equiv 0$.

证明 直线以其弧长为参数的方程是$\boldsymbol{r}(s)=\boldsymbol{a}s+\boldsymbol{b}$, 其中$\boldsymbol{a}$ 为直线的方向的单位向量, $\boldsymbol{b}$ 为任一常向量. 于是$k=|\boldsymbol{r}''(s)|=0$. 反之, 从$k\equiv 0$ 得$\boldsymbol{r}''(s)=0$. 从中立即解得$\boldsymbol{r}(s)=\boldsymbol{a}s+\boldsymbol{b}$, 其中$\boldsymbol{a},\boldsymbol{b}$ 为常向量, 而且$\boldsymbol{a}$ 是单位向量.

命题3 曲线是平面曲线的充要条件是曲线上每一点的挠率都为零.

证明 如果曲线$\boldsymbol{r}(s)$ 位于某平面上, 该平面的法向量为$\boldsymbol{B}_0$, 那么$(\boldsymbol{r}(s)-\boldsymbol{r}(0))\cdot\boldsymbol{B}_0=0$. 两边求导后得到$\boldsymbol{T}\cdot\boldsymbol{B}_0=0$, 再求导得到$\boldsymbol{T}'\cdot\boldsymbol{B}_0=0$. 因此$\boldsymbol{T},\boldsymbol{N}$ 与$\boldsymbol{B}_0$ 都垂直. 这说明$\boldsymbol{B}_0$ 与曲线的从法向量$\boldsymbol{B}$ 平行. 这样$\boldsymbol{B}$ 作为平行于常向量$\boldsymbol{B}_0$ 的单位向量, 所以它是常向量: $\boldsymbol{B}'=0$, 即$\tau=0$.

反过来, 当$\tau\equiv 0$ 时, 在$k\neq 0$ 的前提下, 我们有$\boldsymbol{B}'=0$, 所以$\boldsymbol{B}$ 为常向量$\boldsymbol{B}_0$, 因而

$$(\boldsymbol{r}(s)\cdot\boldsymbol{B}_0)'=\boldsymbol{T}(s)\cdot\boldsymbol{B}_0=0,$$

即$\boldsymbol{r}(s)\cdot\boldsymbol{B}_0$ 为常数. 于是

$$\boldsymbol{r}(s)\cdot\boldsymbol{B}_0=\boldsymbol{r}(0)\cdot\boldsymbol{B}_0,$$

即

$$(\boldsymbol{r}(s)-\boldsymbol{r}(0))\cdot\boldsymbol{B}_0=0.$$

所以$\boldsymbol{r}(s)$ 常在一张通过定点$\boldsymbol{r}(0)$ 而以$\boldsymbol{B}_0$ 为法向量的平面上.

一般称非平面曲线为挠曲线.

当曲线改变定向时, 曲率与挠率都不变. 事实上, 此时弧长参数$\bar{s}=s_0-s, d\bar{s}=-ds$, 因此切向量$\boldsymbol{T}$ 反向, 而$\boldsymbol{T}'$ 不变, 从而曲率不变; 又从$\boldsymbol{T}$ 反向和主法向量不变得知从法向量$\boldsymbol{B}$ 也反向, 从而$\boldsymbol{B}'$ 不变, 于是挠率不变.

当曲线C 具有一般参数t 的表示时: $\boldsymbol{r}=\boldsymbol{r}(t)$, 我们罗列有关的计算公式如下:

$$k(t)=\left|\frac{d\boldsymbol{r}}{dt}\times\frac{d^2\boldsymbol{r}}{dt^2}\right|\Bigg/\left|\frac{d\boldsymbol{r}}{dt}\right|^3, \tag{3.1}$$

$$\tau(t)=\left(\frac{d\boldsymbol{r}}{dt},\frac{d^2\boldsymbol{r}}{dt^2},\frac{d^3\boldsymbol{r}}{dt^3}\right)\Bigg/\left|\frac{d\boldsymbol{r}}{dt}\times\frac{d^2\boldsymbol{r}}{dt^2}\right|^2. \tag{3.2}$$

对公式(3.1)和(3.2)的验证留作为读者的习题.

最后, 我们指出曲率与挠率同曲线参数和空间直角坐标系的选取都是无关的, 因此它们都是曲线的几何不变量.

例1 求椭圆$\boldsymbol{r}(t)=(a\cos t,b\sin t,0)$ 的曲率和挠率.

解 $\dfrac{d\boldsymbol{r}}{dt}=(-a\sin t,b\cos t,0)$,

$$\left|\frac{d\boldsymbol{r}}{dt}\right|=\sqrt{a^2\sin^2 t+b^2\cos^2 t}\neq 1,$$

因此t 不是弧长参数.

$$\frac{d^2\boldsymbol{r}}{dt^2}=(-a\cos t,-b\sin t,0),$$
$$\frac{d^3\boldsymbol{r}}{dt^3}=(a\sin t,-b\cos t,0),$$
$$\frac{d\boldsymbol{r}}{dt}\times\frac{d^2\boldsymbol{r}}{dt^2}=(0,0,ab),$$

代入(3.1)和(3.2), 计算后得到

$$k(t)=\frac{ab}{(a^2\sin^2t+b^2\cos^2t)^{3/2}},\tau=0.$$

由此可见, 圆的曲率恰为圆半径之倒数.

例2 求圆柱螺线$r=(a\cos\theta,a\sin\theta,b\theta),a>0,-\infty<\theta<\infty$ 的曲率和挠率.

解

$$\frac{d\boldsymbol{r}}{dt}=(-a\sin\theta,a\cos\theta,b),$$
$$\frac{d^2\boldsymbol{r}}{dt^2}=(-a\cos\theta,-a\sin\theta,0),$$
$$\frac{d^3\boldsymbol{r}}{dt^3}=(a\sin\theta,-a\cos\theta,0),$$

那么有

$$\left|\frac{d\boldsymbol{r}}{dt}\right|^2=\sqrt{a^2+b^2},$$
$$\frac{d\boldsymbol{r}}{dt}\times\frac{d^2\boldsymbol{r}}{dt^2}=(ab\sin\theta,-ab\cos\theta,a^2),$$
$$\left|\frac{d\boldsymbol{r}}{dt}\times\frac{d^2\boldsymbol{r}}{dt^2}\right|=\sqrt{a^2b^2+a^4}.$$

代入(3.1)和(3.2)并化简,

$$k=\frac{a}{a^2+b^2},\quad \tau=\frac{b}{a^2+b^2},$$

由此可见, 圆柱螺线的曲率与挠率都是常数.

习 题

1. 证明一般参数下的曲率公式与挠率公式(3.1)与(3.2).

2. 证明曲率和挠率都不依赖于参数和空间直角坐标的选取.

3. 求平面曲线在极坐标方程给定下的曲率的表达式.

4. 设P 是空间曲线C 上任何一点. 在它邻近取两个点P' 和P'', 由P, P' 和P'' 三点一般决定一个圆. 当P' 和P'' 独立地沿C 趋近于P 时, 上述圆的极限称为曲率圆, 它的中心称为曲率中心. 试证P 点的曲率半径恰等于P 点曲率圆的半径.

5. 当半径为a 的圆在一定直线上无滑动地转动时, 这圆上一点的轨迹称为摆线. 它的方程是

$$\boldsymbol{r}=(a\theta-a\sin\theta,a-a\cos\theta,0).$$

在摆线上取$\theta=\pi$ 的对应点作为量弧长的起点$s=0$ 时, 证明

$$k=\frac{1}{4a\left|\sin\dfrac{\theta}{2}\right|},\quad s=-4a\cos\frac{\theta}{2}.$$

6. 证明圆柱螺线的曲率中心轨迹也是圆柱螺线.

2.4 Frenet 公式

曲线在每点都有一个Frenet标架, 它是单位正交的右旋标架, 所以可用它来作新的直角坐标系的标架, 并用这个新的直角坐标系来研究曲线在这一点邻近处的性质. 为此, 我们必须研究在两个邻近点s 和$s+\Delta s$ 处的两套Frenet标架之间存在怎样的变换关系. 当$\Delta s \to 0$ 时, 这就相当于要研究$\boldsymbol{T}'(s), \boldsymbol{N}'(s), \boldsymbol{B}'(s)$.

由主法向量、从法向量、曲率和挠率等的定义立即得出

$$\boldsymbol{T}' = \boldsymbol{r}'' = k\boldsymbol{N}, \boldsymbol{B}' = -\tau \boldsymbol{N}.$$

其次从$\boldsymbol{N} = \boldsymbol{B} \times \boldsymbol{T}$ 得到

$$\begin{aligned}\boldsymbol{N}' &= \boldsymbol{B}' \times \boldsymbol{T} + \boldsymbol{B} \times \boldsymbol{T}' = -\tau \boldsymbol{N} \times \boldsymbol{T} + k\boldsymbol{B} \times \boldsymbol{N} \\ &= -k\boldsymbol{T} + \tau \boldsymbol{B}.\end{aligned}$$

这样, 我们得到下列被称为*曲线论基本公式*的Frenet公式,

$$\begin{cases} \boldsymbol{T}' = k\boldsymbol{N}, \\ \boldsymbol{N}' = -k\boldsymbol{T} + \tau \boldsymbol{B}, \\ \boldsymbol{B}' = -\tau \boldsymbol{N}. \end{cases} \tag{4.1}$$

现在我们来考察挠曲线在其一点P_0 邻近的形状. 为此取P_0 点的Frenet 标架, 且不妨设P_0 点的弧长$s=0$. 将曲线的参数方程$\boldsymbol{r} = \boldsymbol{r}(s)$ 中的向量函数展开为Taylor级数

$$\begin{aligned}\boldsymbol{r}(s) = \boldsymbol{r}(0) + s\boldsymbol{r}'(0) + \frac{s^2}{2!}\boldsymbol{r}''(0) \\ + \frac{s^2}{3!}\boldsymbol{r}'''(0) + \boldsymbol{R},\end{aligned} \tag{4.2}$$

其中R 为s 的高阶无穷小量. 由Frenet公式(4.1)得到

$$\begin{aligned}\boldsymbol{r}'''(s) &= (\boldsymbol{T}'(s))' = (k\boldsymbol{N})' = k'\boldsymbol{N} + k\boldsymbol{N}' = k'\boldsymbol{N} + k(-k\boldsymbol{T} + \tau \boldsymbol{B}) \\ &= -k^2\boldsymbol{T} + k'\boldsymbol{N} + k\tau \boldsymbol{B},\end{aligned}$$

并且考虑到$\boldsymbol{r}'(s) = \boldsymbol{T}, \boldsymbol{r}''(s) = k\boldsymbol{N}$, 将这些关系式一起代入(4.2)式得到

$$\begin{aligned}\boldsymbol{r}(s) - \boldsymbol{r}(0) = \left(s - \frac{k^2(0)s^3}{3!}\right)\boldsymbol{T}(0) \\ + \left(\frac{s^2k(0)}{2!} + \frac{s^3k'(0)}{3!}\right)\boldsymbol{N}(0)\end{aligned}$$

$$+\frac{s^3}{3!}k(0)\tau(0)\boldsymbol{B}(0)+\boldsymbol{R}. \tag{4.3}$$

这样, 曲线在P_0 点附近的一点$P(s)$ 关于P_0 点的Frenet 标架的坐标可展开为

$$\begin{cases} x(s)=s-\dfrac{k^2(0)s^3}{6}+R_x, \\ y(s)=\dfrac{k(0)}{2}s^2+\dfrac{k'(0)s^3}{6}+R_y, \\ z(s)=\dfrac{k(0)\tau(0)}{6}s^3+R_z. \end{cases} \tag{4.4}$$

其中$\boldsymbol{R}=(R_x,R_y,R_z)$. (4.4)式称为Bouquet 公式, 或称为曲线在P_0 的邻域内的局部规范形式.

因此, 在密切平面$z=0$ 上, 曲线在P_0 点附近限于二阶无穷小范围而被看成抛物线(图2-6)

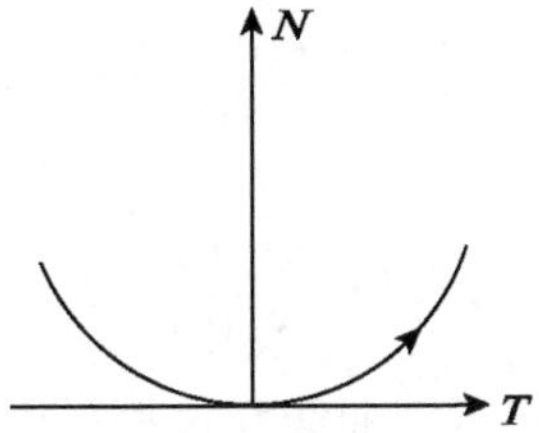

图2-6

$$\begin{cases} x=s, \\ y=\dfrac{k(0)}{2}s^2. \end{cases}$$

由此可见, 主法线的正向是指向曲线凹进的一侧. 同样, 在从切平面$y=0$ 上, 曲线的形状三阶近似地被看为一条三次曲线(图2-7)

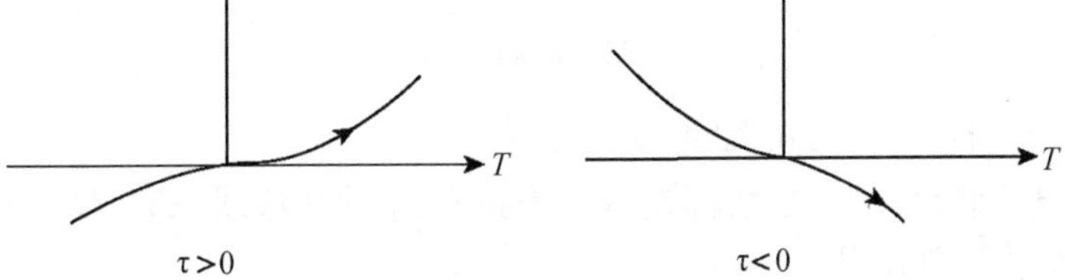

图2-7

$$\begin{cases} x = s, \\ z = \dfrac{k(0)\tau(0)}{6}s^3. \end{cases}$$

最后, 在法平面$x = 0$ 上, 曲线的形状三阶近似于一条半立方抛物线(图2-8)

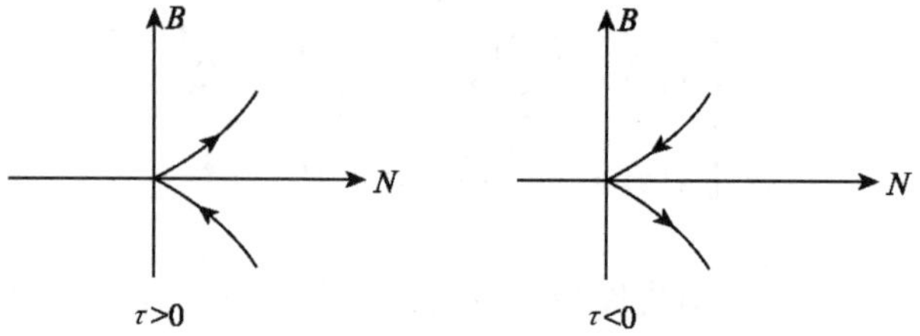

图2-8

$$\begin{cases} y = \dfrac{k(0)}{2}s^2, \\ z = \dfrac{k(0)\tau(0)}{6}s^3, \end{cases}$$

消去s 后得到

$$z^2 = \frac{2\tau^2(0)}{9k(0)}y^3.$$

从上面的分析还可以看出近似曲线穿过法平面和密切平面, 但不穿过从切平面. 如果约定B 的正向为密切平面的正侧, 那么当$\tau > 0$ 时, 曲线沿弧长增加方向穿过密切平面指向正侧; 而当$\tau < 0$ 时, 情况则相反.

下面再举几个例子来说明Frenet公式的应用.

例1 若曲线的所有切线通过定点, 则曲线必为直线.

证明 取定点为坐标原点. 设所求曲线为$\boldsymbol{r} = \boldsymbol{r}(s)$. 由假设它满足条件

$$\boldsymbol{r}(s) = \lambda(s)\boldsymbol{T}(s).$$

两边对s 求导得

$$\boldsymbol{T}(s) = \lambda'(s)\boldsymbol{T}(s) + \lambda(s)k(s)\boldsymbol{N}(s),$$

因此

$$\lambda(s)k(s) = 0.$$

然而$\lambda(s) \neq 0$, 所以$k(s) \equiv 0$, 即曲线为直线.

例2 设曲线C_1 的主法线都是另一条曲线C_2 的从法线, 那么C_1 的曲率k_1 和挠率τ_1 必须满足下列方程

$$k_1 = \lambda(k_1^2 + \tau_1^2), \tag{4.5}$$

其中λ 为常数.

证明 设C_1 的参数方程为$\boldsymbol{r}_1=\boldsymbol{r}_1(s_1)$, 其中$s_1$ 为C_1 的弧长. 那么C_2 的参数方程可写为

$$\boldsymbol{r}_2(s_1)=\boldsymbol{r}_1(s_1)+\lambda(s_1)\boldsymbol{N}_1(s_1), \tag{4.6}$$

其中s_1 不一定是C_2 曲线的弧长.

设C_2 的弧长为s_2. 对(4.6)两边关于s_2 求导得到

$$\boldsymbol{T}_2(s_1)=[(1-\lambda k_1)\boldsymbol{T}_1+\lambda'\boldsymbol{N}_1+\lambda\tau_1\boldsymbol{B}_1]\frac{ds_1}{ds_2}. \tag{4.7}$$

由假设$\boldsymbol{N}_1$ 平行于$\boldsymbol{B}_2$, 在(4.7)两边点乘$\boldsymbol{N}_1$ 使左端为零, 所以

$$\lambda'\frac{ds_1}{ds_2}=0,$$

这意味着λ 为常数. 这样(4.7)化为

$$\boldsymbol{T}_2(s_1)=[(1-\lambda k_1)\boldsymbol{T}_1+\lambda\tau_1\boldsymbol{B}_1]\frac{ds_1}{ds_2}. \tag{4.8}$$

现在, 我们不妨假定

$$\boldsymbol{T}_2=\boldsymbol{T}_1\cos\theta+\boldsymbol{B}_1\sin\theta, \tag{4.9}$$

比较(4.8)和(4.9)

$$(1-\lambda k_1)\frac{ds_1}{ds_2}=\cos\theta, \quad \lambda\tau_1\frac{ds_1}{ds_2}=\sin\theta,$$

所以

$$(1-\lambda k_1)\sin\theta-\lambda\tau_1\cos\theta=0. \tag{4.10}$$

对(4.9)两边关于s_2 求导, 我们有

$$k\boldsymbol{N}_2=(k_1\cos\theta-\tau_1\sin\theta)\frac{ds_1}{ds_2}\boldsymbol{N}_1+(\boldsymbol{B}_1\cos\theta-\boldsymbol{T}_1\sin\theta)\frac{d\theta}{ds_2},$$

两边点乘$\boldsymbol{N}_1$, 并考虑到$\boldsymbol{N}_1$ 和$\boldsymbol{B}_2$ 平行, 所以

$$k_1\cos\theta-\tau_1\sin\theta=0. \tag{4.11}$$

从(4.10)和(4.11)就得到所要证明的(4.5)式.

习 题

1. 如果曲线的所有密切平面都通过定点, 那么此曲线是平面曲线.
2. 如果曲线的所有法平面都通过定点, 那么此曲线是球面曲线.

3. 设两条曲线C_1 和C_2 的点之间有这样的对应关系, 使得对应点的切线平行. 证明它们在对应点的主法线和从法线也分别平行.

4. 证明: 除直线外, 一条曲线的所有切线不可能同时是另一条曲线的切线.

5. 证明: 若两条曲线可建立这样的对应, 使得对应点的从法线重合, 则这两条曲线或者重合, 或者都是平面曲线.

6. 如果两条曲线C_1 和C_2 的点之间可以建立这样的对应关系, 使得它们在对应点的主法线重合, 则称C_1 和C_2 为Bertrand曲线. 证明曲线C_1 和C_2 的下列性质:

a) 曲线C_1 和C_2 的对应点之间的距离是常数;

b) 曲线C_1 和C_2 的对应点的切线交成定角;

c) 每一条曲线的曲率和挠率有下列关系

$$a\sin\theta\cdot k+a\cos\theta\cdot\tau=\sin\theta,$$

其中a 是曲线C_1 和C_2 的对应点之间的距离, 而θ 是对应点切线间的夹角.

2.5 平 面 曲 线

在本章第2.3节, 我们证明了一个命题: 曲线为平面曲线的充要条件是它的挠率处处为零. 这样, 不妨选取曲线所在的平面为XY 平面, 于是它的参数方程为

$$\begin{cases}x=x(t),\\ y=y(t).\end{cases}$$

对平面曲线当然可以和空间曲线一样建立Frenet标架, 这时主法向量在曲线所在的平面内且指向曲线凹侧(图2-9).如果曲线包含拐点P_0, P_1 和P_2 从P_0 的两旁趋于P_0 时, 主法向量的极限有不同的方向. 因此, 对平面曲线的活动标架要稍作变更.

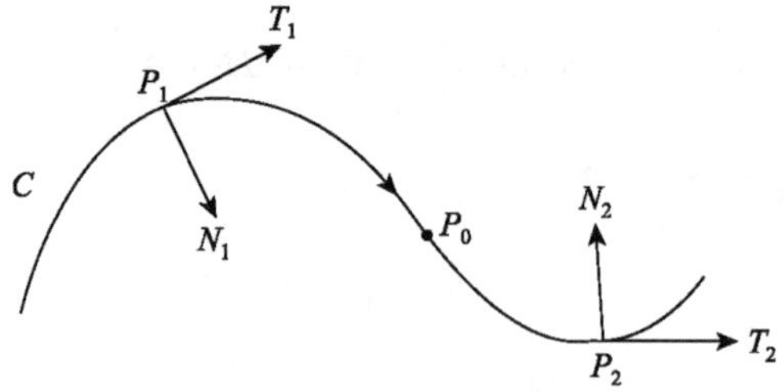

图2-9

设曲线C 用弧长s 表示的参数方程为

$$\begin{cases}x=x(s),\\ y=y(s),\end{cases}$$

那么

$$x'^2 + y'^2 = 1,$$

$$x'x'' + y'y'' = 0.$$

后一方程可写成

$$\begin{vmatrix} x' & y' \\ -y'' & x'' \end{vmatrix} = 0.$$

于是存在k_r 使

$$\begin{cases} x'' = -k_r y', \\ y'' = k_r x'. \end{cases} \tag{5.1}$$

现在, 记$\boldsymbol{N}_r = (-y', x')$, 并注意到$\boldsymbol{T} = (x', y')$, 于是把(5.1)式写成向量形式$\boldsymbol{T}' = k_r\boldsymbol{N}_r$, 同时

$$\boldsymbol{N}_r' = (-y'', x'') = (-k_r x', -k_r y') = -k_r\boldsymbol{T}.$$

这样, 我们有

$$\begin{cases} \boldsymbol{T}' = k_r\boldsymbol{N}_r, \\ \boldsymbol{N}'_r = -k_r\boldsymbol{T}, \end{cases} \tag{5.2}$$

注意到$\boldsymbol{N}_r$ 和$\boldsymbol{T}$ 正交, 并且由$\boldsymbol{T}$ 到$\boldsymbol{N}_r$ 是反时针方向. (5.2)就称为平面曲线的Frenet公式.

从(5.1)还得到

$$\begin{vmatrix} x' & y' \\ x'' & y'' \end{vmatrix} = k_r,$$

所以向量(x'', y'')按照$k_r > 0$或$k_r < 0$ 是从向量(x', y')分别朝时针的反向或顺向回转一个直角之后得来的. 因此, 从面朝着曲线在s 点的切线正向的一个观察者看来, 也按此分别在左侧或在右侧出现(图2-10).

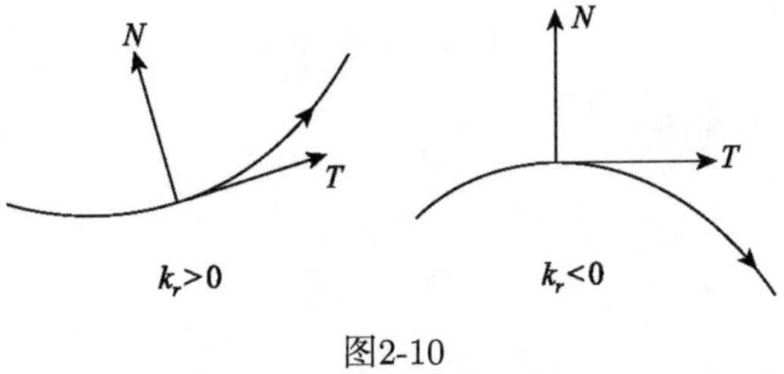

图2-10

k_r 就称为平面曲线的相对曲率, 它的绝对值与它作为空间曲线所定义的曲率相等. 现在, 我们将推导平面曲线在一般参数表示下的相对曲率k_r 的公式. 为此,

记$\boldsymbol{T}=(\cos\phi,\sin\phi)$, 其中$\phi$ 为切向量与X 轴正向的夹角. 那么, $\boldsymbol{N}_r=(-\sin\phi,\cos\phi)$. 由Frenet公式(5.2)得知$k_r=\dfrac{d\phi}{ds}$.

可是从

$$\mathrm{tg}\phi=\frac{y'}{x'},$$

即

$$\phi=\mathrm{arctg}\frac{y'}{x'},$$

有

$$\phi'=\frac{1}{1+\left(\dfrac{y'}{x'}\right)^2}\cdot\frac{x'y''-x''y'}{x'^2}=\frac{x'y''-x''y'}{x'^2+y'^2}.$$

另一方面, $s'=\sqrt{x'^2+y'^2}$. 这样, 我们得到了平面曲线$\boldsymbol{r}(t)=(x(t),y(t))$ 的相对曲率的公式如下:

$$k_r=\frac{x'y''-x''y'}{(x'^2+y'^2)^{3/2}}. \tag{5.3}$$

例 求平面上相对曲率等于常数的曲线.

解 设曲线的方程为$\boldsymbol{r}=\boldsymbol{r}(s)$, 其中$s$ 是弧长. 那么根据平面曲线的Frenet公式(5.2)

$$\begin{cases}\boldsymbol{T}'=k_r\boldsymbol{N}_r,\\ \boldsymbol{N'}_r=-k_r\boldsymbol{T},\end{cases}$$

其中k_r 为常数, 我们有

$$\left(\boldsymbol{r}+\frac{1}{k_r}\boldsymbol{N}_r\right)'=\boldsymbol{T}-\boldsymbol{T}=0.$$

所以

$$\boldsymbol{r}+\frac{1}{k_r}\boldsymbol{N}_r=\boldsymbol{r}_0,$$

即

$$|\boldsymbol{r}-\boldsymbol{r}_0|=\frac{1}{|k_r|}.$$

这说明所求的曲线为圆周.

习 题

1. 求下列平面曲线的相对曲率(假定弧长s 的增加方向合于参数t 的增加方向).

椭圆$\boldsymbol{r}=(a\cos t,b\sin t)$, $\quad a>b>0$.

双曲线$\boldsymbol{r}=(a\mathrm{ch}t,b\mathrm{sh}t)$.

抛物线$\boldsymbol{r}=(t,t^2)$.

摆线$\boldsymbol{r}=a(t-\sin t,1-\cos t)$.

悬链线$\boldsymbol{r}=(t,a\mathrm{ch}\dfrac{t}{a})$.

曳物线$\boldsymbol{r}=(a\cos\phi,a\ln(\sec\phi+\mathrm{tg}\phi)-a\sin\phi),0\leqslant\phi<\dfrac{\pi}{2}$.

2. 如果曲线的切线都同某一平面平行, 证明曲线是平面曲线.

3. 设曲线$\boldsymbol{r}_2(t)$ 的各点在曲线$\boldsymbol{r}_1(t)$ 的对应点的切线上, 而且在对应点的两切线相互正交, 则称$\boldsymbol{r}_2(t)$ 为$\boldsymbol{r}_1(t)$ 的渐伸线, 而$\boldsymbol{r}_1(t)$ 则称为$\boldsymbol{r}_2(t)$ 的渐缩线. 若曲线$\boldsymbol{r}_1(s)$ 的弧长是s, 证明

$$\boldsymbol{r}_2(s)=\boldsymbol{r}_1(s)+(C-s)\boldsymbol{T}_1(s),$$

其中C 为常数.

4. a) 求圆的渐伸线; b) 求椭圆的渐缩线.

5. 设曲线$\boldsymbol{r}(s)$ 的弧长是s, $\boldsymbol{r}_1(s)$, $\boldsymbol{r}_2(s)$ 是$\boldsymbol{r}(s)$ 的两条不同的渐伸线. 证明: 要使$\boldsymbol{r}_1(s)$ 与$\boldsymbol{r}_2(s)$ 成为Bertrand曲线偶, $\boldsymbol{r}(s)$ 必须是平面曲线; 反过来, 也成立.

2.6 曲线论的基本定理

当给定一条曲线时, 我们可以确定其各点的曲率和挠率. 从Frenet公式看出, 曲线的曲率和挠率反映了Frenet标架的变化情况和曲线在一点附近的大致形状. 这样, 我们很自然地提出曲线的曲率和挠率是否完全决定一条曲线的问题. 也就是说, 预先给定两个满足某些性质的函数时, 是否存在一条分别以这两个函数为曲率和挠率的曲线; 如果这样的曲线存在, 是否唯一. 这就是从曲线论的基本定理要作出回答的问题.

为证明曲线论的基本定理, 我们首先叙述下列常微分方程组的解的存在唯一性定理, 它的证明可用通常的逐次逼近法得到.

设$C_{ij}(t)(i,j=1,\cdots,n)$ 是区间$[\,a,b\,]$上定义的n^2 个连续函数, 那么以u_i 为未知函数的n 个线性常微分方程组

$$\frac{du_i}{dt}=\sum_{j=1}^{n}C_{ij}(t)u_j$$

对任意初始条件$u_i(0)=u_i^0$ 有唯一解.

空间曲线论的基本定理 设$\bar{k}(s)>0$ 和$\bar{\tau}(s)$ 在区间$[\,a,b\,]$上是连续可微函数. 那么必存在一条以弧长s 为参数的正则曲线$\boldsymbol{r}(s)$, 使它的曲率$k(s)$ 和挠率$\tau(s)$ 分别等于预先给定的函数$\bar{k}(s)$ 和$\bar{\tau}(s)$; 又若给定了初始标架$\{\boldsymbol{r}_0;\boldsymbol{T}_0,\boldsymbol{N}_0,\boldsymbol{B}_0\}$ (其中$\boldsymbol{T}_0$, $\boldsymbol{N}_0,\boldsymbol{B}_0$ 为相互正交成右旋的单位向量)后, 则存在唯一的一条曲线$\boldsymbol{r}(s)$, 使它的曲率为$\bar{k}(s)$, 挠率为$\bar{\tau}(s)$, 且在$s=0$ 处的Frenet标架正好重合初始的标架.

证明 考察常微分方程组

$$\begin{cases} \dfrac{d\boldsymbol{r}}{ds} = \boldsymbol{T}(s), \\ \dfrac{d\boldsymbol{T}}{ds} = \bar{k}(s)\boldsymbol{N}(s), \\ \dfrac{d\boldsymbol{N}}{ds} = -\bar{k}(s)\boldsymbol{T}(s) + \bar{\tau}(s)\boldsymbol{B}(s), \\ \dfrac{d\boldsymbol{B}}{ds} = -\bar{\tau}(s)\boldsymbol{N}(s), \end{cases} \tag{6.1}$$

其中$\boldsymbol{r}, \boldsymbol{T}, \boldsymbol{N}, \boldsymbol{B}$ 都是s 的向量值未知函数, 如果改写成普通数量函数的形式, (6.1)可看成含有12个未知函数的常微分方程组. 首先看(6.1)的后面三个方程组构成的含9个未知函数的方程组

$$\frac{du_i^k}{ds} = \sum_{j=1}^{3} C_{ij}(s)u_j^k \quad (i,k=1,2,3), \tag{6.2}$$

其中

$$C_{ij}(s) = \begin{pmatrix} 0 & \bar{k} & 0 \\ -\bar{k} & 0 & \bar{\tau} \\ 0 & -\bar{\tau} & 0 \end{pmatrix}.$$

根据所引的常微分方程组存在定理, (6.2) 对初始条件($u_1^1(0), u_1^2(0), u_1^3(0)$)= $\boldsymbol{T}(0)$, ($u_2^1(0), u_2^2(0), u_2^3(0)$)=$\boldsymbol{N}(0)$, ($u_3^1(0), u_3^2(0), u_3^3(0)$)=$\boldsymbol{B}(0)$ 有唯一解, 其中($\boldsymbol{T}(0), \boldsymbol{N}(0), \boldsymbol{B}(0)$) 构成相互正交单位向量的右手系. 现设这组解为($\boldsymbol{u}_1, \boldsymbol{u}_2, \boldsymbol{u}_3$), 我们证明它们都是单位向量, 相互正交且构成右手系.

实际上, 按($\boldsymbol{u}_1, \boldsymbol{u}_2, \boldsymbol{u}_3$)所满足的方程, 容易得到

$$\frac{d(\boldsymbol{u}_i \cdot \boldsymbol{u}_j)}{ds} = \sum_{k=1}^{n} [C_{ik}(\boldsymbol{u}_k \cdot \boldsymbol{u}_j) + C_{jk}(\boldsymbol{u}_i \cdot \boldsymbol{u}_k)] \quad (i,j=1,2,3), \tag{6.3}$$

这又是一个以$\boldsymbol{u}_i \cdot \boldsymbol{u}_j$ 为未知函数的常微分方程组, 根据常微分方程组解的存在唯一性定理, 它对给定的初始条件有唯一组解. 而$\boldsymbol{u}_i(0) \cdot \boldsymbol{u}_j(0) = \delta_{ij}$, 据$C_{ij}$ 的反称性知δ_{ij} 满足初始条件及方程(6.3), 所以$\boldsymbol{u}_i \cdot \boldsymbol{u}_j = \delta_{ij}$, 这就证明了($\boldsymbol{u}_1, \boldsymbol{u}_2, \boldsymbol{u}_3$)是正交单位向量且构成右手系.

现在, 作曲线

$$\boldsymbol{r}(s) = \boldsymbol{r}_0 + \int_0^s \boldsymbol{u}_1(t)dt, \tag{6.4}$$

那么(6.4)就是(6.1)满足初始条件的唯一解.

下面来验证(6.4)满足定理的要求.

首先, 从$\boldsymbol{u}_1=\dfrac{dr}{ds}$是单位向量知$s$ 是弧长参数, $\boldsymbol{u}_1$ 是切向量

$$\boldsymbol{u}_1=\boldsymbol{T},$$

其次, 关于s 求导上式的两边, 并考虑到方程(6.2)和曲线的Frenet公式, 我们得到

$$\bar{k}\boldsymbol{u}_2=k\boldsymbol{N},$$

因$\boldsymbol{u}_2$ 和$\boldsymbol{N}$ 均为单位向量以及$k>0,\bar{k}>0$, 立即有$k=\bar{k}$, $\boldsymbol{u}_2=\boldsymbol{N}$, 从而也有$\boldsymbol{u}_3=\boldsymbol{B}$.

最后, 关于s 求导上式的两边, 便有

$$-\bar{\tau}\boldsymbol{N}_2=-\tau\boldsymbol{N},$$

所以$\tau=\bar{\tau}$.定理证毕.

根据曲线论的基本定理, 曲线除了它所在的位置以外, 是唯一地决定于它的曲率和挠率的. 换言之, 如果有两条曲线$\boldsymbol{r}_1(s)$ 和$\boldsymbol{r}_2(s)$ 在弧长参数s 相同的点具有相同的曲率和挠率, 那么这两条曲线经过运动(由旋转与平移组成)一定会重合. 事实上, 设$\{\boldsymbol{r}_1(0);\boldsymbol{T}_1(0),\boldsymbol{N}_1(0),\boldsymbol{B}_1(0)\}$ 和$\{\boldsymbol{r}_2(0);\boldsymbol{T}_2(0),\boldsymbol{N}_2(0),\boldsymbol{B}_2(0)\}$ 分别是曲线$\boldsymbol{r}_1(s)$ 与$\boldsymbol{r}_2(s)$ 在$s=0$ 点的Frenet 标架. 那么用这样的一个运动使$\{\boldsymbol{r}_2(0);\boldsymbol{T}_2(0),\boldsymbol{N}_2(0),\boldsymbol{B}_2(0)\}$ 重合于$\{\boldsymbol{r}_1(0);\boldsymbol{T}_1(0),\boldsymbol{N}_1(0),\boldsymbol{B}_1(0)\}$, 因而$\boldsymbol{r}_2(s)$ 被移动到新的$\boldsymbol{r}_2'(s)$. 可是$k_2(s)$ 与$\tau_2(s)$ 在运动下不变, 且根据曲线论基本定理这两条曲线必重合$\boldsymbol{r}_2'(s)\equiv\boldsymbol{r}_1(s)$. 这样, 我们称

$$k=k(s),\tau=\tau(s)$$

为曲线的*自然方程*. 因此, 曲线除了空间的位置以外, 完全决定于它的自然方程.

下面举例说明曲线论基本定理的应用.

例1 求曲率和挠率均为常数的曲线.

解 根据本章第3.3节例2, 圆柱螺线

$$\boldsymbol{r}=(a\cos\theta,a\sin\theta,b\theta)\quad(a>0,-\infty<\theta<\infty)$$

的曲率和挠率为

$$k=\frac{a}{a^2+b^2},\quad \tau=\frac{b}{a^2+b^2}.$$

因此, 对给定的常数$k>0$ 和τ , 令

$$a=\frac{k}{k^2+\tau^2},\quad b=\frac{\tau}{k^2+\tau^2}.$$

由此, 作出圆柱螺线的方程, 再根据曲线论基本定理, 它除了运动以外是唯一确定的, 这样就得到了所求的曲线.

容易看出, 圆柱螺线的切线与圆柱轴线夹定角. 一般地, 如果一条曲线的切向量与一固定方向交于定角, 则称此曲线为一般螺线.

例2 曲率不等于零的空间曲线$\boldsymbol{r}(s)$ 要成为一般螺线的充要条件是$\dfrac{\tau}{k}=C$ (常数).

证明 如果$\boldsymbol{r}(s)$ 为一般螺线, 那么它的切向量$\boldsymbol{T}$ 与一固定单位向量$\boldsymbol{u}$ 成定角θ, 即

$$\boldsymbol{T}(s)\cdot\boldsymbol{u}=\cos\theta \quad (0\leqslant\theta<\pi), \tag{6.5}$$

其中$\boldsymbol{u}$ 为单位常向量. 关于s 求导上式, 而且考虑到$k\neq 0$, 我们有

$$\boldsymbol{N}(s)\cdot\boldsymbol{u}=0. \tag{6.6}$$

(6.5)和(6.6)表明

$$\boldsymbol{u}=\cos\theta\boldsymbol{T}(s)+\sin\theta\boldsymbol{B}(s),$$

即

$$\boldsymbol{u}\cdot\boldsymbol{B}(s)=\sin\theta. \tag{6.7}$$

将(6.6)的两边关于s 求导,

$$\boldsymbol{u}(-k\boldsymbol{T}+\tau\boldsymbol{B})=0.$$

从(6.5)就得到

$$\frac{\tau}{k}=\mathrm{ctg}\theta(\text{常数}).$$

反之, 如果$\tau/k=C$ (常数), 取$0<\theta<\pi$, 使$C=\mathrm{ctg}\theta,\theta$ 为常值. 令$\boldsymbol{u}=\cos\theta\boldsymbol{T}+\sin\theta\boldsymbol{B}$, 容易验证$\boldsymbol{u}'=0$, 且$\boldsymbol{T}\cdot\boldsymbol{u}=\cos\theta$, 即曲线切向与常向量$\boldsymbol{u}$ 夹定角. 证毕.

如果将一般螺线$\boldsymbol{r}(s)$(s 为弧长参数)沿该固定方向$\boldsymbol{u}$ 投影到任一与$\boldsymbol{u}$ 垂直的平面上, 我们就得到一条平面曲线$\bar{\boldsymbol{r}}(s)$ (s 不一定是$\bar{\boldsymbol{r}}(s)$ 的弧长参数).

例3 上例中的$\boldsymbol{r}(s)$ 与$\bar{\boldsymbol{r}}(s)$ 在对应点的主法向一致, 它们的弧长之比为常数, 而且两曲率之比亦为常数.

证明 不妨设过坐标原点, 以固定方向$\boldsymbol{u}$ 为法方向的平面为Σ , 它的方程是

$$\boldsymbol{u}\cdot\boldsymbol{\rho}=0,$$

其中$\boldsymbol{\rho}$ 为平面上的坐标. 设$\boldsymbol{r}(s)$ 在Σ 上正投影为$\bar{\boldsymbol{r}}(s)$, 那么

$$\bar{\boldsymbol{r}}(s)-\boldsymbol{r}(s)=\lambda\boldsymbol{u},$$

因$\bar{\boldsymbol{r}}$ 在Σ 上, 上式两边数乘$\boldsymbol{u}$, 考虑到$\boldsymbol{u}$ 为单位向量, 因此$\lambda=-\boldsymbol{r}\cdot\boldsymbol{u}$, 即

$$\bar{\boldsymbol{r}}(s)=\boldsymbol{r}(s)-(\boldsymbol{r}(s)\cdot\boldsymbol{u})\boldsymbol{u}. \tag{6.8}$$

将(6.8)式两边对s 求导得到

$$\frac{d\bar{\boldsymbol{r}}}{ds}=\boldsymbol{T}-\cos\theta\boldsymbol{u},\quad \theta<\theta<\pi\text{为常数},$$

据此即得

$$\bar{s}=s\sin\theta, \tag{6.9}$$

又

$$\bar{\boldsymbol{T}}=\frac{d\bar{\boldsymbol{r}}}{ds}\frac{ds}{d\bar{s}}=(\boldsymbol{T}-\cos\theta\boldsymbol{u})/\sin\theta,$$

再对$\bar{s}$ 求导得

$$\bar{k}\bar{\boldsymbol{N}}=k\boldsymbol{N}/\sin\theta\frac{ds}{d\bar{s}}=k\boldsymbol{N}/\sin^2\theta,$$

由此立即看出

$$\bar{k}=\frac{k}{\sin^2\theta},\quad \bar{\boldsymbol{N}}=\boldsymbol{N}.$$

证毕.

最后, 我们再举一个在天线设计中很有用的圆锥对数螺线.

例4 在半顶角为α 的圆锥面上的圆锥对数螺线的方程为

$$\boldsymbol{r}(\theta)=\rho_0\exp\left(\frac{\sin\alpha}{\mathrm{tg}\beta}\theta\right)(\sin\alpha\cos\theta,\sin\alpha\sin\theta,\cos\alpha),$$

其中ρ_0 和β 都是常数. 它在任一点的切线与过该点的母线夹定角.

事实上

$$\begin{aligned}\frac{d\boldsymbol{r}}{d\theta}=&\rho_0\exp\left(\frac{\sin\alpha}{\mathrm{tg}\beta}\theta\right)\left(\frac{\sin^2\alpha\cos\theta}{\mathrm{tg}\beta}-\sin\alpha\sin\theta,\frac{\sin^2\alpha\sin\theta}{\mathrm{tg}\beta}\right.\\&\left.+\sin\alpha\cos\theta,\frac{\sin\alpha\cos\alpha}{\mathrm{tg}\beta}\right),\end{aligned}$$

所以,

$$\left|\frac{d\boldsymbol{r}}{d\theta}\right|=\pm\rho_0\exp\left(\frac{\sin\alpha}{\mathrm{tg}\beta}\theta\right)\sin\alpha/\sin\beta,$$

这样曲线的切向与圆锥的轴向(0, 0, 1)的夹角方向余弦为常数$\pm\cos\alpha\cos\beta$. 所以上述方程所表示的曲线为一般螺线.

通过圆锥面上任一点的母线方向是$\boldsymbol{r}(\theta)$, 它与该点曲线切向夹角的方向余弦, 不难计算得

$$\frac{\boldsymbol{r}(\theta)\cdot\dfrac{d\boldsymbol{r}}{d\theta}}{|\boldsymbol{r}(\theta)|\left|\dfrac{d\boldsymbol{r}}{d\theta}\right|}=\begin{cases}\cos\beta,\beta>0,\\-\cos\beta,\beta<0,\end{cases}$$

为常数.

习　题

1. 叙述并证明平面曲线论的基本定理.
2. 求平面弧长参数曲线, 使它的曲率$k(s)=\dfrac{1}{1+s^2}$.
3. 证明一条曲线$\boldsymbol{r}=\boldsymbol{r}(s)$ 为一般螺线的充要条件是

$$(\boldsymbol{r}'',\boldsymbol{r}''',\boldsymbol{r}'''')=0.$$

4. 证明如果曲线具有下列四个性质之一:

1) 曲线的切线与某一常方向交成定角;
2) 曲线的从法线与某一常方向交成定角;
3) 曲线的主法线同某一平面平行;
4) 曲线的曲率与挠率之比为常数;

则它必定具有其余的三个性质.

2.7 Cesàro不动条件

下面介绍Cesàro方法, 利用这个方法可以解决很多几何问题. 设曲线$C:\boldsymbol{r}=\boldsymbol{r}(s)$, s 是它的弧长参数. 对C 上的每一点, 取空间一点$\bar{\boldsymbol{r}}(s)$ 与它对应, 随着$\boldsymbol{r}(s)$ 在C 上移动. 点$\bar{\boldsymbol{r}}(s)$ 一般也要动, 而生成C 的伴随曲线 $\bar{C}:\bar{\boldsymbol{r}}=\bar{\boldsymbol{r}}(s)$. 我们考察伴随曲线也是光滑曲线的情况. 为了表达$\bar{\boldsymbol{r}}(s)$ 的位置, 选取$\boldsymbol{r}(s)$ 点的Frenet标架$\{\boldsymbol{r}(s);\boldsymbol{T}(s),\boldsymbol{N}(s),\boldsymbol{B}(s)\}$, 那么

$$\bar{\boldsymbol{r}}(s)=\boldsymbol{r}(s)+u_1(s)\boldsymbol{T}(s)+u_2(s)\boldsymbol{N}(s)+u_3(s)\boldsymbol{B}(s),$$

其中$\{u_1(s),u_2(s),u_3(s)\}$ 为$\bar{C}$ 上的点关于C 上相应点的相对坐标. 由于

$$\begin{aligned}\bar{\boldsymbol{r}}(s+\Delta s)=&r(s+\Delta s)+u_1(s+\Delta s)\boldsymbol{T}(s+\Delta s)\\&+u_2(s+\Delta s)\boldsymbol{N}(s+\Delta s)\\&+u_3(s+\Delta s)\boldsymbol{B}(s+\Delta s),\end{aligned}$$

从这式减去前式的时候, 虽然$(u_1(s),u_2(s),u_3(s))$ 与$\big(u_1(s+\Delta s),u_2(s+\Delta s),u_3(s+\Delta s)\big)$ 并不是关于同一标架的点的坐标, 很明显地成立

$$d\bar{\boldsymbol{r}}=d\boldsymbol{r}+du_1\boldsymbol{T}+u_1d\boldsymbol{T}+du_2\boldsymbol{N}+u_2d\boldsymbol{N}+du_3\boldsymbol{B}+u_3d\boldsymbol{B},$$

可以改写它为下列形式

$$\frac{d\bar{\boldsymbol{r}}}{ds}=\boldsymbol{r}'+u'_1\boldsymbol{T}+u_1\boldsymbol{T}'+u'_2\boldsymbol{N}+u_2\boldsymbol{N}'+u'_3\boldsymbol{B}+u_3\boldsymbol{B}',$$

以Frenet公式(4.1)代到这里, 就成立

$$\frac{d\bar{\boldsymbol{r}}}{ds}=(1+u'_1-ku_2)\boldsymbol{T}+(u'_2+ku_1-\tau u_3)\boldsymbol{N}+(u'_3+\tau u_2)\boldsymbol{B}.$$

如果置

$$\begin{cases}\dfrac{\delta u_1}{ds}=u'_1-ku_2+1,\\ \dfrac{\delta u_2}{ds}=u'_2+ku_1-\tau u_3,\\ \dfrac{\delta u_3}{ds}=u'_3+\tau u_2,\end{cases}\tag{7.1}$$

终于得到

$$\frac{d\bar{\boldsymbol{r}}}{ds}=\frac{\delta u_1}{ds}\boldsymbol{T}+\frac{\delta u_2}{ds}\boldsymbol{N}+\frac{\delta u_3}{ds}\boldsymbol{B}.\tag{7.2}$$

当曲线在某坐标系下用坐标$(u_1(s),u_2(s),u_3(s))$表达时, 把s看成时间而给点以运动, 我们知道它的速度决定于$\left(\dfrac{du_1}{ds},\dfrac{du_2}{ds},\dfrac{du_3}{ds}\right)$, 可是很不凑巧地用了活动标架, 各瞬间坐标系在变化, 所以$\left(\dfrac{du_1}{ds},\dfrac{du_2}{ds},\dfrac{du_3}{ds}\right)$并不表达点$P$的速度. 但是(7.2)却表达了, $\left(\dfrac{\delta u_1}{ds},\dfrac{\delta u_2}{ds},\dfrac{\delta u_3}{ds}\right)$恰恰是点$\bar{\boldsymbol{r}}(s)$的速度向量关于Frenet标架$\{\boldsymbol{r}(s);\boldsymbol{T}(s),\boldsymbol{N}(s),\boldsymbol{B}(s)\}$的分量. 换句话说, $\left(\dfrac{du_1}{ds},\dfrac{du_2}{ds},\dfrac{du_3}{ds}\right)$表示从标架$\{\boldsymbol{r}(s);\boldsymbol{T}(s),\boldsymbol{N}(s),\boldsymbol{B}(s)\}$所看到的点$\bar{\boldsymbol{r}}(s)$的相对速度, 而$\left(\dfrac{\delta u_1}{ds},\dfrac{\delta u_2}{ds},\dfrac{\delta u_3}{ds}\right)$则表示从同一标架所看到的点$\bar{\boldsymbol{r}}(s)$的绝对速度. 至于(7.1)式, 表达了这些相对速度与绝对速度之间的关系, 称为Cesàro恒等条件.

现在考察特别的情况, 曲线C的各点$\boldsymbol{r}(s)$的对应点$\bar{\boldsymbol{r}}(s)$是固定点. 这时因为标架本身在动, $u_1(s),u_2(s),u_3(s)$一般应该是s的函数, 为了$\bar{\boldsymbol{r}}(s)$变为定点, 它的绝对速度是0, 即满足

$$\begin{cases}u'_1=ku_2-1,\\ u'_2=-ku_1+\tau u_3,\\ u'_3=-\tau u_2,\end{cases}\tag{7.3}$$

它称为Cesàro不动条件. 这是静止点相对坐标应该满足的微分方程.

利用平面曲线的Frenet公式(5.2), 一样可得到平面曲线的Cesàro不动条件

$$\begin{cases}u'_1=k_r u_2-1,\\ u'_2=-k_r u_1.\end{cases}\tag{7.4}$$

下面举例说明Cesàro不动条件的应用.

例1 求一空间曲线为球面曲线的充要条件.

解 球面中心为定点, 所以它关于曲线的Frenet标架的坐标u_1, u_2, u_3 必满足(7.3). 而且球面的半径a 等于球面中心至曲线点的距离, 即

$$u_1^2 + u_2^2 + u_3^2 = a^2.$$

对它两边求导, 且考虑到(7.3)式, 容易得到

$$u_1 = 0. \tag{7.5}$$

它表示曲线的法平面经过球面的中心. 再将(7.5)代回(7.3)立即得到

$$u_2 = R, u_3 = \frac{1}{\tau}\frac{dR}{ds},$$

以及

$$\frac{d}{ds}\left(\frac{1}{\tau}\frac{dR}{ds}\right) + \tau R = 0, \tag{7.6}$$

其中$R = \dfrac{1}{k}$ 为曲率半径.

反之, 如果(7.6)成立, 那么$\boldsymbol{P} = \left(0, R, \dfrac{1}{\tau}\dfrac{dR}{ds}\right)$ 满足(7.3)式, 即$\boldsymbol{P}$ 点为固定点. $\boldsymbol{P}$ 与曲线上点的距离平方为

$$\rho^2 = R^2 + \frac{1}{\tau^2}\left(\frac{dR}{ds}\right)^2, \tag{7.7}$$

而

$$\frac{d\rho^2}{ds} = \frac{2R'}{\tau}\left[\frac{d}{ds}\left(\frac{1}{\tau}\frac{dR}{ds}\right) + \tau R\right] = 0,$$

这里已用到(7.6)式. 所以曲线因其上任何一点与定点$\boldsymbol{P}$ 有定距离而成为球面曲线. 这样, 我们得到了球面曲线的条件(7.6)式.

上一节, 我们考察了一般螺线, 它满足$\dfrac{\tau}{k} = \mathrm{ctg}\theta$, 如果一般螺线又落在一球面上, 它的曲率和挠率又满足(7.6)式, 对这样的曲线有下列有趣的结果.

例2(Enneper定理) 如果一条一般螺线落在某球面上, 则在其定方向的垂直平面上的正投影必为外摆线.

证明 由一般螺线的条件$\tau = k\mathrm{ctg}\theta$ 代入(7.7)

$$\rho^2 = R^2 + \frac{1}{\tau^2}\left(\frac{dR}{ds}\right)^2,$$

其中ρ 是球面的半径, 得到

$$R^2 + R^2\mathrm{tg}\theta\left(\frac{dR}{ds}\right)^2 = \rho^2.$$

从中解得

$$\frac{dR}{ds} = \frac{1}{R}\text{ctg}\theta\sqrt{\rho^2 - R^2},$$
$$\frac{RdR}{\sqrt{\rho^2 - R^2}}\text{tg}\theta = ds,$$

积分得到

$$s = -\text{tg}\theta\sqrt{\rho^2 - R^2},$$

即

$$R^2 = \rho^2 - s^2\text{ctg}^2\theta. \tag{7.8}$$

根据例3中的(6.9)和(6.10), 我们有

$$\begin{aligned}\bar{R}^2 &= R^2\sin^4\theta = (\rho^2 - s^2\text{ctg}^2\theta)\sin^4\theta \\ &= \rho^2\sin^4\theta - s^2\cos^2\theta\sin^2\theta \\ &= \rho^2\sin^4\theta - \cos^2\theta s^{-2},\end{aligned} \tag{7.9}$$

这就是外摆线的自然方程.

习　题

1. 直接推导平面曲线的Cesàro不动条件.

2. 求这样的平面曲线$C : \boldsymbol{r} = \boldsymbol{r}(s)$, 使其上的点$\boldsymbol{r}(s)$ 与C 在$\boldsymbol{r}(s)$ 的曲率中心P 的连接线段总被一定直线所平分.

3. 求一空间曲线, 使其密切平面总与定球面相切.

第3章　等距曲线

3.1　等距曲线

这里将在第2章"曲线论"的基础上叙述等距曲线(或平行曲线)及其应用. 许多生产实际问题可以归纳为求一条已知曲线的等距曲线.

定义　设平面曲线Γ上的每一点P沿着Γ在这点的法线的正(负)方向移动一段距离a, 所得到一点P_a的轨迹$\Gamma_a(\Gamma_{-a})$称为Γ的内(外)等距曲线.

已知Γ的方程

$$\boldsymbol{r}=\boldsymbol{r}(s),$$

其中s是Γ的弧长参数, 则内等距曲线Γ_a的方程是

$$\boldsymbol{r}_a=\boldsymbol{r}(s)+a\boldsymbol{N}(s), \tag{1.1}$$

这里$\boldsymbol{N}(s)$是Γ的单位法线向量, 由切线向量$\boldsymbol{T}$到$\boldsymbol{N}$的方向是反时针的.

如果已知Γ的参数方程

$$\begin{cases} x=x(t), \\ y=y(t), \end{cases}$$

则

$$\boldsymbol{N}=\frac{1}{\sqrt{x'^2+y'^2}}(-y',x'),$$

Γ_a的参数方程为

$$\begin{cases} x_a=x(t)-a\dfrac{y'}{\sqrt{x'^2+y'^2}}, \\ y_a=y(t)+a\dfrac{x'}{\sqrt{x'^2+y'^2}}, \end{cases} \tag{1.2}$$

而且外等距曲线Γ_{-a}的方程为

$$\begin{cases} x_a=x(t)+a\dfrac{y'}{\sqrt{x'^2+y'^2}}, \\ y_a=y(t)-a\dfrac{x'}{\sqrt{x'^2+y'^2}}. \end{cases} \tag{1.3}$$

图3-1表示Γ 的两条等距曲线. Γ_a 的方程是(1.2), Γ_{-a} 的方程是(1.3).

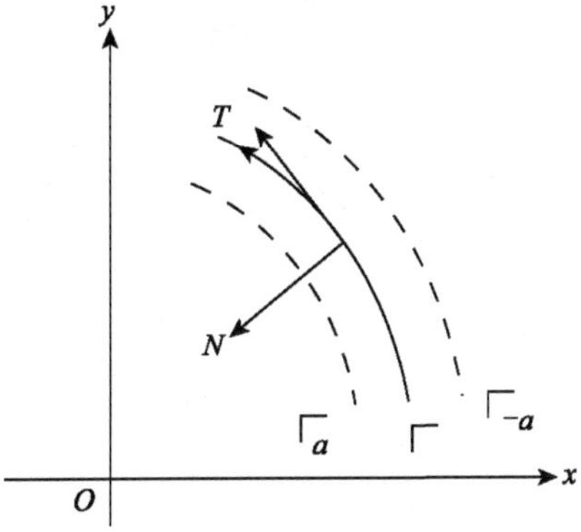

图3-1

容易证明$\boldsymbol{N}$ 也是Γ_a 在P_a 处的法线. 为此, 将(1.1)式对s 求导, 得到

$$\boldsymbol{r}_a'(s) = \boldsymbol{r}'(s) + a\boldsymbol{N}'(s).$$

应用平面曲线的Frenet公式, 得

$$\boldsymbol{r}_a'(s) = \boldsymbol{T}(s) - ak(s)\boldsymbol{T}(s) = [1 - ak(s)]\boldsymbol{T}(s). \tag{1.4}$$

显然

$$\boldsymbol{N}(s) \cdot \boldsymbol{r}_a'(s) = 0.$$

这说明Γ 与Γ_a 的对应点的联线PP_a 是它们的公法线, 从而Γ 也是Γ_a 的等距曲线. 它们是互为等距曲线的. 也可以说它们互为Bertrand曲线(见第2章2.4节习题的第6题)在平面上的类似.

为求Γ_a 的相对曲率k_a, 设s_a 是它的弧长参数, 而且$\boldsymbol{r}(s)$ 与$\boldsymbol{r}_a(s_a)$ 是对应点. 对Γ 和Γ_a 应用Frenet公式, 便得到

$$\boldsymbol{T}' = k\boldsymbol{N} \tag{1.5}$$

和

$$\frac{d\boldsymbol{T}_a}{ds_a} = k_a\boldsymbol{N}_a. \tag{1.6}$$

因为

$$\boldsymbol{T}_a = \boldsymbol{T}, \quad \boldsymbol{N}_a = \boldsymbol{N},$$

(1.6)式成为

$$\boldsymbol{T}'\frac{ds}{ds_a} = k_a\boldsymbol{N}.$$

将它与(1.5)式比较, 得

$$\frac{k_a}{k}=\frac{ds}{ds_a}.$$

由(1.4)式有

$$\boldsymbol{T}=\frac{d\boldsymbol{r}_a}{ds_a}=\boldsymbol{r}'_a\frac{ds}{ds_a}=[1-ak(s)]\frac{ds}{ds_a}\boldsymbol{T},$$

$$\frac{ds}{ds_a}[1-ak(s)]=1,$$

所以

$$k_a(s)=\frac{k(s)}{1-ak(s)}. \tag{1.7}$$

相对曲率半径

$$\rho_a(s)=\rho(s)-a. \tag{1.8}$$

如果要求Γ_a 上不出现奇点, 或要求Γ_a 与Γ 有相同的凹凸性, a 的选取应该有一定的限制.

习　　题

1. 求圆的内外等距曲线.
2. 椭圆的等距曲线是不是椭圆?
3. 求双曲线.

$$\begin{cases}x=t\cos\alpha,\\ y=\sqrt{a^2+t^2\sin^2\alpha}\end{cases}\quad (t\text{为参数}, a, \alpha\text{为常数})$$

的等距曲线, 使对应点之间的距离为r .

3.2 渐 开 线

大家都很熟悉, 圆的渐开线(以下简称渐开线)在齿轮传动方面是十分有用的曲线. 变压器厂试制成功了体积小、容量大的渐开线变压器, 又使我们对渐开线有了进一步的认识. 在这一节里, 我们写出渐开线的方程并且叙述它的主要性质, 特别是渐开线的等距曲线也是渐开线这个性质. 关于渐开线在齿轮传动和制造方面的一些问题, 以后将另行讨论.

什么叫渐开线? 我们看图3-2. 在圆盘的周围绕上一根棉线, 棉线头上拴一支铅笔, 拉紧线头A 逐渐展开, 铅笔尖在纸上画出来的曲线就叫做圆的渐开线, 简称渐开线. 这个圆盘叫做它的基圆, 棉线叫做它的发生线.

棉线在展开过程中总是和基圆相切的. 我们任意选择一个位置B, 这时棉线和基圆在C 点相切, 即C 点是切点, BC 垂直于基圆半径OC.

根据渐开线形成的方法, 可以知道渐开线的一个性质: 圆弧AC 的长度等于线段BC 的长度.

渐开线的方程 如图3-3所示, 以O 点为极点, 以连线OA 为极轴建立起一个坐标系. 设B 是渐开线上的任意一点, (ρ,θ) 是它的极坐标, 其中θ 是弧度. 基圆半径是已知的: $OA=OC=r$. 假定$\angle BOC=\alpha$ (弧度), 从直角三角形BOC 可知

$$\rho=\frac{r}{\cos\alpha},\quad BC=r\mathrm{tg}\alpha.$$

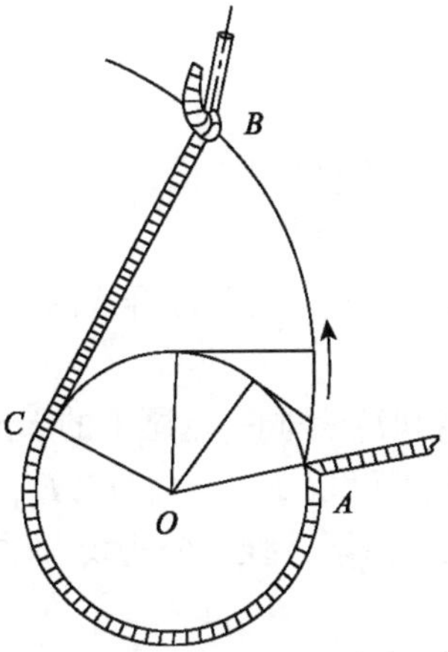

图3-2

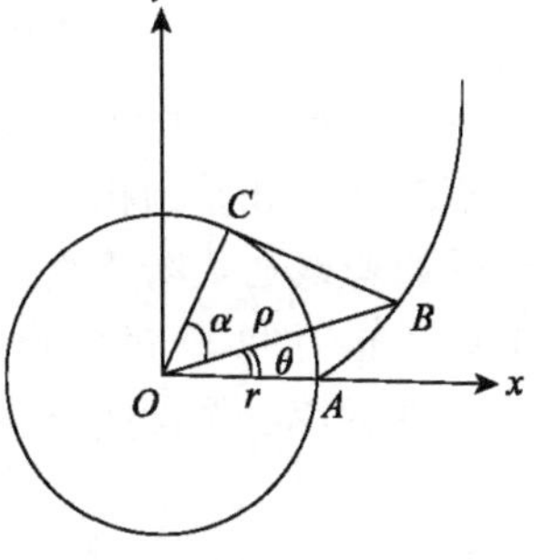

图3-3

根据渐开线的性质,

$$BC=AC=r(\alpha+\theta),$$

所以

$$\theta=\frac{BC}{r}-\alpha=\mathrm{tg}\alpha-\alpha.$$

最后得到渐开线在极坐标系下的参数方程:

$$\begin{cases}\rho=\dfrac{r}{\cos\alpha},\\ \theta=\mathrm{tg}\alpha-\alpha.\end{cases}\tag{2.1}$$

给定α 的一个值, 就可以计算ρ 和θ , 从而找到渐开线上的一点(ρ,θ). 必须指出, 在计算中α 和θ 都要用弧度表示. 在机械原理中, α 称为压力角, $\mathrm{tg}\alpha-\alpha$ 叫做α 的渐开线函数, 记为$\mathrm{inv}\ \alpha$, 有专门的渐开线函数表可以查看.

在写渐开线的直角坐标参数方程时, 经常用$\angle AOC=\varphi$ 做参数, φ 和α 的关系是$\varphi=\alpha+\theta$, 并从(2.1)式得到

$$\varphi=\mathrm{tg}\alpha.$$

B 点在Oxy 的直角坐标(x,y) 可从(2.1)求得:

$$x=\rho\cos\theta=\frac{r}{\cos\alpha}\cos(\varphi-\alpha)=\frac{r}{\cos\alpha}(\cos\varphi\cos\alpha+\sin\varphi\sin\alpha)=r(\cos\varphi+\varphi\sin\varphi),$$

$$y=\rho\sin\theta=\frac{r}{\cos\alpha}\sin(\varphi-\alpha)=\frac{r}{\cos\alpha}(\sin\varphi\cos\alpha-\cos\varphi\sin\alpha)=r(\sin\varphi-\varphi\cos\varphi).$$

所以渐开线在直角坐标系下的参数方程是

$$\begin{cases}x=r(\cos\varphi+\varphi\sin\varphi),\\ y=r(\sin\varphi-\varphi\cos\varphi).\end{cases}\tag{2.2}$$

式中, φ 是参数. 它在B 点的切线的斜率是

$$k=\frac{dy}{dx}=\frac{r(\cos\varphi-\cos\varphi+\varphi\sin\varphi)}{r(-\sin\varphi+\sin\varphi+\varphi\cos\varphi)}=\mathrm{tg}\varphi.$$

所以它在B 点的切线和OC 平行, 或者说和BC 垂直, 这是渐开线的第二个性质: 渐开线上任意一点的法线和基圆相切.

渐开线的等距曲线也是渐开线　设Γ,Γ_1和Γ_2 是同一基圆上的起点不同的三条渐开线, $A_1A=AA_2$ (图3-4).过C 点作基圆的切线CB_1 分别与Γ,Γ_1,Γ_2 交于B,B_1 和B_2 . 根据渐开线的第二个性质, CB_1 是这三条渐开线的公法线. 又根据渐开线的第一个性质

$$CB_2=A_2C,$$
$$CB=AC,$$
$$CB_1=A_1C.$$

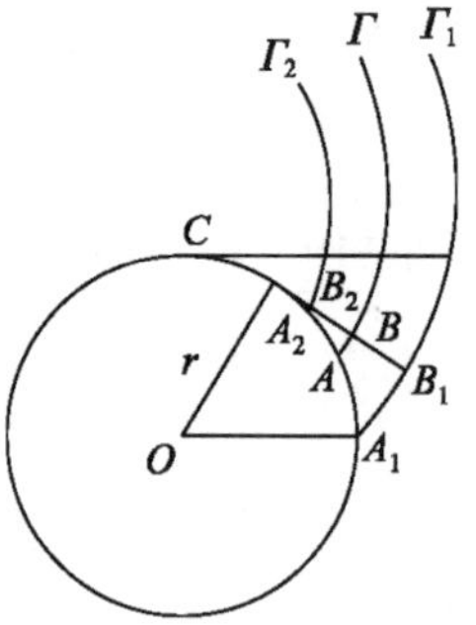

图3-4

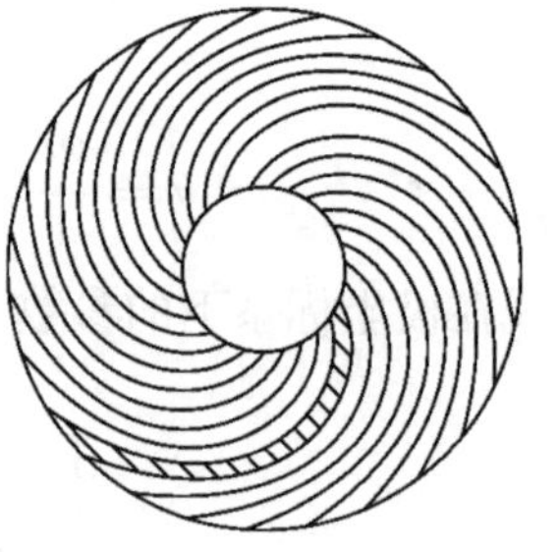

图3-5

从此

$$B_2B=CB-CB_2=AC-A_2C=AA_2,$$
$$BB_1=CB_1-CB=A_1C-AC=A_1A.$$

所以无论C 点在基圆上怎样变化, B_2B 和BB_1 的长度始终是一定的. 这表明, Γ_1 和Γ_2 都是Γ 的等距曲线. 换句话说, 和渐开线Γ 距离为AA_1 的等距曲线是Γ_1 和Γ_2 ,

它们也是和Γ 一样的渐开线, 将Γ 绕O 点适当地转过一个角度就可以得到它们. 实际上, 这个角度等于$\pm\dfrac{AA_1}{r}$. 这是渐开线的第三个性质: 渐开线的等距曲线是和它一样的渐开线. 这些曲线仅仅是起点不同, 或者说, 仅仅相差一个角度.

由于渐开线有这个性质, 所以把横截面为矩形的矽钢片弯成渐开线的形状时, 它的两边都变成相同的渐开线. 一片片形状、大小完全相同的渐开线形的矽钢片能相互紧贴、中间不留一点空隙地迭成圆柱形的铁芯(参照图3-5).

3.3 三角活塞旋转式发动机缸体的型线

旋转式发动机是对内燃机结构的重大改革. 它的活塞直接作旋转运动. 这就可以提高转速, 增大功率, 并使结构紧凑.

如图3-6所示, 中间的形状为三角形的部分是旋转活塞, 它始终与外面的缸体型线接触. 缸体型线是双弧外摆线的等距曲线.

外摆线 外摆线是这样形成的: 假定一个半径为r 的圆盘O_r 沿着另一个半径为R 的圆O 滚动(只滚动而没有滑动, 而且圆O_r 在圆O 的外面), P 是固定在圆盘O_r 上的一点. 这时O_r 的轨迹是以O 为中心, $r+R$ 为半径的一个圆, P 点的轨迹叫外摆线[1)].

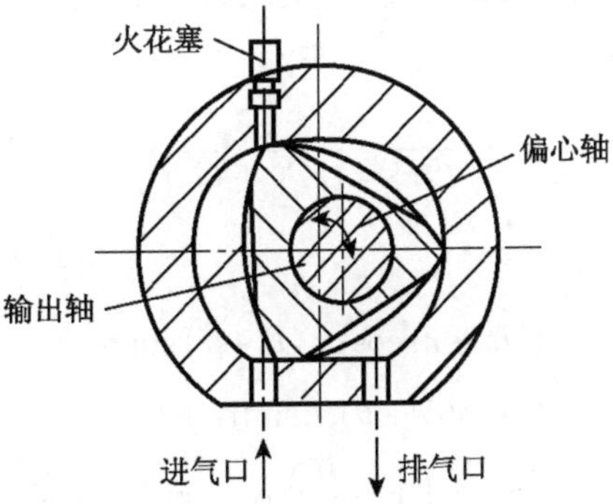

图3-6

我们建立如图3-7所示的一个平面直角坐标系. 设滚动开始时, O_r 点和P 点都在x 轴上, 圆O_r 和圆O 在其上的A 点和B 点相切. 当圆O_r 滚动到新的位置时, 设两圆在I 点相切. 令

$$O_rP=e,$$

1) 更详细的分类是: 当P 点在圆O_r 上时, 它的轨迹称为普通外摆线; 当P 点在圆O_r 之外或内时, 分别称为长幅或短幅外摆线, 统称为变态外摆线.

记

$$\angle IOB = \alpha,$$
$$\angle IO_rA = \theta.$$

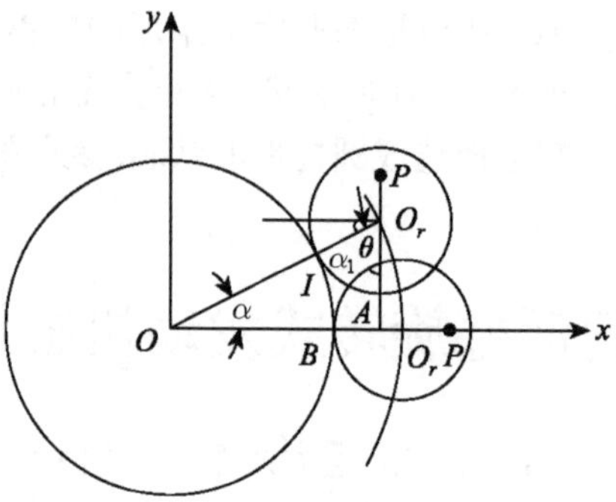

图3-7

因为圆O_r 在圆O 上作滚动, 所以滚过的弧长相等:

$$R\alpha = r\theta,$$

即

$$\theta = \frac{R}{r}\alpha.$$

P 点的轨迹由向量$\overrightarrow{OP}$ 的端点P 描出. 我们只要求出$\overrightarrow{OP}$ 的坐标表示式, 就可以得到P 点的轨迹方程.

由向量的加法知道

$$\overrightarrow{OP} = \overrightarrow{OO_r} + \overrightarrow{O_rP},$$

而

$$\begin{aligned}\overrightarrow{OO_r} &= ((R+r)\cos\alpha, (R+r)\sin\alpha),\\ \overrightarrow{O_rP} &= (e\cos(\alpha+\theta), e\sin(\alpha+\theta))\\ &= \left(e\cos\left(1+\frac{R}{r}\right)\alpha, e\sin\left(1+\frac{R}{r}\right)\alpha\right),\end{aligned}$$

所以

$$\begin{cases} x = (R+r)\cos\alpha + e\cos\left(1+\dfrac{R}{r}\right)\alpha, \\ y = (R+r)\sin\alpha + e\sin\left(1+\dfrac{R}{r}\right)\alpha \end{cases} \tag{3.1}$$

就是外摆线的参数方程, 其中α 是参变数.

P 点的运动可以看成是下面两个运动的合成: 一个是它随圆O_r 一起绕O 点的公转运动; 另一个是圆O_r 绕中心O_r 的自转运动. α 是圆O_r 绕O 点公转的转角.

设α_1 是圆O_r 绕中心O_r 自转的转角, 显然

$$\alpha_1 = \alpha + \theta = \left(1 + \frac{R}{r}\right)\alpha$$

或

$$\alpha = \frac{1}{1 + \frac{R}{r}}\alpha_1 = \frac{r}{r+R}\alpha_1,$$

把它代入(3.1)式, 就可以得到外摆线用自转角α_1 作参数的方程

$$\begin{cases} x = e\cos\alpha_1 + (R+r)\cos\dfrac{r}{r+R}\alpha_1, \\ y = e\sin\alpha_1 + (R+r)\sin\dfrac{r}{r+R}\alpha_1. \end{cases}$$

缸体的理论型线——双弧外摆线 当$R = 2r$ 时, 圆O_r 的周长$2\pi r$ 是圆O 的周长$2\pi R$ 的一半, 所以圆O_r 滚动两周后回到原处, 这时P 点也跟着回到原处, 因此P 点的轨迹是一条封闭的曲线, 而且它由两条对称的弧组成, 因此称它为双弧外摆线(图3-8).

把$R = 2r$ 代入(3.1)式, 就可以得到双弧外摆线的方程

$$\begin{cases} x(\alpha) = 3r\cos\alpha + e\cos 3\alpha, \\ y(\alpha) = 3r\sin\alpha + e\sin 3\alpha. \end{cases} \tag{3.2}$$

式中$e = O_rP$.

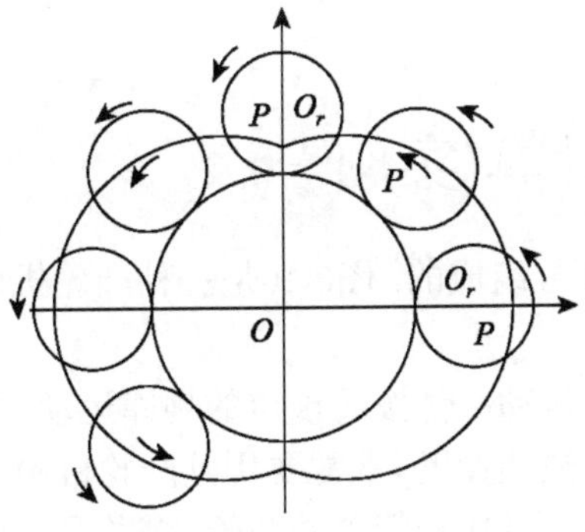

图3-8

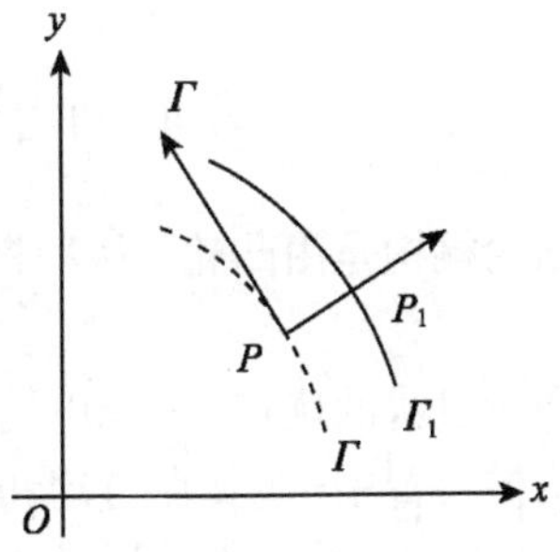

图3-9

缸体的实际型线 根据技术要求, 实际型线是双弧外摆线的等距曲线. 我们用Γ 表示双弧外摆线. 实际型线是Γ 的外等距曲线Γ_1 (图3-9).

将(3.2)代入(1.3), 立刻得出Γ_1 的方程

$$\begin{cases} x_1(\alpha) = x(\alpha) + an_x, \\ y_1(\alpha) = y(\alpha) + an_y, \end{cases} \tag{3.3}$$

其中

$$n_x = \frac{y'(\alpha)}{\sqrt{[x'(\alpha)]^2 + [y'(\alpha)]^2}},$$

$$n_y = \frac{-x'(\alpha)}{\sqrt{[x'(\alpha)]^2 + [y'(\alpha)]^2}}.$$

当r, e 和α 已知时, 就可以按下列公式计算缸体的实际型线.

对给定的α 计算

$$\begin{cases} x = 3r\cos\alpha + e\cos 3\alpha, \\ y = 3r\sin\alpha + e\sin 3\alpha, \end{cases}$$

$$\begin{cases} x' = -3r\sin\alpha - 3e\sin 3\alpha, \\ y' = 3r\cos\alpha + 3e\cos 3\alpha, \end{cases}$$

$$n_x = \frac{y'}{\sqrt{x'^2 + y'^2}},$$

$$n_y = \frac{-x'}{\sqrt{x'^2 + y'^2}},$$

$$x_1 = x + an_x,$$

$$y_1 = y + an_y.$$

当α 取0到$\frac{\pi}{2}$ 中间的一系列值时, 就可以算出相应的(x_1, y_1) , 在图上画出一系列点, 连接起来就是实际缸体型线的四分之一.

3.4 凸轮型线计算(实例一)

凸轮机构是由凸轮、从动杆和机架三部分组成的. 图3-10是一种凸轮机构的示意图.

凸轮机构的优点, 是能以简单的机构使从动部件按照预定的规律运动. 所以在许多机械装置中, 尤其在自动和半自动的机械装置里, 常常要用到凸轮机构.

过去, 对于从动部件运动规律和传动机构都比较简单的凸轮, 多数是采用近似作图法或测绘已有的凸轮进行仿造. 随着从动部件的运动要求和精度要求日益提高, 以及传动机构的复杂化, 就不断提出新的凸轮设计任务. 计算机将辅助我们完成这一项工作.

本节和下一节的两个实际例子, 都是用求等距曲线的方法计算凸轮的型线.

实例一 图3-11示意了一个油泵, 它应用在拖拉机发动机的燃油系统中. 外圈是一个内凸轮, 中间有两块长度相等且相互垂直的滑片, 它们绕固定中心 O 转动.

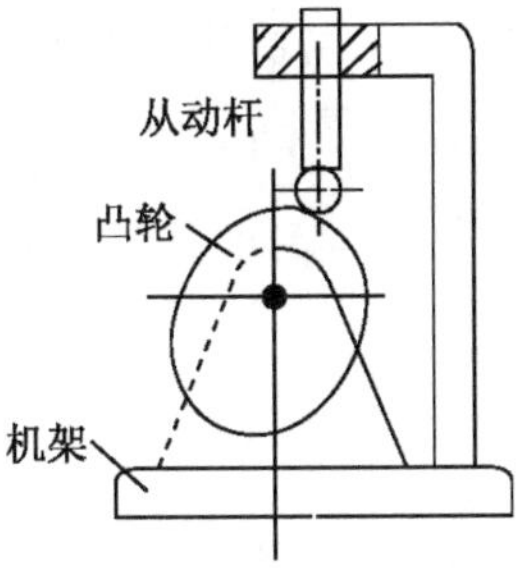

图3-10

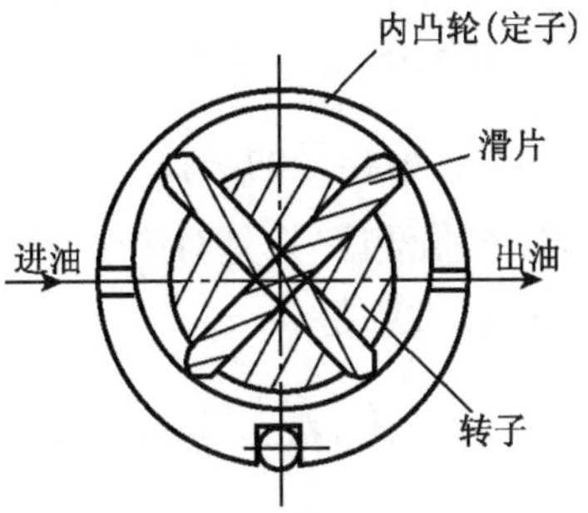

图3-11

滑片的顶部是半径为r_s 的小圆弧, 它始终与内凸轮相切. 滑片在转动时受到离心力作用, 但由于内凸轮的压制, 它的运动规律就被确定了(指径向的移动).两块滑片和内凸轮构成的四个区域面积的增大和减少完成了吸油和压油的过程.

滑片的径向位移可用它的顶部圆弧的中心O_1 到固定中心O 的距离的变化来表示. 假定滑片从水平方向开始转动, 它转过的角度用θ 表示, 如果要使OO_1 按照预定的规律$\rho(\theta)$ 变化, 内凸轮的型线应该是怎样的呢?

根据实际的需要, 滑片顶部小圆弧中心O_1 的轨迹是

$$\varGamma:\rho(\theta)=\begin{cases}R_0-2e, & -\dfrac{\pi}{2}\leqslant\theta\leqslant-\dfrac{\pi}{3},\\ R_0-e\left(1-\sin\dfrac{3}{2}\theta\right), & -\dfrac{\pi}{3}\leqslant\theta\leqslant\dfrac{\pi}{3},\\ R_0, & \dfrac{\pi}{3}\leqslant\theta\leqslant\dfrac{\pi}{2}.\end{cases}$$

$\dfrac{\pi}{2}\leqslant\theta\leqslant\dfrac{3\pi}{2}$ 的一半是与它对称的. 下面也只要考虑一半就可以了.

内凸轮的型线$\varGamma_1$ 和滑片顶部的小圆弧始终相切, 滑片顶部圆弧的中心O_1 必定在$\varGamma_1$ 的法线上, 而且它和$\varGamma_1$ 的距离就是r_s , 所以O_1 的轨迹$\varGamma$ 是$\varGamma_1$ 的内等距曲线. 反过来, 内凸轮型线$\varGamma_1$ 是$\varGamma$ 的外等距曲线(图3-12).

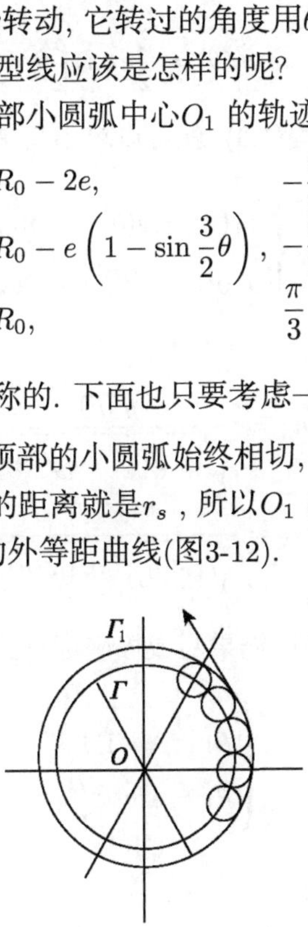

图3-12

$\varGamma$ 是由三段曲线光滑连接起来的(光滑连接是指相接点的切线相同), 其中两

段是圆弧. 圆弧的等距曲线就是它的同心圆弧. Γ 的等距曲线Γ_1 也应该是三段曲线并起来的, 其中两段是圆弧. 对应于$-\frac{\pi}{2} \leqslant \theta \leqslant -\frac{\pi}{3}$ 的一段曲线是以O为中心, 以$R_0 - 2e + r_s$ 为半径的圆弧. 对应于$\frac{\pi}{3} \leqslant \theta \leqslant \frac{\pi}{2}$ 的一段曲线是以O为中心, 以$R_0 + r_s$ 为半径的圆弧. 只是对应于$-\frac{\pi}{3} \leqslant \theta \leqslant \frac{\pi}{3}$ 的一段曲线需要计算.

Γ 的直角坐标方程是

$$\begin{cases} x(\theta) = \rho(\theta)\cos\theta, \\ y(\theta) = \rho(\theta)\sin\theta. \end{cases} \qquad \left(-\frac{\pi}{3} \leqslant \theta \leqslant \frac{\pi}{3}\right)$$

将它们对θ 求导数

$$\begin{cases} x'(\theta) = \rho'(\theta)\cos\theta - \rho(\theta)\sin\theta, \\ y'(\theta) = \rho'(\theta)\sin\theta + \rho(\theta)\cos\theta, \end{cases}$$

其中

$$\rho'(\theta) = \frac{3}{2}e\cos\frac{3}{2}\theta.$$

把这些式子代入等距曲线方程(1.3), 就可以求出Γ_1 的方程

$$\begin{cases} x_1(\theta) = x(\theta) + r_s n_x, \\ y_1(\theta) = y(\theta) + r_s n_y, \end{cases}$$

其中

$$n_x = \frac{y'(\theta)}{\sqrt{[x'(\theta)]^2 + [y'(\theta)]^2}},$$

$$n_y = \frac{-x'(\theta)}{\sqrt{[x'(\theta)]^2 + [y'(\theta)]^2}}.$$

为了便于制造, 需要把最后结果写成极坐标形式:

$$\begin{cases} \rho_1 = \sqrt{x_1^2 + y_1^2}, \\ \theta_1 = \operatorname{arctg}\dfrac{y_1}{x_1}. \end{cases}$$

我们把全部计算公式整理如下:

已知数据R_0, e, r_s, 对于给定的θ

$$\left(-\frac{\pi}{3} \leqslant \theta \leqslant \frac{\pi}{3}\right),$$

计算

$$\begin{cases} \rho(\theta) = R_0 - e\left(1 - \sin\dfrac{3}{2}\theta\right), \\ \rho'(\theta) = \dfrac{3}{2}e\cos\dfrac{3}{2}\theta, \end{cases}$$

$$\begin{cases} x = \rho\cos\theta, \\ y = \rho\sin\theta, \end{cases}$$

$$\begin{cases} x' = \rho'\cos\theta - \rho\sin\theta, \\ y = \rho'\sin\theta + \rho\cos\theta, \end{cases}$$

$$d = \sqrt{x'^2 + y'^2},$$

$$\begin{cases} n_x = \dfrac{y'}{d}, \\ n_y = \dfrac{-x'}{d}, \end{cases}$$

$$\begin{cases} x_1 = x + r_s n_x, \\ y_1 = y + r_s n_y, \end{cases}$$

$$\begin{cases} \rho_1 = \sqrt{x_1^2 + y_1^2}, \\ \theta_1 = \mathrm{arctg}\dfrac{y_1}{x_1}. \end{cases}$$

利用这些公式编制好上机程序, 可在电子计算机上计算出结果. 如对$R_0 = 11.08$, $e = 1.98, r_s = 4.8$, 计算结果(θ 每隔5° 取一点)如下:

θ	ρ_1	θ_1
−60°	11.9200	−60°00′00″
−55°	11.9327	−56°15′00″
−50°	11.9711	−52°26′37″
−45°	12.0359	−48°31′52″
−40°	12.1280	−44°28′29″
−35°	12.2478	−40°15′01″
−30°	12.3952	−35°50′54″
−25°	12.5693	−31°16′12″
−20°	12.7681	−26°31′32″
−15°	12.9888	−21°37′49″
−10°	13.2279	−16°36′08″
−5°	13.4812	−11°27′34″
0°	13.7440	−6°13′14″
5°	14.0114	−0°54′05″

续表

θ	ρ_1	θ_1
10°	14.2781	4°28′58″
15°	14.5390	9°55′15″
20°	14.7888	15°24′05″
25°	15.0227	20°54′57″
30°	15.2359	26°27′27″
35°	15.4242	32°01′12″
40°	15.5837	37°35′54″
45°	15.7113	43°11′20″
50°	15.8044	48°47′17″
55°	15.8610	54°23′33″
60°	15.8800	60°00′00″

3.5 凸轮型线计算(实例二)

实例二 图3-13示意了某种精密机床的凸轮机构. 凸轮绕轴O 逆时针转动. 从动部件是以固定点Q 为中心的摆臂QP 和与它构成定角θ 的摆臂QE. EW 是连杆, 它能把摆臂QE 的运动传给工作台A , 使工作台A 获得水平方向的运动. 工作台A 走完全行程之后, 利用弹簧使它自动退回.

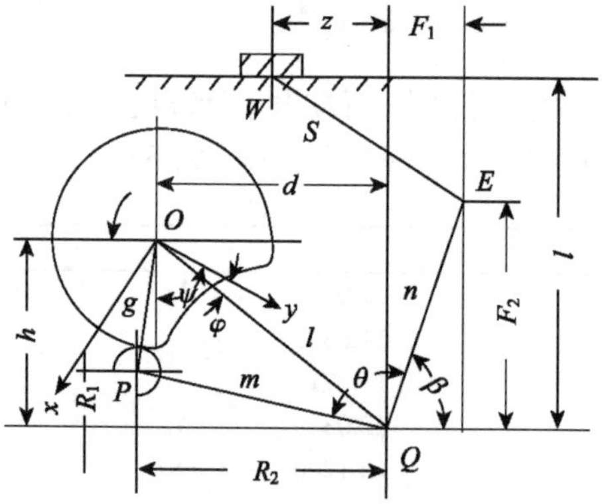

图3-13

当凸轮转过一个角度φ 时, 它推动以P 为中心的滚轮, 于是摆臂QP 产生摆动. 由于QP 和QE 之间的角度θ 是固定的, 所以QE 也产生摆动. 连杆EW 使工作台A 产生了一个水平位移z. 工作台的位置z 是凸轮转角φ 的函数.

根据生产的要求, 工作台A 应该匀速运动, 因此

$$z = k\varphi + z_0,$$

k, z_0 是常数. 取怎样的凸轮型线才能保证这一点呢?

计算凸轮型线的步骤是这样的:

1. 假定凸轮转过一个角度φ (当然要预先指定从某一个方向起算, 而在这个例子中, 我们指定从OQ 方向起算. 图中表示y 轴旋转了一个角度φ).

2. 根据$z = k\varphi + z_0$ 算出W 点的位置.

3. 根据连杆EW 的长度s 和摆臂QE 的长度n , 算出摆角β.

利用勾股定理, 便有(s, t, F_1, F_2 见图3-13)

$$\begin{cases} (z + F_1)^2 + (t - F_2)^2 = s^2, \\ F_1^2 + F_2^2 = n^2. \end{cases}$$

把第二式代入第一式, 得出

$$F_2 = \frac{z^2 + n^2 + t^2 - s^2 + 2F_1 z}{2t},$$

如果记

$$d_1 = \frac{z}{t},$$
$$d_2 = \frac{z^2 + n^2 + t^2 - s^2}{2t},$$

则

$$F_2 = d_1 F_1 + d_2,$$

把它代入$F_1^2 + F_2^2 = n^2$, 得到

$$F_1^2 + (d_1 F_1 + d_2)^2 = n^2,$$

$$(1 + d_1^2)F_1^2 + 2d_1 d_2 F_1 + d_2^2 - n^2 = 0,$$

$$F_1 = \frac{-d_1 d_2 + \sqrt{n^2(1 + d_1^2) - d_2^2}}{1 + d_1^2},$$

$$\cos\beta = \frac{F_1}{n}, \quad \sin\beta = \frac{F_2}{n}.$$

4. 根据QP 的长度m 和两摆臂之间的夹角θ 算出滚轮中心P 的位置(R_1, R_2).

$$\begin{aligned} R_1 &= m\sin(\pi - \theta - \beta) \\ &= \frac{m}{n}[F_1 \sin(\pi - \theta) - F_2 \cos(\pi - \theta)] \\ &= \frac{m}{n}(F_1 \sin\theta + F_2 \cos\theta), \\ R_2 &= \frac{m}{n}(-F_1 \cos\theta + F_2 \sin\theta). \end{aligned}$$

5. 算出滚轮中心P 关于凸轮的相对运动的轨迹.

从图3-14上可以看出, 滚轮中心P 关于跟随凸轮转动的坐标系Oxy 的极坐标方程是

$$\Gamma:\begin{cases} g=\sqrt{(h-R_1)^2+(R_2-d)^2},\\ \psi=\varphi+\operatorname{arc}\cos\dfrac{l^2+g^2-m^2}{2lg}, \end{cases}$$

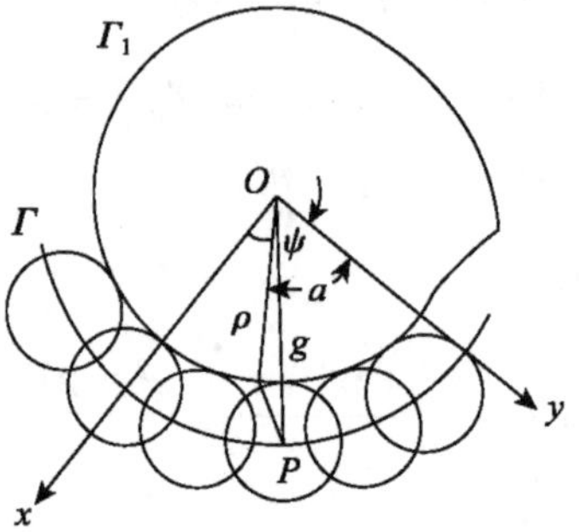

图3-14

化成直角坐标, 就有

$$\Gamma:\begin{cases} x_P=g\sin\psi,\\ y_P=g\cos\psi. \end{cases}$$

6. 求出Γ 的等距曲线, 它就是凸轮型线.

$$\begin{cases} x'_P=g'\sin\psi+\psi' g\cos\psi,\\ y'_P=g'\cos\psi-\psi' g\sin\psi, \end{cases}$$

$$p=\sqrt{x'^2_P+y'^2_P},$$

$$\Gamma_1:\begin{cases} x=x_P+\dfrac{ry'_P}{p},\\ y=y_P-\dfrac{rx'_P}{p}. \end{cases}$$

把Γ_1 的方程写成极坐标形式(极轴也是y 轴)

$$\Gamma_1:\begin{cases} \rho=\sqrt{x^2+y^2},\\ \alpha=\begin{cases} \arccos\dfrac{y}{\rho}, & x\geqslant 0,\\ 2\pi-\arccos\dfrac{y}{\rho}, & x<0. \end{cases} \end{cases}$$

实际计算时, 因为x'_P, y'_P 的表达式里有g' 和ψ' , 为了求出它们, 必须先求出R'_1, R'_2 , 而为了求R'_1, R'_2 , 又必须先求出F'_1 和F'_2 , 所以还需要进行下列计算:

对

$$\begin{cases}(z+F_1)^2+(t-F_2)^2=s^2,\\ F_1^2+F_2^2=n^2\end{cases}$$

求导数, 得

$$\begin{cases}(z+F_1)(z'+F_1')+(t-F_2)(-F_2')=0,\\ F_1F_1'+F_2F_2'=0.\end{cases}$$

两式相减得

$$(z+F_1)(z'+F_1')-tF_2'-F_1F_1'=0,$$

$$F_2'=\frac{(z+F_1)(z'+F_1')-F_1F_1'}{t}.$$

把它代到上面两个式子可以求得

$$F_1'=-\frac{(z+F_1)F_2}{tF_1+zF_2}k,$$

$$F_2'=\frac{(z+F_1)F_1}{tF_1+zF_2}k.$$

有了这两个式子, 我们马上可以进行下列计算,

$$\begin{aligned}R_1'&=\frac{m}{n}(F_1'\sin\theta+F_2'\cos\theta),\\ R_2'&=\frac{m}{n}(-F_1'\cos\theta+F_2'\sin\theta),\\ g'&=\frac{((R_1-h)R_1'+(R_2-d)R_2')}{g},\\ \psi'&=1-\frac{u'}{\sqrt{1-u^2}},\end{aligned}$$

其中

$$\begin{aligned}u&=\frac{l^2+g^2-m^2}{2lg},\\ u'&=\frac{1}{2l}\frac{2gg'-(l^2+g^2-m^2)g'}{g^2}\\ &=\frac{g^2+m^2-l^2}{2lg^2}g'.\end{aligned}$$

因为

$$\begin{aligned}u&=\cos(\psi-\varphi),\\ \sqrt{1-u^2}&=\sin(\psi-\varphi),\end{aligned}$$

所以

$$\psi'=1-\frac{g^2+m^2-l^2}{2lg^2\sin(\psi-\varphi)}g'.$$

到此为止, 就可以对一个给定的φ值, 算出凸轮型线上相应的一点(x, y) 或(ρ, α). 如果φ 从0到2 π 中间取一系列值, 就可以得到凸轮型线上的一系列点, 就可以绘出凸轮型线.

为了计算方便, 我们把计算公式按次序整理如下:

已知数据$z_0, k, h, d, t, s, n, m, r, \theta$, 计算$l = \sqrt{h^2 + d^2}$; 给定$\varphi$ (弧度), 计算

$$
\begin{aligned}
&z = k\varphi + z_0,\\
&d_1 = \frac{z}{t},\\
&d_2 = \frac{z^2 + n^2 + t^2 - s^2}{2t},\\
&F_1 = \frac{\sqrt{n^2(1 + d_1^2) - d_2^2} - d_1 d_2}{1 + d_1^2},\\
&F_2 = d_1 F_1 + d_2,\\
&R_1 = \frac{m}{n}(F_1 \sin\theta + F_2 \cos\theta),\\
&R_2 = \frac{m}{n}(-F_1 \cos\theta + F_2 \sin\theta),\\
&g = \sqrt{(h - R_1)^2 + (R_2 - d)^2},\\
&\psi = \varphi + \arccos\frac{l^2 + g^2 - m^2}{2lg},\\
&x_P = g \sin\psi,\\
&y_P = g \cos\psi,\\
&F_1' = -\frac{(z + F_1)F_2}{tF_1 + zF_2}k,\\
&F_2' = \frac{(z + F_1)F_1}{tF_1 + zF_2}k,\\
&R_2' = \frac{m}{n}(-F_1' \cos\theta + F_2' \sin\theta),\\
&R_1' = \frac{m}{n}(F_1' \sin\theta + F_2' \cos\theta),\\
&g' = \frac{(R_1 - h)R_1' + (R_2 - d)R_2'}{g},\\
&\psi' = 1 - \frac{g^2 + m^2 - l^2}{2lg^2 \sin(\psi - \varphi)}g',\\
&x_P' = g' \sin\psi + \psi' g \cos\psi,\\
&y_P' = g' \cos\psi - \psi' g \sin\psi,\\
&p = \sqrt{x'^2_P + y'^2_P},\\
&x = x_P + \frac{r y'_P}{p},
\end{aligned}
$$

$$y = y_P - \frac{rx'P}{p},$$
$$\rho = \sqrt{x^2 + y^2},$$
$$\alpha = \begin{cases} \arccos \dfrac{y}{\rho}, & 当\ x \geqslant 0, \\ 2\pi - \arccos \dfrac{y}{\rho}, & 当\ x < 0. \end{cases}$$

下面是实际计算结果.

已知数据 $h = 93, d = 102, t = 119, s = 240,$

$n = 120, m = 120, k = 10, r = 15,$

$z_0 = 210, \theta = 1.5707963(90^\circ).$

φ 从0° 到360° 每隔10° 计算一点.

φ	x	y	ρ	α
0°	44.42	22.60	49.84	63°02′14″
10°	49.34	15.17	51.61	70°54′40″
20°	52.97	6.72	53.39	82°46′28″
30°	55.10	−2.53	55.16	92°37′40″
40°	55.59	−12.29	56.93	102°28′19″
50°	54.30	−22.28	58.69	112°18′25″
60°	51.19	−32.15	60.46	122°08′01″
70°	46.26	−41.58	62.20	131°57′08″
80°	39.58	−50.23	63.95	141°45′48″
90°	31.28	−57.77	65.70	151°34′02″
100°	21.55	−63.90	67.44	161°21′51″
110°	10.64	−68.35	69.17	171°09′17″
120°	−1.16	−70.90	70.91	180°56′20″
130°	−13.51	−71.37	72.63	190°43′02″
140°	−26.03	−69.65	74.36	200°29′23″
150°	−38.33	−65.71	76.08	210°15′24″
160°	−50.02	−59.58	77.79	220°01′07″
170°	−60.70	−51.34	79.50	229°46′31″
180°	−69.99	−41.19	81.21	239°31′37″
190°	−77.55	−29.34	82.92	249°16′27″
200°	−83.07	−16.12	84.62	259°01′00″
210°	−86.30	−1.88	86.32	268°45′16″
220°	−87.05	11.99	88.01	278°29′17″
230°	−85.21	28.04	89.71	280°13′03″
240°	−80.74	42.83	91.40	297°56′33″
250°	−73.69	56.88	93.09	307°39′49″
260°	−64.18	69.74	94.78	317°22′50″

续表

φ	x	y	ρ	α
270°	−52.41	80.99	96.46	327°05′36″
280°	−38.66	90.21	98.15	336°48′09″
290°	−23.29	97.08	99.83	346°30′27″
300°	−6.71	101.29	101.51	356°12′31″
310°	10.62	102.65	103.20	5°54′20″
320°	28.20	101.02	104.88	15°35′57″
330°	45.52	96.35	106.57	25°17′17″
340°	62.05	88.70	108.25	34°58′24″
350°	77.27	78.20	109.93	44°39′17″
360°	90.68	65.09	111.62	54°19′55″

第4章　曲　面　论

4.1　正则曲面

4.1.1　定义

空间解析几何中已经讨论过一些特殊的曲面. 现在对曲面进行一般的研究, 严格地讲, 是要研究曲面的局部性质. 至于整体性质本书将不讨论, 请读者参阅其他书籍(例如苏步青、胡和生等编的《微分几何》, 人民教育出版社出版) .

设D是平面$\mathbf{R}^2$中的一个区域, 它的坐标为(u,v), 而空间$\mathbf{R}^3$中的坐标是(x,y,z). 如果从D到$\mathbf{R}^3$的可微映照f表示为

$$\boldsymbol{r}(u,v)=(x(u,v),y(u,v),z(u,v)), \tag{1.1}$$

其中$x(u,v),y(u,v),z(u,v)$都是u,v的可微函数. 那么$\boldsymbol{r}(u,v)$的轨迹就构成了$\mathbf{R}^3$中的一个曲面 S (图4-1) , 而(1.1) 称为曲面S的参数方程 u,v 称为曲面S的坐标或参数.

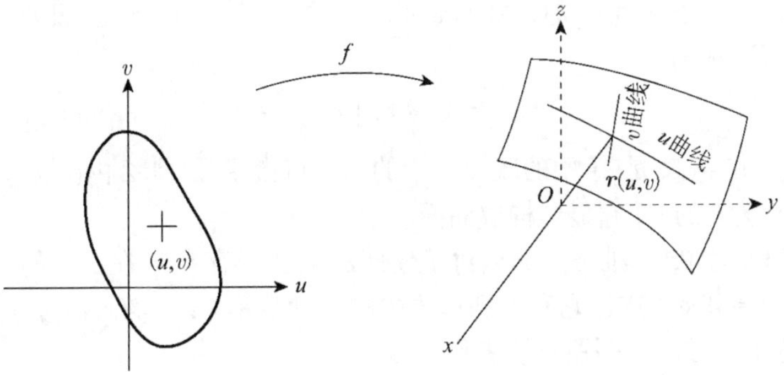

图4-1

如果映照f的Jacobi矩阵

$$\begin{pmatrix} \dfrac{\partial x}{\partial u} & \dfrac{\partial y}{\partial u} & \dfrac{\partial z}{\partial u} \\ \dfrac{\partial x}{\partial v} & \dfrac{\partial y}{\partial v} & \dfrac{\partial z}{\partial v} \end{pmatrix}$$

的秩在曲面S 上的某一点P_0 为2, 那么P_0 就称为S 的一个*正则点*, 否则就称为*奇点*. 仅由正则点所构成的曲面称为*正则曲面*. 今后如不特别声明, 曲面都是指正则曲面.

下面, 我们来看正则点的几何意义(图4-2). 设P_0 是曲面S 上的一点, 它的坐标是(u_0,v_0) . 如果在曲面的参数方程(1.1)中令$v=v_0$, 而只让u 变动, 就得到了曲面S 上的一条过P_0 点的曲线

$$\boldsymbol{r}=\boldsymbol{r}(v,u_0),$$

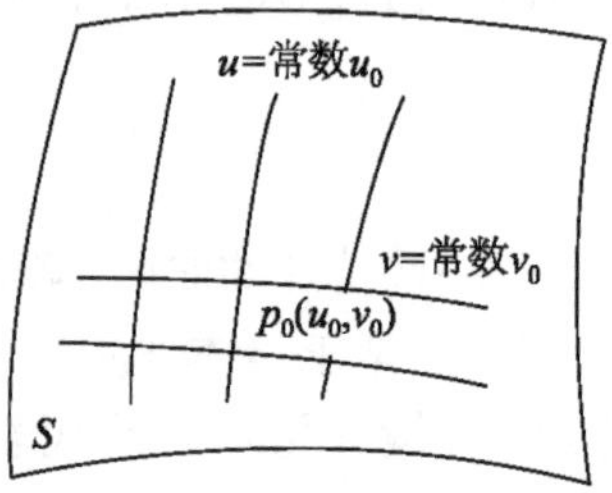

图4-2

称它为过P_0 点的u 坐标曲线, 简称u *曲线*. 同样, 如果在曲面S 的参数方程中令$u=u_0$, 而只让v 变动, 就得到过P_0 点的v *曲线*

$$\boldsymbol{r}=\boldsymbol{r}(u_0,v).$$

因此, 过曲面S 上每点有一条u 曲线和一条v 曲线, 它们构成曲面S 上一个*参数曲线网*. 这两条参数曲线在P_0 点的切向量分别是$\boldsymbol{r}_u\Big|_{\substack{u=u_0\\v=v_0}}$ 及$\boldsymbol{r}_v\Big|_{\substack{u=u_0\\v=v_0}}$. 这两个向量线性独立的充要条件就是映照f 的Jacobi矩阵在P_0 点的秩为2. 因此P_0 点是正则点的条件也可表示为

$$\boldsymbol{r}_u\Big|_{\substack{u=u_0\\v=v_0}}\times\boldsymbol{r}_v\Big|_{\substack{u=u_0\\v=v_0}}\neq 0\ .$$

如果$f:U\to\mathbb{R}$ 是$\mathbb{R}^2$ 中的区域U 中的一个可微函数, 那么由$(u,v,f(u,v))$ 所定义的曲面称为f 的图, 它显然构成曲面.

反过来$S\subset\mathbb{R}^3$ 是曲面, 那么对于任何$P\in S$ 必存在P 在S 中的一个邻域V , 使得V 是可微函数的图, 它有下列形式中的一种表示: $z=f(x,y),y=g(x,z),x=h(y,z)$, 这个命题的证明留给读者作练习.

4.1.2 切平面 法向量

设P_0 是曲面S 上的一点, 过P_0 作在S 上的曲线C , 它在P_0 点的切向量是曲面在P_0 点的一个切向量. 我们将说明, P_0 点的切向量全体组成一个*切平面* $T_{p_0}S$. 首先指出C 的参数方程可以写为

$$\begin{cases}u=u(t),\\v=v(t).\end{cases}$$

当$t=t_0$ 时, 令$u_0=u(t_0), v_0=v(t_0)$, 则参数t_0 对应于点$P_0(u_0,v_0)$. 在空间坐标系下曲线C 的方程是

$$\boldsymbol{r}=\boldsymbol{r}(u(t),v(t)).$$

它在P_0 点的切向量是

$$\begin{aligned}\frac{d\boldsymbol{r}}{dt}&=\left(\frac{\partial r}{\partial u}\frac{du}{dt}+\frac{\partial r}{\partial v}\frac{dv}{dt}\right)_{t=t_0}\\&=\left(\frac{du}{dt}\right)_{t=t_0}\boldsymbol{r}_u\Big|_{\substack{u=u_0\\v=v_0}}+\left(\frac{dv}{dt}\right)_{t=t_0}\boldsymbol{r}_v\Big|_{\substack{u=u_0\\v=v_0}}.\end{aligned}$$

因此, 对P_0 点的任一切向量能用P_0 点的两条坐标曲线的切向量$\boldsymbol{r}_u$ 和$\boldsymbol{r}_v$ 来线性表出. 这说明$T_{P_0}S$ 的维数小于或等于2.

反之, 对于任何给定的向量

$$\boldsymbol{V}=\alpha\boldsymbol{r}_u\Big|_{\substack{u=u_0\\v=v_0}}+\beta\boldsymbol{r}_v\Big|_{\substack{u=u_0\\v=v_0}},$$

必能在S 上找到过P_0 的曲线$l:\boldsymbol{r}(u_0+\alpha(t-t_0),v_0+\beta(t-t_0))$, 使$\boldsymbol{V}$ 变为在P_0 的切向量, 就是说$T_{P_0}S$ 的维数不小于2.

这样, 我们断定$T_{P_0}S$ 恰为由$\boldsymbol{r}_u\Big|_{\substack{u=u_0\\v=v_0}}$ 和$\boldsymbol{r}_v\Big|_{\substack{u=u_0\\v=v_0}}$ 张成的平面.

切平面$T_{P_0}S$ 的法向量, 称为曲面S 在P_0 的**法向量**. 所以单位法向量可定为

$$\boldsymbol{n}=\frac{\boldsymbol{r}_u\times\boldsymbol{r}_v}{|\boldsymbol{r}_u\times\boldsymbol{r}_v|}.$$

4.1.3 参数变换

如前所述, 曲面可以用参数方程来表示, 这对于计算将是方便的. 然而, 同一个曲面往往是可用不同的参数方程来描述的, 我们感兴趣的曲面的几何性质又要不依赖于它的参数选取. 为此, 我们来考虑曲面的参数变换.

在另一套参数$(\bar{\boldsymbol{u}},\bar{\boldsymbol{v}})$ 下, 曲面S 的方程为

$$\boldsymbol{r}=\boldsymbol{r}(\bar{u},\bar{v}).\tag{1.2}$$

为保证参数(u,v) 平面与参数$(\bar{u},\bar{v})$ 平面中的点之间存在着一一对应, 参数变换

$$\begin{cases}\bar{u}=\bar{u}(u,v),\\\bar{v}=\bar{v}(u,v)\end{cases}$$

应满足

$$J\equiv\frac{\partial(\bar{u},\bar{v})}{\partial(u,v)}\neq0.$$

在(1.2)两边分别对$\bar{u},\bar{v}$ 求偏导数后就得到

$$\begin{cases} \boldsymbol{r}_{\bar{u}} = \boldsymbol{r}_u \dfrac{\partial u}{\partial \bar{u}} + \boldsymbol{r}_v \dfrac{\partial v}{\partial \bar{u}}, \\ \boldsymbol{r}_{\bar{v}} = \boldsymbol{r}_u \dfrac{\partial u}{\partial \bar{v}} + \boldsymbol{r}_v \dfrac{\partial v}{\partial \bar{v}}, \end{cases}$$

所以, 曲面在一点的切平面是与参数选取无关的.

另外, 我们有

$$\boldsymbol{r}_{\bar{u}} \times \boldsymbol{r}_{\bar{v}} = (\boldsymbol{r}_u \times \boldsymbol{r}_v) \frac{\partial (u,v)}{\partial (\bar{u},\bar{v})}.$$

所以, 曲面的正则点的性质也与参数变换无关, 但是在这点的单位法向量的正向则按J 为正或负不变或改变.

4.1.4 举例

(1) *渐开线螺旋面*

普通斜齿轮的齿面就是渐开线螺旋面. 它是这样形成的. 已知xy 平面上的一条渐开线, 设它上面的一个动点绕z 轴作同样的螺旋运动, 就是一方面绕z 轴作等角速度的圆周运动, 而且另一方面沿z 轴方向作同一速度的匀速直线运动, 这个动点的轨迹就是渐开线螺旋面.

设xy 平面上的渐开线的方程为

$$\begin{cases} x = r_0 (\cos\phi + \phi\sin\phi), \\ y = r_0 (\sin\phi - \phi\cos\phi). \end{cases}$$

容易看出, 所对应的渐开线螺旋面为

$$\begin{cases} x = r_0 [\cos(\theta+\phi) + \phi\sin(\theta+\phi)], \\ y = r_0 [\sin(\theta+\phi) - \phi\cos(\theta+\phi)], \\ z = b\theta, \end{cases}$$

式中θ 和ϕ 表示曲面的两参数.

(2) *阿基米德螺旋面*

一种蜗杆的齿面是由阿基米德螺旋面构成的. 设有一条直线Γ 和z 轴相交并且和xy 平面相交于定角α_0 . 当Γ 作螺旋运动时, 它的轨迹叫阿基米德螺旋面.

我们采用坐标系使得Γ 在xz 平面上, 而且通过原点. 那么, Γ 的方程可写为

$$\begin{cases} x = -t\cos\alpha_0, \\ y = 0, \\ z = t\sin\alpha_0, \end{cases}$$

于是它所形成的螺旋面的方程为

$$\begin{cases} x = -t\cos\alpha_0\cos\theta, \\ y = -t\cos\alpha_0\sin\theta, \\ z = t\sin\alpha_0 + b\theta. \end{cases}$$

令$z = 0$，我们得到端剖面的曲线

$$\begin{cases} x = b\theta\mathrm{ctg}\alpha_0\cos\theta, \\ y = b\theta\mathrm{ctg}\alpha_0\sin\theta, \end{cases}$$

或者用极坐标(r,θ) 表为

$$r = b\mathrm{ctg}\alpha_0\theta,$$

显然, 它表示平面上的阿基米德螺线.

(3) 一般螺旋面

如图4-3, 如果我们取xz 平面上的一条曲线

$$C: \begin{cases} x = f(v), \\ z = g(v), \end{cases}$$

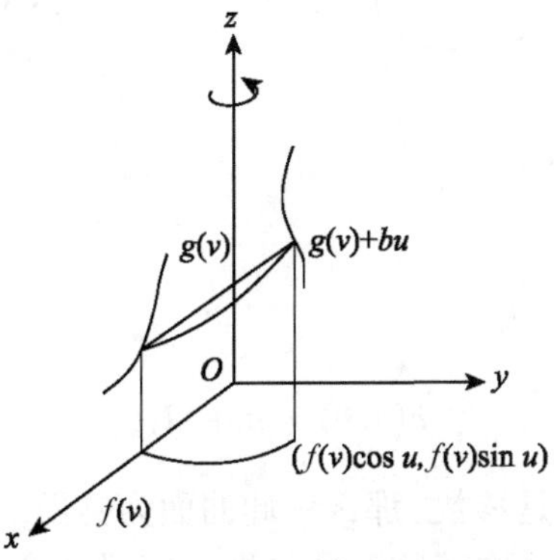

图4-3

而且使它绕z 轴作螺旋运动, 那么它的轨迹是一般螺旋面. 参数方程为

$$r(u,v) = (f(v)\cos u, f(v)\sin u, g(v) + bu), \tag{1.3}$$

其中, u 和v 是参数. 特别地, 当$f(v) = v, g(v) = 0$ 时, 对应的螺旋面称为正螺面:

$$\boldsymbol{r}(u,v) = (v\cos u, v\sin u, bu).$$

一般地, 从(1.3)得出

$$\begin{aligned} \boldsymbol{r}_u &= (-f\sin u, f\cos u, b), \\ \boldsymbol{r}_v &= (f'\cos u, f'\sin u, g'), \\ \boldsymbol{r}_u \times \boldsymbol{r}_v &= (fg'\cos u - bf'\sin u, bf'\cos u + fg'\sin u, -ff'), \end{aligned}$$

$$\boldsymbol{n}=\frac{(fg'\cos u-bf'\sin u,bf'\cos u+fg'\sin u,-ff')}{\sqrt{(fg')^2+(bf')^2+(ff')^2}}.$$

(4) 柱面(图4-4)

设$\boldsymbol{r}=\boldsymbol{a}(u)$ 为一条空间曲线, $\boldsymbol{l}$ 为定向量, 那么方程

$$\boldsymbol{r}(u,v)=\boldsymbol{a}(u)+v\boldsymbol{l}(v \text{ 是另一参数})$$

所表示的曲面称为柱面. 这时

$$\boldsymbol{r}_u=\frac{d\boldsymbol{a}}{du},\text{记为}\boldsymbol{a}',$$
$$\boldsymbol{r}_v=\boldsymbol{l},$$
$$\boldsymbol{n}=\frac{\boldsymbol{a}'\times\boldsymbol{l}}{|\boldsymbol{a}'\times\boldsymbol{l}|}.$$

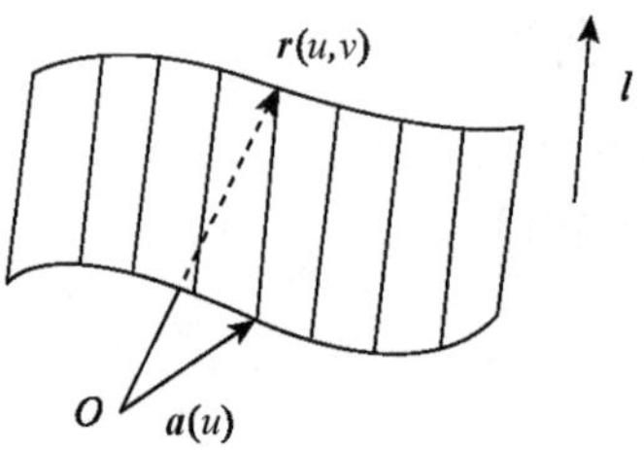

图4-4

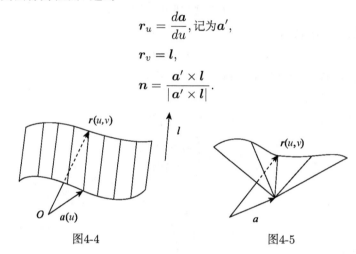

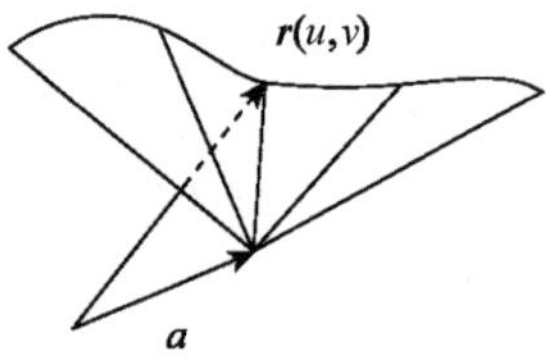

图4-5

(5) 锥面(图4-5)

如果曲面的参数方程为

$$\boldsymbol{r}(u,v)=\boldsymbol{a}+v\boldsymbol{l}(u),$$

其中$\boldsymbol{a}$ 为常向量, u 和v 是参数, 那么称此曲面为锥面. 这里位置向量$\boldsymbol{a}$ 所表示的点称为锥面的顶点, $\boldsymbol{l}(u)$ 是锥面的母线方向. 在不失一般性的情况下, 我们可取$\boldsymbol{l}(u)$ 作为单位向量. 这时

$$\left(\boldsymbol{l}'=\frac{d\boldsymbol{l}}{du}\right)$$
$$\boldsymbol{r}_u=V\boldsymbol{l}',$$
$$\boldsymbol{r}_v=\boldsymbol{l},$$
$$\boldsymbol{n}=\frac{\boldsymbol{l}'\times\boldsymbol{l}}{|\boldsymbol{l}'\times\boldsymbol{l}|}.$$

(6) 切线面(图4-6)

设空间曲线C 是$\boldsymbol{r}=\boldsymbol{a}(u)$. 由它的所有切线织成的曲面称为$C$ 的切线面, 而C 称为切线面的脊线. 切线面的方程可写为

$$\boldsymbol{r}(u,v)=\boldsymbol{a}(u)+v\boldsymbol{a}'(u),$$

式中

$$\boldsymbol{a}'(u) = \frac{d\boldsymbol{a}(u)}{du}.$$

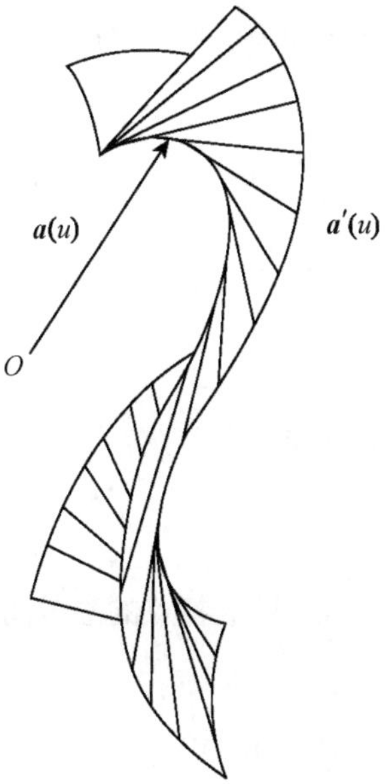

图4-6

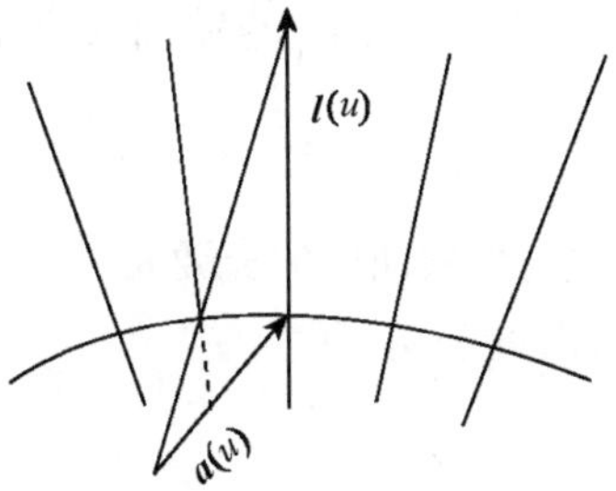

图4-7

从
$$\boldsymbol{r}_u = \boldsymbol{a}' + v\boldsymbol{a}'' \left(\boldsymbol{a}'' = \frac{d^2\boldsymbol{a}}{du^2}\right),$$
$$\boldsymbol{r}_v = \boldsymbol{a}',$$

得出
$$\boldsymbol{r}_u \times \boldsymbol{r}_v = (\boldsymbol{a}' + v\boldsymbol{a}'') \times \boldsymbol{a}' = v\boldsymbol{a}'' \times \boldsymbol{a}',$$
$$\boldsymbol{n} = \frac{\boldsymbol{a}'' \times \boldsymbol{a}'}{|\boldsymbol{a}'' \times \boldsymbol{a}'|}.$$

除了脊线外, 切线面的每一点都是正则点.

(7) 直纹面(图4-7)

由一族直线所织成的曲面称为直纹面, 它的参数方程为

$$\boldsymbol{r}(u, v) = \boldsymbol{a}(u) + v\boldsymbol{l}(u),$$

其中$\boldsymbol{l}(u)$ 为单位向量, v 曲线为直线, 即直纹面的母线. 这时

$$\begin{aligned}
&\boldsymbol{r}_u = \boldsymbol{a}' + v\boldsymbol{l}', \\
&\boldsymbol{r}_v = \boldsymbol{l}(u), \\
&\boldsymbol{r}_u \times \boldsymbol{r}_v = (\boldsymbol{a}' + v\boldsymbol{l}') \times \boldsymbol{l}, \\
&\boldsymbol{n} = \frac{(\boldsymbol{a}' + v\boldsymbol{l}') \times \boldsymbol{l}}{|(\boldsymbol{a}' + v\boldsymbol{l}') \times \boldsymbol{l}|}.
\end{aligned}$$

在前面列举的例子中, 柱面、锥面和切线面都是直纹面.

(8) **可展曲面**

可展曲面是一类特殊的直纹面, 沿着它的每一条母线只有一个切平面, 也就是说, 它的同一条母线上的各点的切平面是重合的. 容易知道柱面、锥面和切线面都是可展曲面.

直纹面

$$\boldsymbol{r}(u,v)=\boldsymbol{a}(u)+v\boldsymbol{l}(u) \tag{1.4}$$

成为可展曲面的一个充要条件是

$$(\boldsymbol{a}',\boldsymbol{l},\boldsymbol{l}')=0. \tag{1.5}$$

我们来证明这个结论, 直纹面(1.4)在任一点处的法线向量为

$$\boldsymbol{r}_u\times\boldsymbol{r}_v=(\boldsymbol{a}'+v\boldsymbol{l}')\times\boldsymbol{l}.$$

(1.4)式成为可展曲面的充要条件是沿任一条母线($u=$常数)上各点的法线向量相互平行, 即对$v_1\neq v_2$ 有

$$[(\boldsymbol{a}'+v_1\boldsymbol{l}')\times\boldsymbol{l}]\times[(\boldsymbol{a}'+v_2\boldsymbol{l}')\times\boldsymbol{l}]=0.$$

应用第1章(2.8)式得到

$$((\boldsymbol{a}'+v_1\boldsymbol{l}'),(\boldsymbol{a}'+v_2\boldsymbol{l}'),\boldsymbol{l})=0,$$

或

$$(v_2-v_1)(\boldsymbol{a}',\boldsymbol{l},\boldsymbol{l}')=0,$$

于是(1.5)式成立.

利用(1.5) 式可以证明可展曲面只有柱面、锥面和切线面三种. 事实上, 由于(1.5) 式成立, 存在不全为零的实函数$\alpha(u),\beta(u),\gamma(u)$ 使

$$\alpha(u)\boldsymbol{a}'(u)+\beta(u)\boldsymbol{l}(u)+\gamma(u)\boldsymbol{l}'(u)=0. \tag{1.6}$$

如$\alpha(u)\equiv 0$, 则$l(u)$ 与$l'(u)$ 共线, 利用第1章1.4的第3个习题的结论, 可知$\boldsymbol{l}(u)$ 是固定向量, 从而(1.4)是柱面, 如$\alpha(u)\neq 0$. 由(1.6)式得

$$\boldsymbol{a}'=\overline{\beta}\boldsymbol{l}+\overline{\gamma}\boldsymbol{l}'\left(\overline{\beta}=-\frac{\beta}{\alpha},\overline{\gamma}=-\frac{\gamma}{\alpha}\right).$$

(1.4) 式可写成

$$\boldsymbol{r}(u,v)=(\boldsymbol{a}-\overline{\gamma}\boldsymbol{l})+(v+\overline{\gamma})\,\boldsymbol{l}.$$

令

$$\overline{\boldsymbol{a}}=\boldsymbol{a}-\overline{\gamma}\boldsymbol{l},$$

则

$$\overline{\boldsymbol{a}}' = \left(\overline{\beta} - \overline{\gamma}'\right) \boldsymbol{l}.$$

如$\overline{\beta} - \overline{\gamma}' = 0$, 则$\overline{\boldsymbol{a}}$ 是常向量, (1.4)是锥面. 如$\overline{\beta} - \overline{\gamma}' \neq 0$, 作参数变换

$$\begin{cases} \bar{u} = u, \\ \bar{v} = \dfrac{v + \bar{\gamma}(u)}{\overline{\beta}(u) - \bar{\gamma}'(u)}, \end{cases}$$

它的Jacobi行列式的值为

$$J = \frac{1}{\overline{\beta}(u) - \bar{\gamma}'(u)} \neq 0.$$

(1.4) 式变成

$$\boldsymbol{r}\left(\bar{u}; \bar{v}\right) = \bar{\boldsymbol{a}}\left(\bar{u}\right) + \bar{v}\frac{d\bar{\boldsymbol{a}}}{d\bar{u}},$$

它是曲线$\boldsymbol{r} = \bar{\boldsymbol{a}}\left(\bar{u}\right)$ 的切线面.

习　　题

1. 设$f(x, y, z)$ 是点坐标x, y, z 的可微函数, M 是空间中满足$f(x, y, z) = 0$ 的点集, 而且(x_0, y_0, z_0) 是M 中的一点, 在那儿$f_x^2 + f_y^2 + f_z^2 \neq 0$. 证明: 点$(x_0, y_0, z_0)$ 有这样的邻域, 使集合M 中属于这邻域的所有的点构成一块正则曲面.

2. 求椭球面的切平面和法线的方程.

3. 若平面与光滑曲面仅有一公共点, 证明曲面在这点与平面相切.

4. 证明曲面$\boldsymbol{r} = \left(u, v, \dfrac{a^3}{uv}\right)$ 在其一点的切平面和三个坐标平面所构成的四面体的体积是常数, 其中a 是常数.

5. 证明: 曲面变为球面的充要条件是所有法线都通过一个定点.

6. 证明: (1)曲面变为旋转曲面的充要条件是所有法线与一条定直线相交.

(2) 曲面变为锥面的充要条件是所有切平面通过定点.

4.2 第一基本形式

4.2.1 第一基本形式

我们现在来研究曲面上的度量性质, 如弧长、交角、面积等.

如在上一节中说明的我们对于曲面上任何一点$P \in S$ 必有切平面T_PS , 于是对于S 在P 点的任何两个切向量$\boldsymbol{a}, \boldsymbol{b} \in T_PS$ 便可定义它们的内积:

$$\langle \boldsymbol{a}, \boldsymbol{b} \rangle \xlongequal{\text{定义}} \boldsymbol{a} \cdot \boldsymbol{b},$$

上式的右边表示$\boldsymbol{a}, \boldsymbol{b}$ 作为$\mathbb{R}^3$ 中的两向量的数量积.

如果曲面S 的参数方程为$\boldsymbol{r}=\boldsymbol{r}(u,v)$, 那么$\boldsymbol{r}_u,\boldsymbol{r}_v$ 组成切平面T_PS 的基, 因此

$$\boldsymbol{a}=a\boldsymbol{r}_u+b\boldsymbol{r}_v,\quad \boldsymbol{b}=f\boldsymbol{r}_u+g\boldsymbol{r}_v,$$

利用内积的线性性质

$$\begin{aligned}\langle\boldsymbol{a},\boldsymbol{b}\rangle&=\langle a\boldsymbol{r}_u+b\boldsymbol{r}_v,f\boldsymbol{r}_u+g\boldsymbol{r}_v\rangle\\&=af\langle\boldsymbol{r}_u,\boldsymbol{r}_u\rangle+(bf+ag)\langle\boldsymbol{r}_u,\boldsymbol{r}_v\rangle+bg\langle\boldsymbol{r}_v,\boldsymbol{r}_v\rangle\\&=af\boldsymbol{r}_u\cdot\boldsymbol{r}_u+(bf+ag)\boldsymbol{r}_u\cdot\boldsymbol{r}_v+bg\boldsymbol{r}_v\cdot\boldsymbol{r}_v\\&=afE+(bf+ag)F+bgG,\end{aligned}$$

式中引进的记号如下:

$$\begin{aligned}E&=\boldsymbol{r}_u\cdot\boldsymbol{r}_u,\\F&=\boldsymbol{r}_u\cdot\boldsymbol{r}_v,\\G&=\boldsymbol{r}_v\cdot\boldsymbol{r}_v,\end{aligned}\tag{2.1}$$

这样, 我们称二次微分形式

$$I=Edu^2+2Fdudv+Gdv^2\tag{2.2}$$

为曲面S 的第一基本形式, 而且称由(2.1)式定义的E,F,G 为曲面的第一基本量. 容易看出, 第一基本形式是曲面上的微小向量

$$d\boldsymbol{r}=\boldsymbol{r}_udu+\boldsymbol{r}_vdv$$

的长度的平方. 所以它是正定的二次微分形式. 因此

$$E>0,\quad G>0,\quad EG-F^2>0.$$

例1 过一点$\boldsymbol{r}_0$ 且包含单位正交向量$\boldsymbol{W}_1=(a_1,a_2,a_3)$, $\boldsymbol{W}_2=(b_1,b_2,b_3)$ 的平面$\mathbb{R}^2\subset\mathbb{R}^3$ 的参数方程如下:

$$\boldsymbol{r}(u,v)=\boldsymbol{r}_0+u\boldsymbol{W}_1+v\boldsymbol{W}_2.$$

这时, 我们有

$$E=1,\quad F=0,\quad G=1,$$

即第一基本形式为

$$I=du^2+dv^2.$$

在这个平凡的情形, 第一基本形式事实上是平面$\mathbb{R}^2$ 中的勾股定理的推广, 即在$(\boldsymbol{r}_u,\boldsymbol{r}_v)$ 下坐标为a,b 的向量$\boldsymbol{W}$ 的长度平方等于a^2+b^2.

例2 圆周$x^2+y^2=1$ 上的正圆柱面的参数方程为

$$\boldsymbol{r}(u,v)=(\cos u,\sin u,v).$$

为计算第一基本形式, 我们注意到

$$\boldsymbol{r}_u=(-\sin u,\cos u,0),\quad \boldsymbol{r}_v=(0,0,1),$$

所以

$$E=\sin^2 u+\cos^2 u=1,\quad F=0,\quad G=1.$$

要指出的是, 柱面和平面虽然是不同的曲面, 但是它们的第一基本形式则相同.

例3 螺旋面

$$\boldsymbol{r}(u,v)=(f(v)\cos u,f(v)\sin u,g(v)+au)$$

的第一基本形式为

$$I=(f^2+a^2)du^2+2ag'dudv+((f')^2+(g')^2)dv^2,$$

式中的符号"′"表示导数. 特别地, 在正螺面的时候,

$$I=\left(v^2+a^2\right)du^2+dv^2.$$

对于一个曲面S, 引进它的第一基本形式, 重要性在于: 人们用它就能直接处理曲面上的度量问题, 可不必再关心曲面所在的外围空间$\mathbb{R}^3$. 这样一来, 曲线C : $\boldsymbol{r}(t)=\boldsymbol{r}(u(t),v(t))$ 的弧长S 是

$$\begin{aligned}S(t)&=\int_0^t|r'(t)|dt\\&=\int_0^t\sqrt{E\left(\frac{du}{dt}\right)^2+2F\frac{du}{dt}\frac{dv}{dt}+G\left(\frac{dv}{dt}\right)^2}dt.\end{aligned}\tag{2.3}$$

由此, 许多数学家一般将dS^2 称为线素, 并记为

$$dS^2=Edu^2+2Fdudv+Gdv^2.$$

现在, 我们来计算曲面S 上相交于点$\boldsymbol{P}$ 的两条曲线C,C^* 的交角. 设二曲线的方程为

$$\begin{aligned}&C:\boldsymbol{r}(t)=\boldsymbol{r}(u(t),v(t)),\\&C^*:\boldsymbol{r}^*(t^*)=\boldsymbol{r}(u^*(t^*),v^*(t^*)).\end{aligned}$$

它们在交点处的切向量分别为

$$\boldsymbol{r}_u\frac{du}{dt}+\boldsymbol{r}_v\frac{dv}{dt},\quad \boldsymbol{r}_u\frac{du^*}{dt^*}+\boldsymbol{r}_v\frac{du^*}{dt^*}.$$

于是

$$
\begin{aligned}
\cos\theta &= \frac{\left\langle \boldsymbol{r}_u\dfrac{du}{dt}+\boldsymbol{r}_v\dfrac{dv}{dt}, \boldsymbol{r}_u\dfrac{du^*}{dt^*}+\boldsymbol{r}_v\dfrac{dv^*}{dt^*}\right\rangle}{\left|\boldsymbol{r}_u\dfrac{du}{dt}+\boldsymbol{r}_v\dfrac{dv}{dt}\right|\cdot\left|\boldsymbol{r}_u\dfrac{du^*}{dt^*}+\boldsymbol{r}_v\dfrac{dv^*}{dt^*}\right|}\\
&= \left[E\frac{du}{dt}\frac{du^*}{dt}+F\left(\frac{du}{dt}\frac{dv^*}{dt}+\frac{dv}{dt}\frac{du^*}{dt^*}\right)+G\frac{dv}{dt}\frac{dv*}{dt}\right]\\
&\quad \Bigg/ \left[\sqrt{E\left(\frac{du}{dt}\right)^2+2F\frac{du}{dt}\frac{dv}{dt}+G\left(\frac{dv}{dt}\right)^2}\right.\\
&\quad \left.\times\sqrt{E\left(\frac{du^*}{dt}\right)^2+2F\frac{du^*}{dt}\frac{dv^*}{dt}+G\left(\frac{dv^*}{dt}\right)^2}\right].
\end{aligned}
\tag{2.4}
$$

特别地当C 和C^* 分别为u 曲线及v 曲线时, 我们有

$$
\cos\theta = \frac{F}{\sqrt{EG}},
$$

所以坐标曲线正交的充要条件是$F = 0$.

另一个和第一基本形式有关的度量问题是对曲面上一个区域$\mathscr{D}$ 的面积的计算.

设$\mathscr{D}$ 的参数区域是(u, v) 中的区域D . 图4-8中D 的阴影区域表示平面(u, v) 上的微小矩形, 而且它对应于$\mathscr{D}$ 中的阴影区域.我们先计算后者的微小面积. 因为

$$
\begin{aligned}
\overrightarrow{PP'} &= \boldsymbol{r}(u+\Delta u, v) - \boldsymbol{r}(u, v) = \boldsymbol{r}_u\Delta u + \cdots,\\
\overrightarrow{PP''} &= \boldsymbol{r}(u, v+\Delta v) - \boldsymbol{r}(u, v) = \boldsymbol{r}_v\Delta v + \cdots,
\end{aligned}
$$

式中$\cdots$ 表示$\Delta u, \Delta v$ 的二次及二次以上的小量. 四边形$PP'P'''P''$ 的面积近似地等于P 点切平面上由$\boldsymbol{r}_u du$ 与$\boldsymbol{r}_u dv$ 为边的平行四边形面积, 因此, 曲面的面积素为

$$
d\sigma = |\boldsymbol{r}_u du \times \boldsymbol{r}_v dv| = |\boldsymbol{r}_u \times \boldsymbol{r}_v|\, dudv.
$$

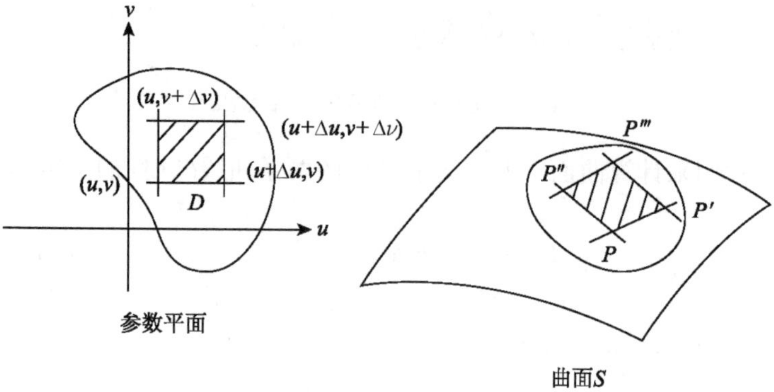

图4-8

当我们用坐标曲线将区域$\mathscr{D}$ 剖分越来越密时, 那些完整的曲边四边形越来越接近于上述平行四边形, 而不完整的曲边四边形的面积在整个区域的面积里所占的比重越来越小, 以至于可以忽略不计. 因此, 区域$\mathscr{D}$ 的面积可由二重积分来表示

$$A=\iint\limits_{\mathscr{D}} d\sigma=\iint\limits_{D}|\boldsymbol{r}_u\times\boldsymbol{r}_v|\,dudv.$$

利用向量运算中的Lagrange恒等式的结果,

$$\begin{aligned}|\boldsymbol{r}_u\times\boldsymbol{r}_v|^2&=(\boldsymbol{r}_u\cdot\boldsymbol{r}_u)(\boldsymbol{r}_v\cdot\boldsymbol{r}_v)-(\boldsymbol{r}_u\cdot\boldsymbol{r}_v)(\boldsymbol{r}_v\cdot\boldsymbol{r}_u)\\&=EG-F^2,\end{aligned}$$

由于$EG-F^2>0$, 所以

$$A=\iint\limits_{D}\sqrt{EG-F^2}dudv. \tag{2.5}$$

4.2.2 正交参数曲线网

曲面的几何性质与曲面的参数表示显然是无关的. 在一些特殊的参数选取下, 我们可简化很多几何问题中的计算过程. 这里将阐明曲面上总是存在正交参数曲线网的. 为此先证明一个.

命题 设在曲面S 上给出两个线性独立的向量场$\boldsymbol{a}(u,v)$ 和$\boldsymbol{b}(u,v)$ 则可选到一族新的参数$(\bar{u},\bar{v})$, 使在新的参数下, 坐标曲线的切向量$\boldsymbol{r}_{\bar{u}}$ 与$\boldsymbol{r}_{\bar{v}}$ 分别平行于$\boldsymbol{a},\boldsymbol{b}$.

为此, 考察$\boldsymbol{a},\boldsymbol{b}$ 的表示式

$$\begin{aligned}\boldsymbol{a}&=a_1\boldsymbol{r}_u+a_2\boldsymbol{r}_v,\\\boldsymbol{b}&=b_1\boldsymbol{r}_u+b_2\boldsymbol{r}_v,\end{aligned}$$

和两个一次微分形式

$$b_2du-b_1dv,\quad -a_2du+a_1dv.$$

那么, 我们从常微分方程组理论得知: 分别存在非零积分因子μ,ν, 使得它们变成全微分, 即有

$$\begin{aligned}\mu(b_2du-b_1dv)&=d\bar{u},\\\nu(-a_2du+a_1dv)&=d\bar{v},\end{aligned}\tag{2.6}$$

其中$\bar{u},\bar{v}$ 表示u,v 的两个函数.

由于a,b 是线性独立的, 那么

$$\frac{\partial(\bar{u},\bar{v})}{\partial(u,v)}=\mu\nu\begin{vmatrix}a_1&a_2\\b_1&b_2\end{vmatrix}\neq 0.$$

所以, $\bar{u},\bar{v}$ 可以作为曲面S 的新参数. 其次, 从(2.5)有

$$du=\frac{\nu a_1 d\bar{u}+\mu b_1 d\bar{v}}{\mu\nu\begin{vmatrix}a_1 & a_2\\ b_1 & b_2\end{vmatrix}},$$

$$dv=\frac{\mu b_2 d\bar{v}+\nu a_2 d\bar{u}}{\mu\nu\begin{vmatrix}a_1 & a_2\\ b_1 & b_2\end{vmatrix}},$$

所以

$$\begin{aligned}\boldsymbol{r}_{\bar{u}}&=\boldsymbol{r}_u\frac{du}{d\bar{u}}+\boldsymbol{r}_v\frac{dv}{d\bar{u}}\\&=\frac{1}{\mu\begin{vmatrix}a_1 & b_1\\ a_2 & b_2\end{vmatrix}}(a_1\boldsymbol{r}_u+a_2\boldsymbol{r}_v)//\boldsymbol{a},\\ \boldsymbol{r}_{\bar{v}}&=\frac{1}{\nu\begin{vmatrix}a_1 & b_1\\ a_2 & b_2\end{vmatrix}}(b_1\boldsymbol{r}_u+b_2\boldsymbol{r}_v)//\boldsymbol{b}.\end{aligned}$$

作为上述命题的应用, 我们容易导出曲面上必存在正交参数曲线网的结论. 实际上, 对于任何参数(u,v) 取定

$$\boldsymbol{a}=\boldsymbol{r}_u,$$

$$\boldsymbol{b}=-\frac{F}{E}\boldsymbol{r}_u+\boldsymbol{r}_v,$$

便立即得出, $\boldsymbol{a},\boldsymbol{b}$ 构成S 上的正交向量场. 根据上述结果, 在曲面上存在参数$(\bar{u},\bar{v})$ 使$\boldsymbol{r}_{\bar{u}}//\boldsymbol{a},\boldsymbol{r}_{\bar{v}}//\boldsymbol{b}$, 所以$(\bar{u},\bar{v})$ 构成曲面的正交参数曲线网.

4.2.3　等距对应　共形对应

本节我们将讨论两个曲面之间的关系, 设两个给定曲面为

$$S:\boldsymbol{r}=\boldsymbol{r}(u,v),$$
$$S_1:\boldsymbol{r}_1=\boldsymbol{r}_1(u_1,v_1).$$

如果在它们的点之间建立1—1映照, 即参数间有关系

$$\begin{cases}u_1=u_1(u,v),\\ v_1=v_1(u,v),\end{cases}$$

式中$u_1(u,v)$ 和$v_1(u,v)$ 都是光滑的函数而且映照的Jacobi 行列式满足

$$\frac{\partial(u_1,v_1)}{\partial(u,v)}\neq 0.$$

这样, 我们建立了S 和S_1 之间的对应关系.

据此, 在S_1 上进行参数变换

$$\begin{cases} u_1 = u_1(u, v), \\ v_1 = v_1(u, v), \end{cases}$$

使得S_1 的对应点有同一对参数(u, v)

$$\boldsymbol{r}_1 = \boldsymbol{r}_1\left[u_1(u, v), v_1(u, v)\right] = \boldsymbol{r}_1(u, v).$$

在以下的讨论中, 如无特别声明, 总假定对应点有相同的参数.

定义 如果两曲面之间有一个对应关系, 使一方上任意曲线和他方上的对应曲线有相等的弧长, 就称这个对应是等距的.

命题 两曲面之间的一个对应成为等距对应的充要条件是, 两曲面经过适当的参数选择后, 便具有相同的第一基本形式.

证明 根据曲面上曲线的弧长公式(2.2), 充分性是显然的.

反之, 假设曲面S 与S_1 之间的一个对应关系是等距的. 如上所述, 我们可使对应点取相同的参数, 则S 上的任意一条曲线$\boldsymbol{r}(u(t), v(t))$ 和S_1 上的对应曲线$\boldsymbol{r}_1(u(t), v(t))$ 有相同的长度, 即对于$[t_0, t_1]$ 的任意t 有

$$\begin{aligned}&\int_{t_0}^{t}\sqrt{E\left(\frac{du}{dt}\right)^2 + 2F\left(\frac{du}{dt}\right)\left(\frac{dv}{dt}\right) + G\left(\frac{dv}{dt}\right)^2}\,dt \\ = &\int_{t_0}^{t}\sqrt{E_1\left(\frac{du}{dt}\right)^2 + 2F_1\frac{du}{dt}\frac{dv}{dt} + G_1\left(\frac{dv}{dt}\right)^2}\,dt,\end{aligned}$$

其中E, F, G 是S 的第一基本量, E_1, F_1, G_1 是S_1 的第一基本量.因此

$$Edu^2 + 2Fdudv + Gdv^2 = E_1du^2 + 2F_1dudv + G_1dv^2$$

对曲面S , S_1 上的任意对应曲线都成立, 就是说, 上述等式对任一点和任一方向$(du/\ dv)$ 成立, 所以

$$E = E_1, F = F_1, G = G_1$$

对于对应曲面上任意一对对应点都成立.

从前面的例子中可以看出平面和圆柱面可以建立等距对应. 下面再举一个关于悬链面和正螺面的例子.

例4 悬链面的方程可写成

$$\boldsymbol{r} = \left(a\mathrm{ch}\frac{t}{a}\cos\theta, a\mathrm{ch}\frac{t}{a}\sin\theta, t\right),$$

式中, θ 和t 是参数.

从此得出

$$\boldsymbol{r}_\theta = \left(-a\mathrm{ch}\frac{t}{a}\sin\theta, a\mathrm{ch}\frac{t}{a}\cos\theta, 0\right),$$

$$\boldsymbol{r}_t = \left(\cos\theta\mathrm{sh}\frac{t}{a}, \sin\theta\mathrm{sh}\frac{t}{a}, 1\right),$$

$$E = a^2\mathrm{ch}^2\frac{t}{a}, \quad F = 0, \quad G = \mathrm{sh}^2\frac{t}{a} + 1 = \mathrm{ch}^2\frac{t}{a},$$

所以它的第一基本形式为

$$dS^2 = \mathrm{ch}^2\frac{t}{a}\left(a^2d\theta^2 + dt^2\right).$$

前面已经计算过正螺面的第一基本形式为

$$dS^2 = (v^2 + a^2)du^2 + dv^2.$$

现在, 作对应

$$\begin{cases} u = \theta, \\ \dfrac{\partial(u,v)}{\partial(\theta,t)} = \mathrm{ch}\dfrac{t}{a} \neq 0, \\ v = a\mathrm{sh}\dfrac{t}{a}, \end{cases}$$

便可使这两个第一基本形式一致, 所以两曲面是等距的. 在这个对应下正螺面上的螺旋线(u 线)对应于悬链面上的圆(θ 线), 而且正螺面上的直线对应于悬链面上的悬链线.

定义 如果两曲面之间有一个对应关系, 使一方上任意两曲线的交角等于他方上两对应曲线的交角, 就称这个对应是*共形的*.

命题 两个曲面之间的一个对应成为共形对应的充要条件是它们的第一基本形式成比例.

不妨假定对应点有相同的参数. 设两曲面的第一基本形式分别为

$$dS^2 = Edu^2 + 2Fdudv + Gdv^2,$$
$$dS_1^2 = E_1du^2 + 2F_1dudv + G_1dv^2,$$

这两个基本形式的系数成正比例的条件可以写成

$$E_1 = \lambda^2 E, \quad F_1 = \lambda^2 F, \quad G_1 = \lambda^2 G, \quad \lambda \neq 0. \tag{2.7}$$

条件的充分性: 从(2.7)和交角公式(2.4)容易得出两曲面之间的对应是共形的.

条件的必要性: 由共形对应的保角性, 立即得出, 两曲线的正交性保持不变. 从交角公式(2.4)我们有: 对于任何两正交方向(du/dv) 和du^*/dv^*, 必同时成立

$$E\frac{du}{dt}\frac{du^*}{dt^*} + F\left(\frac{du}{dt}\frac{dv^*}{dt^*} + \frac{dv}{dt}\frac{du^*}{dt^*}\right) + G\frac{dv}{dt}\frac{dv^*}{dt^*} = 0,$$

和

$$E_1 \frac{du}{dt}\frac{du^*}{dt^*} + F_1\left(\frac{du}{dt}\frac{dv^*}{dt^*} + \frac{dv}{dt}\frac{du^*}{dt^*}\right) + G_1\frac{dv}{dt}\frac{d\dot{v}^*}{dt^*} = 0,$$

从这两式先消去$\frac{du^*}{dt^*}, \frac{dv^*}{dt^*}$, 便有

$$\frac{E\frac{du}{dt} + F\frac{dv}{dt}}{E_1\frac{du}{dt} + F_1\frac{dv}{dt}} = \frac{F\frac{du}{dt} + G\frac{dv}{dt}}{F_1\frac{du}{dt} + G_1\frac{dv}{dt}},$$

由于$\frac{du}{dt}, \frac{dv}{dt}$ 是任意的, 我们分别取$\frac{dv}{dt} = 0$ 及$\frac{du}{dt} = 0$, 其结果是

$$\frac{E}{E_1} = \frac{F}{F_1}, \frac{F}{F_1} = \frac{G}{G_1},$$

所以(2.7)成立.

等距对应显然是共形对应的特殊情况. 后者还有下列的重要性质.

命题 任何曲面到平面的共形对应一定存在.

换言之, 对任何曲面S , 总能取到一组参数$(\bar{u}, \bar{v})$, 使得它的第一基本形式化为

$$I = \rho^2(\bar{u}, \bar{v})\left(d\bar{u}^2 + d\bar{v}^2\right), \tag{2.8}$$

这种参数称为等温参数.

证明 对曲面S 的第一基本形式进行改写, 就是

$$\begin{aligned} I =& Edu^2 + 2Fdudv + Gdv^2 \\ =& \frac{1}{E}\left(Edu + \left(F + \sqrt{F^2 - EG}\right)dv\right) \\ & \times \left(Edu + \left(F - \sqrt{F^2 - EG}\right)dv\right) \\ =& \frac{1}{E}\left(Edu + Fdv + i\sqrt{g}dv\right) \\ & \times \left(Edu + Fdv - i\sqrt{g}dv\right), \end{aligned} \tag{2.9}$$

其中记$g = EG - F^2 > 0$. 由常微方程的理论, 必存在一个非零的(复的)积分因子μ , 使得$\mu\left(Edu + Fdv + i\sqrt{g}dv\right)$ 变为某个复函数$\nu = \bar{u} + i\bar{v}$ 的全微分

$$\mu\left(Edu + Fdv + i\sqrt{g}dv\right) = d\nu. \tag{2.10}$$

两边各取复共轭后, 便有

$$\bar{\mu}\left(Edu + Fdv - i\sqrt{g}dv\right) = d\bar{\nu},$$

将它们代入(2.9)得到

$$I=\frac{1}{E}\frac{d\nu}{\mu}\frac{d\bar{\nu}}{\bar{\mu}}=\frac{1}{E\left|\mu\right|^2}\left(d\bar{u}^2+d\bar{v}^2\right). \tag{2.11}$$

设$\mu=p+iq$, 从(2.10)计算的结果是

$$\begin{aligned}d\bar{u}&=p(Edu+Fdv)-q\sqrt{g}dv,\\ d\bar{v}&=q(Edu+Fdv)+p\sqrt{g}dv.\end{aligned}$$

可是

$$\frac{\partial\left(\bar{u},\bar{v}\right)}{\partial(u,v)}=\begin{vmatrix} pE & pF-q\sqrt{g}\\ qE & qF+p\sqrt{g}\end{vmatrix}=\left(p^2+q^2\right)E\sqrt{g}>0,$$

所以我们可取$(\bar{u},\bar{v})$ 作为曲面S 的新参数, 使得它的第一基本形式化为(2.11). 若令$\rho=\dfrac{1}{\sqrt{E}\,|\mu|}$, 即得(2.8). 证毕.

习 题

1. 求球面$\boldsymbol{r}=(R\cos\theta\cos\phi,R\cos\theta\sin\phi,R\sin\theta)$ 的第一基本形式.
2. 证明旋转面$\boldsymbol{r}=(f(u)\cos v,f(u)\sin v,g(u))$ 的坐标曲线网是正交的.
3. 求曲面的参数曲线的二等分角轨线的微分方程.
4. 证明: 积分$A=\iint\limits_{\mathscr{D}}\sqrt{EG-F^2}dudv$ 除了符号外, 是与曲面的参数变换无关的.
5. 设螺旋面的方程为

$$\boldsymbol{r}=(au\cos v,au\sin v,bv).$$

由其上的四条曲线

$$u=0,\quad u=\frac{b}{a},\quad v=0,\quad v=1$$

围成一个四边形. 证明其面积为$\dfrac{b^2}{2}\left(\sqrt{2}+\ln\left(1+\sqrt{2}\right)\right)$.

6. 设抛物面

$$\begin{aligned}z&=\frac{a}{2}\left(x^2+y^2\right),\\ z&=axy\end{aligned}$$

的两对应区域在xy 平面上有同一的投影区域, 证明它们的面积相等.

7. 设曲面S_1 的方程为$\boldsymbol{r}=\boldsymbol{r}_1(u,v)$, 曲面$S_2$ 的方程为$\boldsymbol{r}=\boldsymbol{r}_2(u,v)$, 而且从$S_1$ 到S_2 的具有相同参数的点的对应是等距对应. 又设曲面$S_{\lambda,\mu}$ 的方程为$\boldsymbol{r}=\lambda\boldsymbol{r}_1(u,v)+\mu\boldsymbol{r}_2(u,v)$. 证明: 从$S_{\lambda,\mu}$ 到$S_{\mu,\lambda}$ 的对应也是等距对应.

8. 当旋转面与平面构成共形对应时, 如果旋转面上的经线的象都是圆, 证明它的纬线的象也是圆, 而且反之亦然. 这里, 直线都被看成为有无穷大半径的圆.

4.3 第二基本形式

为研究曲面在空间$\mathbb{R}^3$ 中的弯曲情况, 我们将引进曲面的第二基本形式.

4.3.1 第二基本形式的定义

设P 是曲面S 上的任意点, T_PS 是S 在P 的切平面. 在S 上, P 的邻近点P' 到T_PS 的有向距离δ 是$\overrightarrow{PP'}$ 在$\boldsymbol{n}$ 上的投影(图4-9).

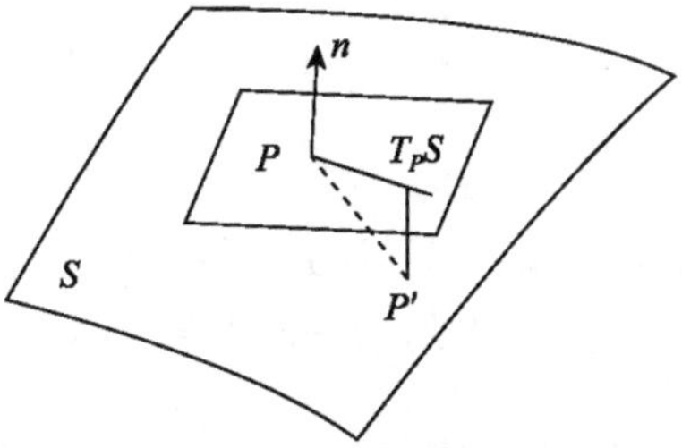

图4-9

由向量函数的Taylor展开公式得到

$$\begin{aligned}\overrightarrow{PP'} &= \boldsymbol{r}(u+\Delta u, v+\Delta v) - \boldsymbol{r}(u,v)\\ &= \boldsymbol{r}_u\Delta u + \boldsymbol{r}_v\Delta v + \frac{1}{2}(\boldsymbol{r}_{uu}(\Delta u)^2 + 2\boldsymbol{r}_{uv}\Delta u\Delta v + \boldsymbol{r}_{vv}(\Delta v)^2) + \cdots,\end{aligned}$$

那么

$$\delta = \overrightarrow{PP'}\cdot\boldsymbol{n} = \frac{1}{2}(\boldsymbol{r}_{uu}(\Delta u)^2 + 2\boldsymbol{r}_{uv}\Delta u\Delta v + \boldsymbol{r}_{vv}(\Delta v)^2\boldsymbol{n} + \cdots,$$

式中$\cdots$ 表示关于$\Delta u, \Delta v$ 的高于二次的项. 当P' 在S 上无限接近于P 时, $\Delta u \to 0, \Delta u \to 0$, 我们取$2\delta$ 的主部作为曲面的第二基本形式:

$$\mathrm{II} = Ldu^2 + 2Mdudv + Ndv^2, \tag{3.1}$$

其中

$$L = \boldsymbol{r}_{uu}\cdot\boldsymbol{n}, M = \boldsymbol{r}_{uv}\cdot\boldsymbol{n}, N = \boldsymbol{r}_{vv}\cdot\boldsymbol{n} \tag{3.2}$$

称为曲面的第二基本量. 由于$\boldsymbol{r}_u\cdot\boldsymbol{n} = 0, \boldsymbol{r}_v\cdot\boldsymbol{n} = 0$, 两边分别对于$u, v$ 求导, 便得到

$$\boldsymbol{r}_{uu}\cdot\boldsymbol{n} + \boldsymbol{r}_u\cdot\boldsymbol{n}_u = 0, \boldsymbol{r}_{uv}\cdot\boldsymbol{n} + \boldsymbol{r}_u\cdot\boldsymbol{n}_v = 0,$$

$$\boldsymbol{r}_{uv}\cdot\boldsymbol{n} + \boldsymbol{r}_v\cdot\boldsymbol{n}_u = 0, \boldsymbol{r}_{vv}\cdot\boldsymbol{n} + \boldsymbol{r}_v\cdot\boldsymbol{n}_v = 0,$$

于是

$$L = -\boldsymbol{r}_u\cdot\boldsymbol{n}_u, \quad M = -\boldsymbol{r}_u\cdot\boldsymbol{n}_v = -\boldsymbol{r}_v\cdot\boldsymbol{n}_u, \quad N = -\boldsymbol{r}_v\cdot\boldsymbol{n}_v.$$

因此, 第二基本形式可写成

$$\mathrm{II} = -d\boldsymbol{r} \cdot d\boldsymbol{n} = -\langle d\boldsymbol{r}, d\boldsymbol{n}\rangle .$$

从法向量$\boldsymbol{n}$ 的表达式, 还可以改写第二基本量为下列表达式:

$$L = \frac{(\boldsymbol{r}_u, \boldsymbol{r}_v, \boldsymbol{r}_{uu})}{|\boldsymbol{r}_u \times \boldsymbol{r}_v|}, \quad M = \frac{(\boldsymbol{r}_u, \boldsymbol{r}_v, \boldsymbol{r}_{uv})}{|\boldsymbol{r}_u \times \boldsymbol{r}_v|}, \quad N = \frac{(\boldsymbol{r}_u, \boldsymbol{r}_v, \boldsymbol{r}_{vv})}{|\boldsymbol{r}_u \times \boldsymbol{r}_v|}. \tag{3.3}$$

我们在上一节中, 已经说明了平面和正圆柱面可使之具有相同的第一基本形式. 但是, 它们的第二基本形式是不相同的. 这就表明, 尽管两曲面有相同的度量, 它们在$\mathbb{R}^3$ 中的弯曲度却不一样.

4.3.2 W -变换

为方便起见, 我们将参数(u, v) 写成(u^1, u^2) , 而且令$\boldsymbol{r}_1 = \boldsymbol{r}_u, \boldsymbol{r}_2 = \boldsymbol{r}_v$.

现在, 在曲面的任何点(u^1, u^2) 的切平面上导入线性变换, 即W -变换

$$W(\boldsymbol{r}_i) = -\boldsymbol{n}_i, \tag{3.4}$$

从这变换的线性性质得知, 对于切平面上的任何一个向量

$$\boldsymbol{x} = a^1\boldsymbol{r}_1 + a^2\boldsymbol{r}_2,$$

有

$$W(\boldsymbol{x}) = -a^1\boldsymbol{n}_1 - a^2\boldsymbol{n}_2, \tag{3.5}$$

这样的定义与S 所在空间坐标系的选取和参数的选取都是无关的. 这点请读者自行验证.

命题 W -变换对于任何一点P 的两切向量$\boldsymbol{X}$ 和$\boldsymbol{Y}$ 满足下列关系:

$$\langle W(\boldsymbol{X}), \boldsymbol{Y}\rangle = \langle \boldsymbol{X}, W(\boldsymbol{Y})\rangle ,$$

称它为自共轭变换.

证明 由于W -变换是线性的, 我们只须对$\boldsymbol{X} = \boldsymbol{r}_i, \boldsymbol{Y} = \boldsymbol{r}_i$ 时证明上式成立即可, 事实上,

$$\begin{aligned}\langle W(\boldsymbol{r}_i), \boldsymbol{r}_j\rangle &= -\langle \boldsymbol{n}_i, \boldsymbol{r}_j\rangle \\ &= -\boldsymbol{n}_i \cdot \boldsymbol{r}_j \\ &= -(\boldsymbol{n} \cdot \boldsymbol{r}_j)_i + \boldsymbol{n} \cdot \boldsymbol{r}_{ji} \\ &= \boldsymbol{n} \cdot \boldsymbol{r}_{ji} \\ &= \boldsymbol{n} \cdot \boldsymbol{r}_{ij}\end{aligned}$$

$$
\begin{aligned}
&= (\boldsymbol{n}\cdot\boldsymbol{r}_i)_j - \boldsymbol{n}_j\cdot\boldsymbol{r}_i \\
&= -\langle \boldsymbol{r}_i, \boldsymbol{n}_j\rangle = \langle \boldsymbol{r}_i, W(\boldsymbol{r}_j)\rangle .
\end{aligned}
$$

证毕.

根据线性代数知识知道, 自共轭线性变换W 有两个实特征值k_1 和k_2 , 以及与此相应的特征向量e_1, e_2 , 它们都有特殊的几何意义, 下一节我们再来研究.

4.3.3 渐近曲线

设曲面在P 点处的两个向量$\boldsymbol{X},\boldsymbol{Y}$ 满足

$$\langle W(\boldsymbol{X}), \boldsymbol{Y}\rangle = 0,$$

则称这两个向量*互为共轭*.

如果$\boldsymbol{X}$ 与它本身共轭, 则称$\boldsymbol{X}$ 为*渐近方向*.

如果曲面上一条曲线在每点的切向量都是渐近方向, 则称这条曲线为*渐近曲线*.

我们现在来推导渐近曲线的微分方程.

设渐近曲线的参数方程为$u = u(t), v = v(t)$, 那么它的切向量自共轭的条件为

$$\left\langle W\left(\boldsymbol{r}_u\frac{du}{dt} + \boldsymbol{r}_v\frac{dv}{dt}\right), \boldsymbol{r}_u\frac{du}{dt} + \boldsymbol{r}_v\frac{dv}{dt}\right\rangle = 0,$$

即

$$\left\langle -\frac{du}{dt}\boldsymbol{n}_u - \frac{dv}{dt}\boldsymbol{n}_v, \boldsymbol{r}_u\frac{du}{dt} + \boldsymbol{r}_v\frac{dv}{dt}\right\rangle = 0.$$

因此得到渐近线的微分方程为

$$L\left(\frac{du}{dt}\right)^2 + 2M\frac{du}{dt}\frac{dv}{dt} + N\left(\frac{dv}{dt}\right)^2 = 0. \tag{3.6}$$

特别地, 如果取曲面S 的渐近曲线为参数曲线, 即参数曲线构成渐近线网, 那么从(3.6) 容易得到

$$L = 0, \quad N = 0, \tag{3.7}$$

反过来, (3.7)式也是参数曲线构成渐近线网的充分条件.

习　题

1. 证明: 曲面的第一基本形式和第二基本形式对于$\mathbb{R}^3$ 中运动都是不变的.
2. 写出曲面$z = f(x, y)$ 的第一, 第二基本形式.
3. 证明: W -变换的定义是有内在意义的, 即它不依赖于曲面上参数的选择.

4. 证明: 当曲面参数u, v 变为$\bar{u}, \bar{v}$ 时, 第二基本形式的判别式满足关系

$$\bar{L}\bar{N} - \bar{M}^2 = \left[\frac{\partial(u,v)}{\partial(\bar{u},\bar{v})}\right]^2 (LN - M^2).$$

5. 证明: 曲面S 的两参数曲线切向量处处共轭的充要条件是$M = 0$.

6. 证明: (1)曲面上的直线是渐近曲线;

(2) 若曲面在各点均有落在其上的三条不同直线相交, 则它必为平面.

7. 当曲面的方程为$F(x, y, z) = 0$ 时, 求渐近曲线的微分方程.

4.4 曲面上曲线的法曲率

设曲面S 的参数方程是$\boldsymbol{r} = \boldsymbol{r}(u_1, u_2)$, P 是S 上任意一点, 过P 作一条曲线$C \subset S$, 它的参数方程是$u_i = u_i(s)$, 其中s 是弧长参数. 那么曲线C 的单位切向量为(图4-10)

$$\boldsymbol{T} = \frac{d\boldsymbol{r}}{ds} = \boldsymbol{r}_1\frac{du_1}{ds} + \boldsymbol{r}_2\frac{du_2}{ds}.$$

设 k 是曲线C 在P 点的曲率, $\boldsymbol{N}$ 是曲线C 在P 点的主法向量, 那么由Frenet公式得

$$k\boldsymbol{N} = \boldsymbol{T}'(S) = \frac{d\boldsymbol{T}}{ds} = \boldsymbol{r}_{11}\frac{du_1}{ds}\frac{du_1}{ds} + 2\boldsymbol{r}_{12}\frac{du_1}{ds}\frac{du_2}{ds} + \boldsymbol{r}_{22}\frac{du_2}{ds}\frac{du_2}{ds} + \boldsymbol{R}.$$

其中$\boldsymbol{R}$ 表示S 在P 点的某一切向量. 我们称$k\boldsymbol{N}$ 与曲面在P 点的法向量$\boldsymbol{n}$ 的数量积为曲线C 在P 处的法曲率, 记为k_n, 这样便有

$$\begin{aligned} k_n = k\boldsymbol{N}\cdot\boldsymbol{n} &= \boldsymbol{r}_{11}\left(\frac{du_1}{ds}\right)^2 + 2\boldsymbol{r}_{12}\frac{du_1}{ds}\frac{du_2^2}{ds} + \boldsymbol{r}_{22}\left(\frac{du_2}{ds}\right)^2 \\ &= \frac{\mathrm{II}}{\mathrm{I}} = \frac{\langle W(d\boldsymbol{r}), d\boldsymbol{r}\rangle}{\langle d\boldsymbol{r}, d\boldsymbol{r}\rangle}, \end{aligned} \tag{4.1}$$

因此, k_n 只与C 的切向量方向有关. 而与切向量的长短无关, 这就是下列的.

Meusnier定理 若曲面上两条曲线在某点相切, 则它们在这点的法曲率也相等.

现在, 再来考虑法曲率的几何意义.

如图4-10所示, 过$\boldsymbol{T}$ 和$\boldsymbol{n}$ 作一平面, 它和曲面S 交于一条平面曲线C^*, 称为*法截线*. 在P 点, 它也以$\boldsymbol{T}$ 为单位切向量. 根据Meusnier定理, C 和C^* 在P 点法曲率是相等的. 而C^* 的法曲率绝对值和C^* 的曲率相等. 由此得到.

推论 曲线C 在P 点法曲率的绝对值和其相应法截线C^* 在P 点的曲率相等.

设$P \in S, \boldsymbol{e}_1, \boldsymbol{e}_2$ 是在P 点的切平面中W -变换的两个相互正交的单位特征向量, 其特征值为k_1 和k_2 , 即,

$$W(\boldsymbol{e}_1) = k_1\boldsymbol{e}_1,$$
$$W(\boldsymbol{e}_2) = k_2\boldsymbol{e}_2.$$

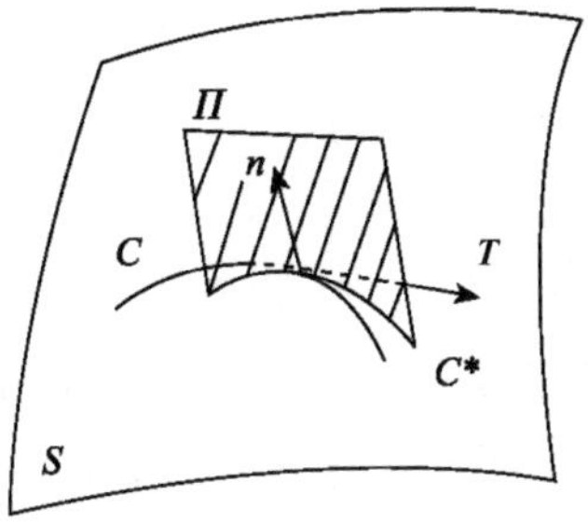

图4-10

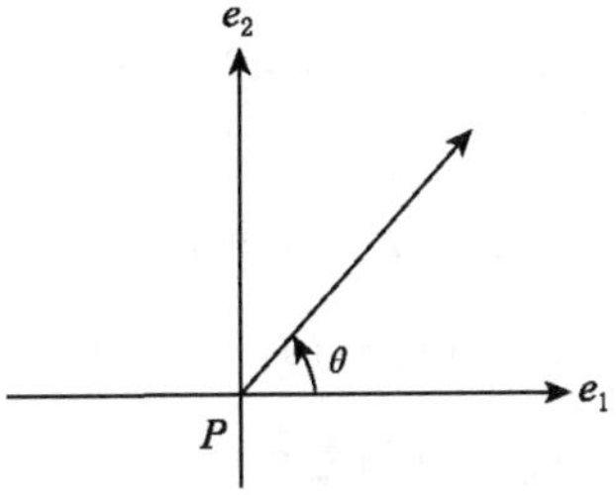

图4-11

我们来计算$\boldsymbol{e}_i$ 方向的法曲率

$$k_n(\boldsymbol{e}_i) = \frac{\langle W(\boldsymbol{e}_i), \boldsymbol{e}_i \rangle}{\langle \boldsymbol{e}_i, \boldsymbol{e}_i \rangle} = \frac{k_i \langle \boldsymbol{e}_i, \boldsymbol{e}_i \rangle}{\langle \boldsymbol{e}_i, \boldsymbol{e}_i \rangle} = k_i, \tag{4.2}$$

这说明, W -变换的特征值正好是相应特征方向的法曲率.

现在, 取P 点的任一切向量$\boldsymbol{T}$ (图4-11), 而且来推导它的相应法曲率.

从

$$\boldsymbol{T} = \cos\theta \boldsymbol{e}_1 + \sin\theta \boldsymbol{e}_2,$$

其中θ 为从$\boldsymbol{e}_1$ 到$\boldsymbol{T}$ 的正向的夹角, 我们有

$$\begin{aligned} k_n(\theta) &= \frac{\langle W(\boldsymbol{T}), \boldsymbol{T} \rangle}{\langle \boldsymbol{T}, \boldsymbol{T} \rangle} \\ &= \left\langle W(\cos\theta \cdot \boldsymbol{e}_1 + \sin\theta \cdot \boldsymbol{e}^2), \quad \cos\theta \cdot \boldsymbol{e}_1 + \sin\theta \cdot \boldsymbol{e}_2 \right\rangle \\ &= \langle \cos\theta \cdot k_1 \boldsymbol{e}_1 + \sin\theta \cdot k_2 \boldsymbol{e}_2, \cos\theta \cdot \boldsymbol{e}_1 + \sin\theta \cdot \boldsymbol{e}_2 \rangle, \end{aligned}$$

即所求法曲率的Euler公式

$$k_n = k_1 \cos^2\theta + k_2 \sin^2\theta. \tag{4.3}$$

习　题

1. 证明: 球面在每点的任何方向的法曲率等于常数.

2. 证明: 曲线$C \subset S$ 是S 上渐近曲线的充要条件是: C 为直线, 或者C 的密切平面与曲面的切平面重合.

3. 任何两个正交方向的法曲率之和为常数.

4.5 主曲率、Gauss曲率、平均曲率

曲面在任何一点P 的各方向有相应的法曲率, 它的变化可从Euler公式显示出

来.从(4.3)看出k_n 是θ 的函数, 它的导函数是

$$\frac{dk_n}{d\theta} = (k_2 - k_1) 2 \sin\theta \cos\theta,$$

如果$k_1 \neq k_2$, 那么当$\theta = 0$ 和$\theta = \frac{\pi}{2}$ 时k_n 分别取极值. 如果$k_1 > k_2$, 那么$k_n(0)$ 是最大值, $k_n\left(\frac{\pi}{2}\right)$ 是最小值. 因此, W -变换的特征方向e_1 和e_2 分别是在P 点的法曲率分别达到最大值和最小值的方向. 我们称它们为*主方向*; 相应的法曲率k_1 和k_2 称为*主曲率*.

如果$k_1 = k_2$, (4.3)表明: 在这点的任何方向都有同一法曲率ρ. 这样的点称为奇点. 从(4.1)知道, 奇点的特征是:

$$L = \rho E, \quad M = \rho F, \quad N = \rho G.$$

当$\rho = 0$ 时, 称该奇点为平点, 当$\rho \neq 0$ 时, 则称为圆点.

例 平面法向量为常向量, 所以

$$\mathrm{II} = -\langle d\boldsymbol{n}, d\boldsymbol{r}\rangle = 0,$$

就是说, 平面的各点是平点.

反之, 球面法向量可表示成

$$\boldsymbol{n} = \frac{\boldsymbol{r}}{R},$$

其中R 为球面的半径. 这时,

$$\mathrm{II} = -\langle d\boldsymbol{n}, d\boldsymbol{r}\rangle = -\frac{1}{R}\langle d\boldsymbol{r}, d\boldsymbol{r}\rangle = -\frac{1}{R}I,$$

所以球面上点点为圆点.

一般, 在曲面的任何一点可以定义两种曲率, 一种叫Gauss曲率(也叫*总曲率*) K, 即两个主曲率的乘积. 另一种叫*平均曲率* H, 即两个主曲率的算术平均值:

$$K = k_1 k_2, \tag{5.1}$$

$$H = \frac{k_1 + k_2}{2}. \tag{5.2}$$

如果在一个曲面上点点的Gauss曲率都相等, 就称它为*常曲率曲面*, 其中最简单的是平面($K = 0$), 球面($K =$ 正常数K_0)和伪球面($K =$ 负常数), 而伪球面则是由xz 平面上的曳物线

$$\left(\begin{cases} x = a\cos\phi, \\ z = a[\sin\phi - \ln(\sec\phi + \mathrm{tg}\phi,], \end{cases} 0 \leqslant \phi < \frac{\pi}{2}\right)$$

绕z 轴旋转时所生成的旋转面. 如果曲面上点点的平均曲率为零, 就称它为极小曲面. 极小曲面的研究有着悠久的历史, 是至今还富有活力的研究课题.

现在, 我们将推导主曲率的公式.

设$\boldsymbol{e}=a^1\boldsymbol{r}_1+a^2\boldsymbol{r}_2$ 是主方向, 相应的主曲率为λ , 那么

$$W(\boldsymbol{e})=\lambda\boldsymbol{e},$$

即

$$-a^1\boldsymbol{n}_1-a^2\boldsymbol{n}_2=\lambda(a^1\boldsymbol{r}_1+a^2\boldsymbol{r}_2),$$

从而得到

$$\begin{aligned}(L-\lambda E)a_1+(M-\lambda F)a_2=0,\\(M-\lambda F)a_1+(N-\lambda G)a_2=0.\end{aligned}\tag{5.3}$$

因为a_1,a_2 不同时为零, 所以主曲率λ 必须满足下列二次方程

$$\begin{vmatrix}L-\lambda E & M-\lambda F\\ M-\lambda F & N-\lambda G\end{vmatrix}=0.\tag{5.4}$$

从(5.1), (5.2)和(5.4), 我们得到Gauss曲率和平均曲率的表达式如下:

$$K=\frac{LN-M^2}{EG-F^2},\tag{5.5}$$

$$H=\frac{GL-2FM+EN}{2(EG-F^2)}.\tag{5.6}$$

其次, 我们将讨论曲率线.

设C 是曲面S 上的一条曲线. 如果C 在各点的切方向正好重合于曲面在该点的一个主方向, 那么称曲线C 为**曲率线**. 显然, 曲面上有二系曲率线.

设C 的参数方程是$u^i=u^i(t)$, 那么从定义便可导出曲率线的微分方程. 首先令(5.3)中的

$$a^1=\frac{du^1}{dt},a^2=\frac{du^2}{dt};$$

$$\begin{cases}(L-\lambda E)\dfrac{du^1}{dt}+(M-\lambda F)\dfrac{du^2}{dt}=0,\\[2ex](M-\lambda F)\dfrac{du^1}{dt}+(N-\lambda G)\dfrac{du^2}{dt}=0,\end{cases}$$

或改写成

$$\left(L\frac{du^1}{dt}+M\frac{du^2}{dt}\right)-\lambda\left(E\frac{du^1}{dt}+F\frac{du^2}{dt}\right)=0,$$
$$\left(M\frac{du^1}{dt}+N\frac{du^2}{dt}\right)-\lambda\left(F\frac{du^1}{dt}+G\frac{du^2}{dt}\right)=0.$$

因为$(1, -\lambda)$是上述方程组的非零解, 我们有

$$\begin{vmatrix} L\dfrac{du^1}{dt}+M\dfrac{du^2}{dt} & E\dfrac{du^1}{dt}+F\dfrac{du^2}{dt} \\ M\dfrac{du^1}{dt}+N\dfrac{du^2}{dt} & F\dfrac{du^1}{dt}+G\dfrac{du^2}{dt} \end{vmatrix}=0,$$

即

$$\begin{vmatrix} \left(\dfrac{du^2}{dt}\right)^2 & -\dfrac{du^1}{dt}\dfrac{du^2}{dt} & \left(\dfrac{du^1}{dt}\right)^2 \\ E & F & G \\ L & M & N \end{vmatrix}=0. \tag{5.7}$$

这就是曲率线的微分方程. 它表示了二系曲率线, 其中s 表示参数.

命题(Rodriques公式) 设曲面S 上的曲线C 是$r = r(s)$, 其中s 表示参数. 为了C 是S 的曲率线, 充要条件是: 存在函数$\lambda(s)$, 使得

$$d\boldsymbol{n} = -\lambda d\boldsymbol{r}.$$

证明 为了$d\boldsymbol{r}$ 是W -变换特征方向, 充要条件是

$$W(d\boldsymbol{r}) = \lambda d\boldsymbol{r},$$

可是从W -变换定义得知

$$W(d\boldsymbol{r}) = -d\boldsymbol{n},$$

所以C 为曲率线的充要条件, 就是在C 上处处成立

$$d\boldsymbol{n} = -\lambda d\boldsymbol{r}.$$

命题 为了曲面S 上的曲线C 成为S 的曲率线, 充要条件是: 曲面在C 上各点的法线所生成的直纹面Σ 为可展曲面.

证明 设曲线C 的参数方程为$\boldsymbol{r} = \boldsymbol{\rho}(s)$, 其中$s$ 为弧长, 那么直纹面Σ 的方程可表为

$$\boldsymbol{r}^* = \boldsymbol{\rho}(s) + v\boldsymbol{n}(s),$$

式中v 是另一参数.

如果C 是曲率线, 由Rodriques公式

$$d\boldsymbol{n} = -\lambda d\boldsymbol{\rho}.$$

另一方面, Σ 做可展面的充要条件是

$$(\boldsymbol{\rho}', \boldsymbol{n}, \boldsymbol{n}') = 0. \tag{5.8}$$

从上述Rodriques公式得知这个条件是满足的. 所以Σ 是可展曲面.

反之, 如果(5.8)成立, 则必有不全为0的a, b, c, 使得

$$a\boldsymbol{\rho}' + b\boldsymbol{n} + c\boldsymbol{n}' = 0,$$

两边对$\boldsymbol{n}$ 求数量积后得出$b = 0$, 那么

$$a\boldsymbol{\rho}' + c\boldsymbol{n}' = 0.$$

这就有两种情况:

i) $C = 0$, 导致$\boldsymbol{\rho}' = 0$, 不可能;

ii) $C \neq 0$, $\boldsymbol{n}' = -\frac{a}{c}\rho'$, 按Rodriques公式, 我们知道$C$ 是曲率线.

从曲率线的这个特征立即可以看出旋转面上的经线和纬线都是曲率线. 这是因为, 经线的法线曲面正好是经线所在的平面, 而纬线的法线曲面正好是正圆锥面, 它们都是可展曲面.

习　题

1. 设曲面S 的方程为$z = f(x, y)$, 计算它的总曲率及平均曲率的表达式.

2. 计算环面

$$\boldsymbol{r}(u, v) = ((a + r\cos u)\cos v, (a + r\cos u)\sin v, r\sin u)$$

在各点的总曲率K , 其中$0 \leqslant u < 2\pi, 0 \leqslant v < 2\pi$.

3. 求螺面$r = (u\cos v, u\sin v, u + v)$ 的总曲率与平均曲率.

4. 证明: 如果在曲面上的一点$K > 0$, 则不存在实的渐近方向.反之, 如果$K < 0$, 则存在两实渐近方向, 而且主方向平分这两渐近方向所张成的角.

5. 在不含奇点的曲面上, 参数曲线构成曲率线网的充要条件是:

$$F = M = 0.$$

6. 如果曲面在其一点P 的两个方向既正交又共轭, 则必为二主方向.

7. 证明: 旋转极小曲面必为悬链面.

8. 证明: 曲面成为极小曲面的充要条件是: 在其上存在两族正交的渐近曲线.

9. 证明: 直纹极小曲面除平面外, 只有正螺面.

10. 证明: 曲面的总曲率常为0, 是曲面成为可展曲面的充要条件.

11. 当曲面在一点P 的总曲率$K > 0$ 时称为椭圆点; 当$K < 0$ 时, 称为双曲点; 当$K = 0$ 时, 称为抛物点.说明对曲面上点的这种分类是与曲面的参数选取无关的.

12. 设曲面$S : \boldsymbol{r} = \boldsymbol{r}(u, v)$ 上没有抛物点, 并设S 的一个平行曲面为$\bar{S} : \bar{\boldsymbol{r}} = \boldsymbol{r} + \lambda\boldsymbol{n}$ (λ 为常数). 证明: 可选取$\bar{S}$ 的法向量$\bar{\boldsymbol{n}}$, 使得$\bar{S}$ 的总曲率与平均曲率分别为

$$\bar{K} = \frac{K}{1 - 2\lambda H + \lambda^2 K}, \quad \bar{H} = \frac{H - \lambda K}{1 - 2\lambda H + \lambda^2 K}.$$

4.6 曲面上的活动标架、曲面的基本公式

这节要推导的曲面的基本公式类似于曲线论中的Frenet公式. 为此, 首先在曲面的各点引进一个与曲面有关的活动标架. 我们已经知道, 曲面在每一点有切平面和法向量, 因此, 切平面上任何一组基向量和法向量一起构成空间的一组标架. 当这点在曲面上变动时, 这种标架构成了*活动标架*. 特别地, 我们可用坐标曲线切向量$\boldsymbol{r}_u, \boldsymbol{r}_v$ 和法向量$\boldsymbol{n}$ 构成一个活动标架$\{P, \boldsymbol{r}_u, \boldsymbol{r}_v, \boldsymbol{n}\}$. 以后为方便起见, 我们引进新记号

$$\begin{aligned}
&\boldsymbol{r} = \boldsymbol{r}(u^1, u^2);\\
&\boldsymbol{r}_1 = \boldsymbol{r}_u, \quad \boldsymbol{r}_2 = \boldsymbol{r}_v;\\
&\boldsymbol{r}_{11} = \boldsymbol{r}_{uu}, \quad \boldsymbol{r}_{12} = \boldsymbol{r}_{uv}, \quad \boldsymbol{r}_{22} = \boldsymbol{r}_{vv};\\
&g_{11} = E, \quad g_{12} = g_{21} = F, \quad g_{22} = G;\\
&Q_{11} = L, \quad Q_{12} = Q_{21} = M, \quad Q_{22} = N;
\end{aligned}$$

并且, 利用和式约定: 凡表达式中遇到上下重复的指标时, 就意味着关于这个指标从1到2作和. 因此, 第一和第二基本形式分别可简写为(省略了记号 $\sum\limits_{i,j=1}^{2}$)

$$\begin{aligned}
\mathrm{I} &= g_{ij} du^i du^j,\\
\mathrm{II} &= Q_{ij} du^i du^j,
\end{aligned}$$

于是曲面的活动标架可记为$\{P; \boldsymbol{r}_1, \boldsymbol{r}_2, \boldsymbol{n}\}$.

现在, 我们将考虑曲面上无限邻近处两个标架之间的关联. 首先, 把向量$\boldsymbol{r}_{ij}$ 和$\boldsymbol{n}_j$ 表示为$\boldsymbol{r}_1, \boldsymbol{r}_2$ 和$\boldsymbol{n}$ 的线性组合

$$\begin{cases} \boldsymbol{r}_{ij} = \Gamma_{ij}^k \boldsymbol{r}_k + b_{ij}\boldsymbol{n}, \\ \boldsymbol{n}_j = -w_j^k \boldsymbol{r}_k + c_j \boldsymbol{n}, \end{cases} \tag{6.1}$$

其中, $\Gamma_{ij}^k = \Gamma_{ji}^k, b_{ij} = b_{ji}, w_j^k, c_j$ 为待定系数.

由于单位向量$\boldsymbol{n}$ 的导向量$\boldsymbol{n}_j$ 在切平面上, 所以$c_j = 0$. 再作(6.1)的第二式两边与$-\boldsymbol{r}_i$ 的数量积

$$-\boldsymbol{r}_i \cdot \boldsymbol{n}_j = w_j^k \boldsymbol{r}_k \cdot \boldsymbol{r}_i.$$

可是从定义

$$Q_{ij} = -\boldsymbol{r}_i \cdot \boldsymbol{n}_j = \boldsymbol{r}_{ij} \cdot \boldsymbol{n}, \quad g_{ij} = \boldsymbol{r}_i \cdot \boldsymbol{r}_j,$$

所以

$$Q_{ij} = w_j^k g_{ki}.$$

如记(g_{ij}) 的逆阵为(g^{ij}), 即

$$g_{ij}g^{jk}=\delta_i^k=\begin{cases}0, i\neq k,\\ 1, i=k,\end{cases}$$

那么

$$w_j^k=g^{ik}Q_{ji}. \tag{6.2}$$

又作(6.1)的第一式两边与向量$\boldsymbol{n}$ 的数量积, 立即得到

$$b_{ij}=Q_{ij}. \tag{6.3}$$

最后, 我们来求$\varGamma_{ij}^k$. 首先从(6.1)和(6.3)可见

$$\boldsymbol{r}_{ij}=\varGamma_{ij}^k\boldsymbol{r}_k+Q_{ij}\boldsymbol{n},$$

由此也得知$\varGamma_{ij}^k$ 关于i,j 是对称的. 再将

$$\boldsymbol{r}_i\cdot\boldsymbol{r}_j=g_{ij}$$

关于u^k 求偏导数, 其结果为

$$\boldsymbol{r}_{ik}\cdot\boldsymbol{r}_j+\boldsymbol{r}_i\cdot\boldsymbol{r}_{jk}=\frac{\partial g_{ij}}{\partial u^k}.$$

将(6.1)第一式代入左边, 并经整理后, 我们有

$$\varGamma_{ik}^l g_{lj}+\varGamma_{jk}^l g_{li}=\frac{\partial g_{ij}}{\partial u^k}, \tag{6.4}$$

如下所示, 交替利用$\varGamma_{ij}^k$ 关于i,j 的对称性以及(6.4)式, 便得到

$$\begin{aligned}\varGamma_{ij}^l g_{lk}=\varGamma_{ji}^l g_{lk}&=-\varGamma_{ki}^l g_{lj}+\frac{\partial g_{jk}}{\partial u^i}\\&=-\varGamma_{ik}^l g_{li}+\frac{\partial g_{jk}}{\partial u^i}\\&=\varGamma_{jk}^l g_{li}-\frac{\partial g_{ij}}{\partial u^k}+\frac{\partial g_{jk}}{\partial u^i}\\&=\varGamma_{kj}^l g_{li}-\frac{\partial g_{ij}}{\partial u^k}+\frac{\partial g_{jk}}{\partial u^i}\\&=-\varGamma_{ij}^l g_{lk}+\frac{\partial g_{ik}}{\partial u^j}-\frac{\partial g_{ij}}{\partial u^k}+\frac{\partial g_{jk}}{\partial u^i},\end{aligned}$$

所以

$$\varGamma_{ij}^l g_{lk}=\frac{1}{2}\left(\frac{\partial g_{ik}}{\partial u^j}+\frac{\partial g_{jk}}{\partial u^i}-\frac{\partial g_{ij}}{\partial u^k}\right),$$

从而

$$\varGamma_{ij}^l=\frac{1}{2}g^{kl}\left(\frac{\partial g_{ik}}{\partial u^j}+\frac{\partial g_{jk}}{\partial u^i}-\frac{\partial g_{ij}}{\partial u^k}\right). \tag{6.5}$$

这样, 完全由曲面的第一基本形式所确定的Γ_{ij}^l 称为联络系数. 将(6.2), (6.3), (6.5)代入(6.1)就得到曲面的基本公式:

$$\begin{cases} d\boldsymbol{r} = \boldsymbol{r}_i du^i, \\ d\boldsymbol{r}_i = \Gamma_{ij}^k du^j \boldsymbol{r}_k + Q_{ij} du^j \boldsymbol{n} \\ d\boldsymbol{n} = -g^{ik} Q_{ji} du^j \boldsymbol{r}_k, \end{cases} \tag{6.5$'$}$$

它是关于$\boldsymbol{r}, \boldsymbol{r}_i, \boldsymbol{n}$ 的全微分方程组, 其中各系数都是由曲面的第一和第二基本量g_{ij}和Q_{ij} 所决定的. (6.5)′的第二和第三式分别称为Gauss公式与Weingarten公式.

习 题

1. 当曲面采取正交曲线网时, 写出曲面的基本方程的具体表达式.
2. 当曲面的方程为$z = f(x, y)$ 时, 求它的各联络系数.

4.7 Gauss方程与Codazzi方程

我们已经知道, 一个给定的曲面必有第一基本形式和第二基本形式, 而且它的许多几何性质都是由这两个基本形式所确定的. 那么, 很自然地, 人们会提问: 任意给定两个依赖于两变量u^1, u^2 的二次微分形式

$$g_{ij}\ du^i\ du^j \text{和} Q_{ij}\ du^i\ du^j,$$

能否确定一个曲面, 使它具有这两个二次微分形式?

为解决这个问题, 我们将曲面的基本方程看成一组以所给定的两个形式的有关系数作系数的微分方程, 而从此推导这个方程组有解的条件, 即这方程组的可积条件. 这些条件就是Gauss方程和Codazzi方程.

为这目的, 将曲面的基本方程改写如下:

$$\begin{cases} \dfrac{\partial \boldsymbol{r}}{\partial u^i} = \boldsymbol{r}_i, \\ \dfrac{\partial \boldsymbol{r}_i}{\partial u^j} = \Gamma_{ij}^k \boldsymbol{r}_k + Q_{ij} \boldsymbol{n}\ , \\ \dfrac{\partial \boldsymbol{n}}{\partial u^j} = -w_j^k \boldsymbol{r}_k. \end{cases} \tag{7.1}$$

向量$\boldsymbol{r}, \boldsymbol{r}_i, \boldsymbol{n}$ 的二阶偏导数是可交换次序的, 即:

$$\frac{\partial \boldsymbol{r}_i}{\partial u^j} = \frac{\partial \boldsymbol{r}_j}{\partial u^i}, \tag{7.2}$$

$$\frac{\partial}{\partial u^l}\left(\frac{\partial \boldsymbol{r}_i}{\partial u^j}\right)=\frac{\partial}{\partial u^j}\left(\frac{\partial \boldsymbol{r}_i}{\partial u^l}\right), \tag{7.3}$$

$$\frac{\partial}{\partial u^j}\left(\frac{\partial \boldsymbol{n}}{\partial u^i}\right)=\frac{\partial}{\partial u^i}\left(\frac{\partial \boldsymbol{n}}{\partial u^j}\right). \tag{7.4}$$

由于Γ_{ij}^k 和Q_{ij} 关于i,j 都是对称的, 所以(7.2)自然成立. 再将(7.1)代入(7.3),

$$\begin{aligned}&\frac{\partial \Gamma_{ij}^k}{\partial u^l}\boldsymbol{r}_k+\Gamma_{ij}^k\left(\Gamma_{kl}^m\boldsymbol{r}_m+Q_{kl}\boldsymbol{n}\right)+\frac{\partial Q_{ij}}{\partial u^l}\boldsymbol{n}+Q_{ij}\left(-w_l^k\boldsymbol{r}_k\right)\\=&\frac{\partial \Gamma_{il}^k}{\partial u^j}\boldsymbol{r}_k+\Gamma_{il}^k\left(\Gamma_{kj}^m\boldsymbol{r}_m+Q_{kj}\boldsymbol{n}\right)+\frac{\partial Q_{il}}{\partial u^j}\boldsymbol{n}+Q_{il}\left(-w_j^k\boldsymbol{r}_k\right).\end{aligned}$$

利用$\boldsymbol{r}_k$ 和$\boldsymbol{n}$ 的独立性就得出

$$\frac{\partial \Gamma_{ij}^k}{\partial u^l}-\frac{\partial \Gamma_{il}^k}{\partial u^j}+\Gamma_{ij}^m\Gamma_{ml}^k-\Gamma_{il}^m\Gamma_{mj}^k=Q_{ij}w_l^k-Q_{il}w_j^k, \tag{7.5}$$

$$\frac{\partial Q_{ij}}{\partial u^l}-\frac{\partial Q_{il}}{\partial u^j}+\Gamma_{ij}^mQ_{ml}-\Gamma_{il}^mQ_{mj}=0. \tag{7.6}$$

我们称(7.5)为Gauss方程, (7.6)为Codazzi方程, 它们是曲面的第一和第二基本形式系数必须满足的关系式.

当然, 我们还可以将(7.1)代入(7.4), 考虑是否还有其他的关系式. 实际上, 不能再产生新的关系式了, 具体验证留给读者作为练习.

在(7.5)和(7.6)中, 如果分别令$k,i,j,l=1,2$, 并且用记号E,F,G 和L,M,N, 就可得到许多方程. 为简便计, 在曲面上选取正交参数网, 于是$F=0$, 而且经推导得知: Gauss方程中只有一个是独立的, 即:

$$-\frac{1}{\sqrt{EG}}\left\{\left[\frac{\left(\sqrt{E}\right)_v}{\sqrt{G}}\right]_v+\left[\frac{\left(\sqrt{G}\right)_u}{\sqrt{E}}\right]_u\right\}=\frac{LN-M^2}{EG}. \tag{7.7}$$

而Codazzi方程中只有两个是独立的, 即:

$$\begin{cases}\left(\dfrac{L}{\sqrt{E}}\right)_v-\left(\dfrac{M}{\sqrt{E}}\right)_u-N\dfrac{\left(\sqrt{E}\right)_v}{G}-M\dfrac{\left(\sqrt{G}\right)_u}{\sqrt{EG}}=0,\\ \left(\dfrac{N}{\sqrt{G}}\right)_u-\left(\dfrac{M}{\sqrt{G}}\right)_v-L\dfrac{\left(\sqrt{G}\right)_u}{E}-M\dfrac{\left(\sqrt{E}\right)_v}{\sqrt{EG}}=0.\end{cases} \tag{7.8}$$

作为Gauss方程的推论, 我们可以证明下列极其重要的定理:

定理(Gauss) 曲面的Gauss曲率是由曲面的第一基本形式所完全确定的.

证明 首先, 因为Gauss曲率与曲面的参数选取无关, 不妨取曲面的正交参数曲线网. 于是$F=0$, 而且从(5.5)式得到Gauss曲率的表达式:

$$K=\frac{LN-M^2}{EG}.$$

可是(7.7)表明

$$K=-\frac{1}{\sqrt{EG}}\left\{\left[\frac{\left(\sqrt{E}\right)_v}{\sqrt{G}}\right]_v+\left[\frac{\left(\sqrt{G}\right)_u}{\sqrt{E}}\right]_n\right\}.$$

所以证明了定理.

4.8 曲面论基本定理

现在, 我们来研究上一节一开始就提出的问题, 它的解答最初是由O. Bonnet (1867年) 所得到的.

曲面论基本定理 在平面单连通区域中给定两组函数g_{ij} 和$Q_{ij}(i,j=1,2)$, 假定它们关于i,j 都是对称的, g_{ij} 是正定的, 而且还满足Gauss方程和Codazzi方程. 那么以g_{ij} , Q_{ij} 分别为第一和第二基本量的曲面一定存在, 并且除空间中的一个运动外, 是唯一的.

此定理的证明并不难, 这里不予详述. 读者可参考其他书籍(例如苏步青、胡和生等人编的《微分几何》).

习 题

1. 设曲面的第一基本形式为

$$\mathrm{I}=\rho^2(du^2+dv^2).$$

证明: 曲面的Gauss曲率可表为

$$K=\frac{1}{\rho^2}\Delta\ln\rho,$$

其中

$$\Delta=\frac{\partial^2}{\partial u^2}+\frac{\partial^2}{\partial v^2}$$

是Laplace算子.

2. 证明: 在曲面的一般参数下,

$$K=\frac{1}{g^2}\left(\begin{vmatrix}-\dfrac{G_{11}}{2}+F_{12}-\dfrac{E_{22}}{2} & \dfrac{E_1}{2} & F_1-\dfrac{E_2}{2}\\ F_2-\dfrac{G_1}{2} & E & F\\ \dfrac{G_2}{2} & F & G\end{vmatrix}-\begin{vmatrix}0 & \dfrac{E_2}{2} & \dfrac{G_1}{2}\\ \dfrac{E_2}{2} & E & F\\ \dfrac{G_1}{2} & F & G\end{vmatrix}\right).$$

3. 证明: 曲面

$$S:r=\left(au,bv,\frac{au^2+bv^2}{2}\right)$$

与

$$\bar{S}:\bar{r}=\left(\bar{a}\bar{u},\bar{b}\bar{v},\frac{\bar{a}\bar{u}^2+\bar{b}\bar{v}^2}{2}\right)$$

当$ab=\bar{a}\bar{b}$ 时, 在对应点(u,v) 与$(\bar{u},\bar{v})$ 处的Gauss曲率相等, 但S 与$\bar{S}$ 之间并不存在等距对应.

4. 设曲面的第一基本形式为

$$\mathrm{I}=du^2+2\cos\omega dudv+dv^2.$$

证明: 它的Gauss曲率是

$$K=-\frac{\omega_{uv}}{\sin\omega}.$$

5. 证明: 不存在曲面, 使得

$$E=G=1,\quad F=0,\quad L=1,\quad M=0,\quad N=-1.$$

又问: 是否存在曲面, 使得

$$E=1,\quad F=0,\quad G=\cos^2 u;$$

$$L=\cos^2 u,\quad M=0,\quad N=1$$

成立呢?

4.9 测 地 线

设曲面S 的参数方程为$\boldsymbol{r}=\boldsymbol{r}(u^1,u^2)$, C 是S 上的一条曲线$u^i=u^i(s)$, 其中s 是弧长参数. 4.4节中我们已经分解C 的曲率向量为两部分, 一部分为它在曲面法向量上的投影是法曲率; 据此定义的另一部分为它在切平面上的投影$\boldsymbol{\tau}$.

为了计算$\boldsymbol{\tau}$, 我们利用

$$k\boldsymbol{N}=\frac{d\boldsymbol{T}}{ds},$$

即

$$k\boldsymbol{N}=\frac{d}{ds}\left(\frac{d\boldsymbol{r}}{ds}\right),$$

或

$$k\boldsymbol{N}=\left(\frac{d^2u^l}{ds^2}+\Gamma^l_{ij}\frac{du^i}{ds}\frac{du^j}{ds}\right)\boldsymbol{r}_l+Q_{ij}\frac{du^i}{ds}\frac{du^j}{ds}\boldsymbol{n}.$$

所以

$$k\boldsymbol{N}=\boldsymbol{\tau}+k_n\boldsymbol{n}, \tag{9.1}$$

其中

$$\boldsymbol{\tau}=\left(\frac{d^2u^k}{ds^2}+\Gamma^k_{ij}\frac{du^i}{ds}\frac{du^j}{ds}\right)\boldsymbol{r}_k.$$

我们称$\boldsymbol{\tau}$ 为测地曲率向量. 容易看出, $\boldsymbol{\tau}$ 既垂直于法向量$\boldsymbol{n}$ 又垂直于曲线的切向量, 因此$\boldsymbol{\tau}$ 与单位向量$\boldsymbol{n}\times\boldsymbol{T}$ 平行, 于是记

$$\boldsymbol{\tau}=k_g(\boldsymbol{n}\times\boldsymbol{T}), \tag{9.2}$$

称k_g 为曲线C 的测地曲率. 从(9.1)和(9.2)我们得到

$$k^2 = k_g^2 + k_n^2. \tag{9.3}$$

如果曲面S 中的一条曲线C 在每点的测地曲率等于0, 则称它为测地线. 这时$k_g = 0$, 所以$\boldsymbol{\tau} = 0$, 我们得到测地线的微分方程

$$\frac{d^2u^i}{ds^2} + \Gamma^i_{jk}\frac{du^j}{ds}\frac{du^k}{ds} = 0, \tag{9.4}$$

这是一个二阶常微分方程组. 给定了初始条件

$$s = s_0 : u^i = u_0^i, \quad \frac{du^i}{ds} = \left.\frac{du^i}{ds}\right|_0 \quad (i = 1, 2),$$

这组方程便有唯一解, 也就是说, 我们可以引唯一的测地线, 使它过曲面上的任一点并在这里切于一个已知方向的切线.

从测地线定义可以看出, 测地线的决定仅仅依赖于曲面的第一基本形式. 因此, 当两个曲面构成等距对应时, 它们的测地线也互相对应.

从测地线的定义直接推出: 如果曲面上有直线, 则这直线一定是测地线. 此外可以证明:

命题 为了曲面上的非直线的曲线成为测地线, 充要条件是: 除了曲率为零的点以外, 曲线在每点的主法线重合于曲面的法线.

证明 如果$\boldsymbol{\tau} = 0$, 从(9.1)立即知道$\boldsymbol{N}$ 平行于$\boldsymbol{n}$.反之, 如果$\boldsymbol{N}$ 平行于$\boldsymbol{n}$, 则$\boldsymbol{\tau} = 0$, 于是曲线为测地线.

推论 如果两曲面沿一条曲线相切, 并且这曲线是一方曲面的测地线, 它也一定是他方曲面的测地线.

根据上述命题立即导出, 球面上的测地线是大圆弧全体. 实际上, 球面上大圆弧的主法线正好与球面法线一致, 根据命题它是测地线. 又由于过球面上任何一点及任何方向都可引一条大圆弧, 它正好与由该点该方向所决定的测地线相重合.

我们再进一步考察测地线的弧长变化性质.

设曲线$C : u^i = u^i(s)$ 是曲面S 上以A 为起点和B 为终点的一条曲线. 如果保持曲线C 的两端点而使之变动, 就得到曲面S 上的一族曲线C_λ (图4-12):

$$u^i = u^i(s, \lambda),$$

其中$a \leqslant s \leqslant b$ 是C_λ 的参数. 当$\lambda = 0$ 时, 假定C_0 正好就是曲线C, s 是C 的弧长参数, 但不一定是其他C_λ 的弧长参数.

显然

$$\left.\frac{\partial \boldsymbol{r}}{\partial S}\right|_{\lambda=0} = \boldsymbol{T},$$

可是 $\left.\frac{\partial \boldsymbol{r}}{\partial \lambda}\right|_{\lambda=0}$ 为沿C 的向量场, 记作

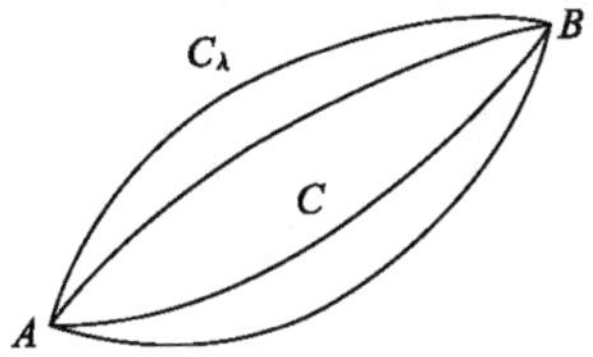

图4-12

$$\left.\frac{\partial \boldsymbol{r}}{\partial \lambda}\right|_{\lambda=0} = l(s)\boldsymbol{T} + h(s)\boldsymbol{n} \times \boldsymbol{T},$$

其中$l(s)$ 与$h(s)$ 是沿曲线C 定义的两个函数.

沿C_λ 从A 到B 的弧长为

$$L(C_\lambda) = \int_a^b \sqrt{\frac{\partial \boldsymbol{r}}{\partial S} \cdot \frac{\partial \boldsymbol{r}}{\partial S}} ds,$$

那么,

$$\begin{aligned}
\left.\frac{dL}{d\lambda}\right|_{\lambda=0} &= \int_a^b \frac{\partial}{\partial \lambda} \sqrt{\frac{\partial \boldsymbol{r}}{\partial S} \cdot \frac{\partial \boldsymbol{r}}{\partial S}} ds \Bigg|_{\lambda=0} \\
&= \int_a^b \left.\frac{\dfrac{\partial \boldsymbol{r}}{\partial S} \cdot \dfrac{\partial}{\partial \lambda}\left(\dfrac{\partial \boldsymbol{r}}{\partial S}\right)}{\sqrt{\dfrac{\partial \boldsymbol{r}}{\partial S} \cdot \dfrac{\partial \boldsymbol{r}}{\partial S}}}\right|_{\lambda=0} ds \\
&= \int_a^b \boldsymbol{T} \cdot \frac{\partial}{\partial S}\left(\left.\frac{\partial \boldsymbol{r}}{\partial \lambda}\right|_{\lambda=0}\right) ds \\
&= \int_a^b \boldsymbol{T} \cdot \frac{\partial}{\partial S}(l\boldsymbol{T} + h\boldsymbol{n} \times \boldsymbol{T}) ds \\
&= \int_a^b [l' + h\boldsymbol{T} \cdot (\boldsymbol{n} \times \boldsymbol{T}')] ds.
\end{aligned}$$

由于$\boldsymbol{T}' = k\boldsymbol{N} = k_n\boldsymbol{n} + \boldsymbol{\tau}$ 及$\boldsymbol{\tau} = k_g(\boldsymbol{n} \times \boldsymbol{T})$, 所以

$$\begin{aligned}
\boldsymbol{n} \times \boldsymbol{T}' &= \boldsymbol{n} \times (k_n\boldsymbol{n} + \boldsymbol{\tau}) = \boldsymbol{n} \times \boldsymbol{\tau} \\
&= \boldsymbol{n} \times k_g(\boldsymbol{n} \times \boldsymbol{T}) = -k_g\boldsymbol{T},
\end{aligned}$$

将它代入上式后得到

$$\left.\frac{dL}{d\lambda}\right|_{\lambda=0} = \int_a^b (l' - hk_g) ds.$$

又因为在$s = a, b$ 处, C_λ 不动, 因此

$$\left.\frac{\partial \boldsymbol{r}}{\partial \lambda}\right|_{\substack{\lambda=0 \\ s=a,b}} = 0.$$

于是$l(a) = l(b) = 0$，因此得到了曲线弧长的第一变分公式

$$\left.\frac{dL}{d\lambda}\right|_{\lambda=0} = -\int hk_g ds. \tag{9.5}$$

据此, 我们有下列的

命题 为了曲面上的曲线C 成为测地线, 充要条件是: 曲线C 的弧长达到临界值, 即$L'(0) = 0$.

证明 必要性从(9.5) 式立即知道. 反之, 如果曲线C 不是测地线, 那么它的测地曲率k_g 必在C 上某点Q 附近均有$k_g > 0$ (或$k_g < 0$). 在这个邻域中$h \geqslant 0$ 且$h(Q) > 0$，在这邻域外取$h = 0$. 这样(9.5) 的右端积分就小于零(大于零)，而与假设$L'(0) = 0$ 相矛盾.

在曲面上给定了任何两点, 连接这两点的曲线中是否以测地线为最短? 这对于平面是对的, 直线是两点之间的最短曲线. 但是对于球面就不一定对. 例如, 连接球面上非对顶两点的优大圆弧就不是连接这两点的最短曲线. 不难证明, 在曲面上充分小的范围内, 测地线的确实现了曲面上的最短距离.

测地线是曲面上一类很重要的曲线. 它本身不但有很多有趣的性质, 而且还可以作为工具研究曲面, 得到曲面很多重要的几何性质. 对此, 我们这里就不讨论了. (有兴趣的读者可以参阅M. P. do Carmo, Differential Geometry of Curves and Surfaces, Englewood Cliffs, N. J. Prentice-Hall, 1976.)

习 题

1. 证明: 为了曲面上的曲线变成测地线, 充要条件是: 在曲率$k \neq 0$ 的点的密切平面和曲面的切平面正交, 即曲线的从切平面重合于曲面的切平面.
2. 求正螺面$\boldsymbol{r} = (u\cos v, u\sin v, av)$ 上的测地线.
3. 若曲面上曲线既是测地线又是渐近线, 则它必是直线.
4. 证明: 柱面的测地线是一般螺线.
5. 求曲面$F(x, y, z) = 0$ 的测地线方程.

第 5 章　齿 轮 啮 合

在这一章里, 我们从平面曲线族的包络理论出发, 讨论定速比的平面啮合, 求出已知齿廓的共轭齿廓. 这方法也适用于变速比的情况. 首先, 从齿廓啮合的基本定律出发, 导出一种求共轭齿廓方程的方法, 然后又利用活动标架和Cesàro不动条件, 以证明平面啮合时的Euler-Savary公式. 关于空间啮合问题, 我们将类似地叙述如何用单参数曲面族包络的理论来求共轭曲面的方法, 此外, 还将着重讨论接触线法.

5.1　平面曲线族的包络

包络线的概念　在车间里, 我们经常碰到包络现象. 例如, 平面磨床在工作时, 砂轮绕固定轴转动, 工件随工作台移动, 而且两者始终是相切的. 相对于工作台来说, 砂轮的运动是自转与移动的合成(图5-1). 砂轮在工件上留下的轨迹是一条直线. 由第3章可知, 这条直线就是砂轮中心轨迹的等距曲线. 又例如, 齿条与齿轮啮合时, 它们的齿形在每一瞬间都是相切的. 齿条在移动, 而齿轮在转动. 如果我们把齿条看成不动的, 那么齿轮的运动相对于齿条来说, 变为转动和移动的合成. 齿轮的齿廓曲线构成一族曲线, 而齿条的齿廓曲线总是和这族中的各条曲线相切(图5-2) .

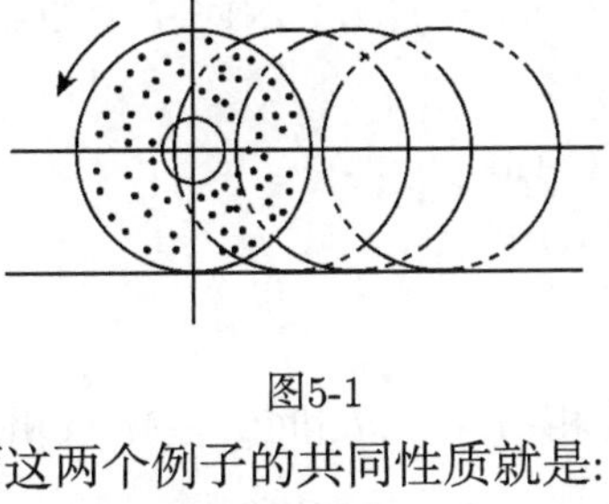

图5-1

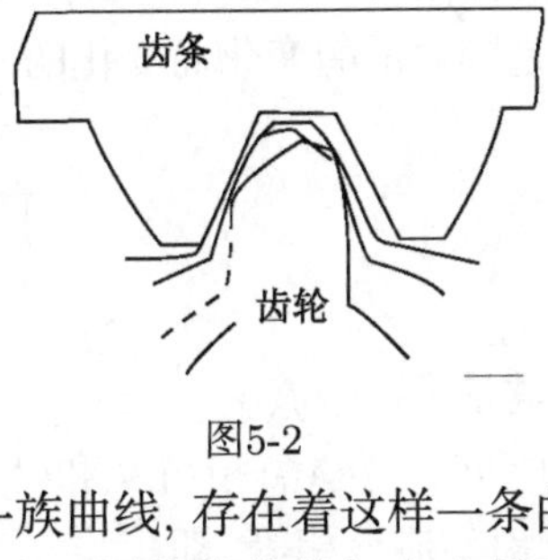

图5-2

上面这两个例子的共同性质就是: 对于一族曲线, 存在着这样一条曲线, 使得曲线族中的各条曲线都和它相切, 而且曲线族中不同的曲线的切点也是不同的. 从此, 我们抽象出包络的概念: 对于平面上的曲线族C_α , 如果存在一条这样的曲线l, 使得过l 上的任一点总有族中的一条曲线与l 在这点相切, 而且族中不同的曲线有不同的切点, 这条曲线l 就叫做曲线族C_α 的包络线(图5-3) . l 和C_α 的切点叫做C_α 的接触点.

包络线的方程　求包络线有两种办法. 一种是作图法(印形法), 是近似的方法,

在精度所允许的范围内可以采用. 另一种方法是利用数学原理导出包络线的方程, 然后根据包络线的方程确定它的图形. 我们只讨论后一种.

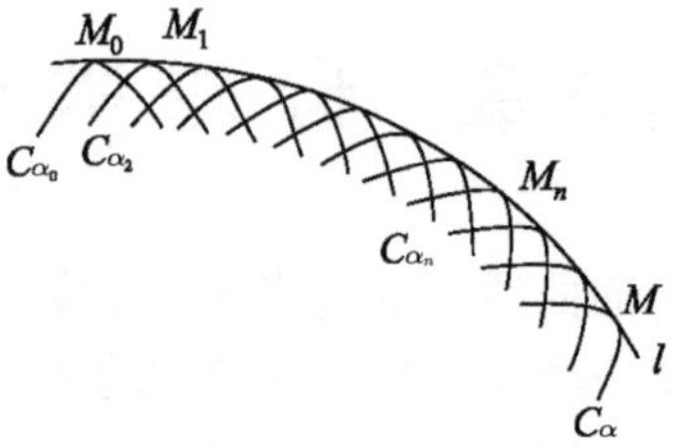

图5-3

设曲线族C_α 的方程是

$$C_\alpha:\begin{cases}x=x(t,\alpha),\\ y=y(t,\alpha),\end{cases}\tag{1.1}$$

式中α 表示参数.

当$\alpha=\alpha_0$ 时, 我们有曲线族中的一条曲线C_{α_0} 的方程

$$C_{\alpha_0}:\begin{cases}x=x(t,\alpha_0),\\ y=y(t,\alpha_0),\end{cases}$$

这里α_0 是固定的数, t 是变数.

我们要找出C_α 的包络线l 的方程, 根据包络的概念, C_α 中的任一条曲线C_{α_0} 上总有一点在l 上, 例如$t=t_0$ 决定的点$M_0(x(t_0,\alpha_0),y(t_0,\alpha_0))$ 在l 上. 另一条曲线C_{α_1} 上也有一点$M_1(x(t_1,\alpha_1),y(t_1,\alpha_1))$ 在l 上, $\cdots$,C_{α_n} 上有一点$M_n(x(t_n,\alpha_n),y(t_n,\alpha_n))$ 在l 上. t 是随着α 的变化而变化的, 所以可写成$t=f(\alpha)$. 因此, l 上的点的坐标可以写成

$$l:\begin{cases}x=x(f(\alpha),\alpha),\\ y=y(f(\alpha),\alpha).\end{cases}\tag{1.2}$$

问题的关键是求函数$f(\alpha)$.

由于l 和C_{α_0} 在M_0 相切, l 和C_{α_1} 在M_1 相切, $\cdots$, l 和C_α 在M 点相切, l 和C_α 在M 点的斜率应该相等, 即

k (l 在M 点的切线斜率) = k_α (C_α 在M 点的切线斜率) . 对每一条C_α 来说, 方程(1.1)中的α 是常数, t 是变数, 所以

$$k_\alpha=\frac{\dfrac{\partial y}{\partial t}}{\dfrac{\partial x}{\partial t}}.$$

对l 来说, 方程(1.2)是以α 为变数的方程, 它的切线斜率

$$k = \frac{\frac{dy}{d\alpha}}{\frac{dx}{d\alpha}}.$$

应用链式法则就得到

$$\frac{dx}{d\alpha} = \frac{\partial x}{\partial t}\frac{dt}{d\alpha} + \frac{\partial x}{\partial \alpha},$$
$$\frac{dy}{d\alpha} = \frac{\partial y}{\partial t}\frac{dt}{d\alpha} + \frac{\partial y}{\partial \alpha},$$

于是

$$k = \frac{\frac{\partial y}{\partial t}\frac{dt}{d\alpha} + \frac{\partial y}{\partial \alpha}}{\frac{\partial x}{\partial t}\frac{dt}{d\alpha} + \frac{\partial x}{\partial \alpha}}.$$

最后由$k = k_\alpha$ 得到

$$\frac{\partial y}{\partial t}\frac{\partial x}{\partial \alpha} - \frac{\partial y}{\partial \alpha}\frac{\partial x}{\partial t} = 0.$$

这个方程左端的每一项都是t 和α 的二元函数, 因此由它可以决定一个函数$f(\alpha)$, 把它代进(1.2)式, 就得到l 的方程.在一般情况下, 我们不必解出明显的表达式$t = f(\alpha)$, 可把包络线l 的方程写成

$$\begin{cases} x = x(t, \alpha), \\ y = y(t, \alpha), \\ \dfrac{\partial y}{\partial t}\dfrac{\partial x}{\partial \alpha} - \dfrac{\partial y}{\partial \alpha}\dfrac{\partial x}{\partial t} = 0. \end{cases} \tag{1.3}$$

一般地说, 固定一个α , 从(1.3) 就可决定一个接触点.

当C_α 决定于下列方程时,

$$y = f(x, \alpha),$$

我们也可以把它写为参数方程的形式

$$\begin{cases} x = x, \\ y = f(x, \alpha). \end{cases}$$

包络线l 的方程变成

$$\begin{cases} x = x(\alpha), \\ y = f(x(\alpha), \alpha). \end{cases}$$

这时, 条件$k = k_\alpha$ 化为

$$\frac{\partial y}{\partial x} = \frac{\frac{\partial y}{\partial x}\frac{dx}{d\alpha} + \frac{\partial y}{\partial \alpha}}{\frac{dx}{d\alpha}},$$

即

$$\frac{\partial y}{\partial \alpha}=0.$$

这样, 我们得到包络线l 的方程

$$\begin{cases} y=f(x,\alpha), \\ \dfrac{\partial y}{\partial \alpha}=0. \end{cases}$$

一般地讲, 从这两个方程消去α , 便得到l 的方程. 通常, 这组联立方程所决定的曲线称为判别曲线, 它包含着曲线族的包络线和奇异点的轨迹(见本节后习题) .

例1 如图5-4所示, 一个半径为R_1 的圆O_1 , 沿着直线Ox 作纯滚动. 设C 是固定在圆O_1 上的一条曲线, 并且C 在坐标系$O_1x_1y_1$ 中的方程是

$$\begin{aligned} x_1&=x_1(\theta), \\ y_1&=y_1(\theta). \end{aligned}$$

当圆O_1 沿着直线Ox 滚动时, 曲线C 的轨迹是一族曲线C_α , 我们的问题是求C_α 的包络线l 的方程.

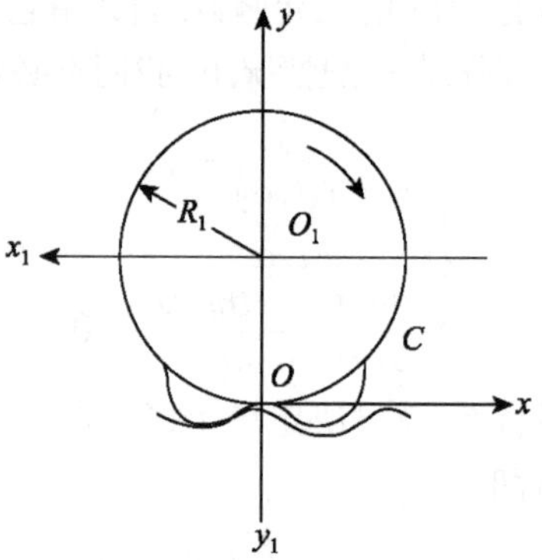

图5-4

解 如图5-4, 取定一个固定坐标系Oxy. 首先要找出C_α 在Oxy 中的方程. 圆O_1 的滚动可以用参数α 来表示(参见图5-5). 设$O_{1\alpha}x_{1\alpha}$和O_1x_1的夹角是α, $O_1O_{1\alpha}=R_1\alpha$, 坐标系$O_{1\alpha}x_{1\alpha}y_{1\alpha}$ 和$O_1x_1y_1$ 之间的坐标变换是

$$\begin{aligned} x_1&=x_{1\alpha}\cos\alpha-y_{1\alpha}\sin\alpha-R_1\alpha, \\ y_1&=-x_{1\alpha}\sin\alpha+y_{1\alpha}\cos\alpha. \end{aligned}$$

因为C_α 相对于$O_{1\alpha}x_{1\alpha}y_{1\alpha}$ 是不动的, 它在$O_{1\alpha}x_{1\alpha}y_{1\alpha}$ 中的方程可写成

$$\begin{cases} x_{1\alpha}=x_1(\theta), \\ y_{1\alpha}=y_1(\theta). \end{cases}$$

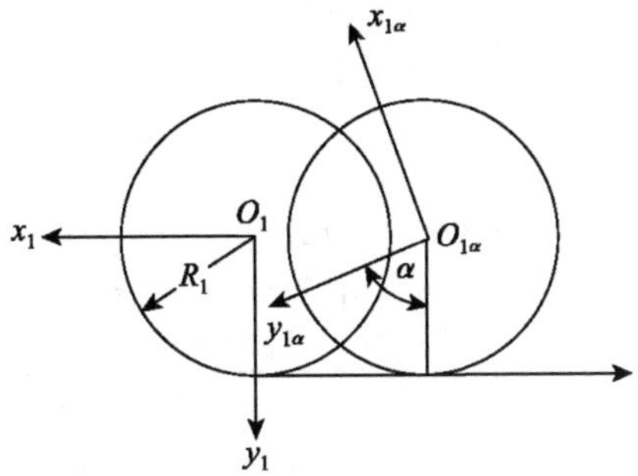

图5-5

所以它在$O_1x_1y_1$ 中的方程是

$$\begin{cases} x_1 = x_1(\theta)\cos\alpha + y_1(\theta)\sin\alpha - R_1\alpha, \\ y_1 = -x_1(\theta)\sin\alpha + y_1(\theta)\cos\alpha. \end{cases}$$

可是坐标系Oxy 和Ox_1y_1 之间的坐标变换是

$$\begin{cases} x = -x_1, \\ y = -y_1 + R_1. \end{cases}$$

所以C_α 在Oxy 中的方程是

$$\begin{cases} x = -x_1(\theta)\cos\alpha - y_1(\theta)\sin\alpha + R_1\alpha, \\ y = x_1(\theta)\sin\alpha - y_1(\theta)\cos\alpha + R_1. \end{cases}$$

其次, 为了找出包络线l 的方程, 我们应该对C_α 的方程添上一个关系式

$$\frac{\partial x}{\partial\theta}\frac{\partial y}{\partial\alpha} - \frac{\partial x}{\partial\alpha}\frac{\partial y}{\partial\theta} = 0.$$

把它写开来, 经过整理得到

$$-x_1x_1' - y_1y_1' - R_1(x_1'\sin\alpha - y_1'\cos\alpha) = 0.$$

两边除以$\sqrt{(x_1')^2 + (y_1')^2}$, 并令

$$\frac{x_1'}{\sqrt{(x_1')^2 + (y_1')^2}} = \cos\varphi,$$
$$\frac{y_1'}{\sqrt{(x_1')^2 + (y_1')^2}} = \sin\varphi.$$

上面的关系式变成

$$\sin(\alpha - \varphi) = -\frac{x_1\cos\varphi + y_1\sin\varphi}{R_1}.$$

因此,

$$\alpha = \varphi - \arcsin\left(\frac{x_1(\theta)\cos\varphi + y_1(\theta)\sin\varphi}{R_1}\right).$$

最后我们得到l 的方程

$$\begin{cases} x = -x_1(\theta)\cos\alpha - y_1(\theta)\sin\alpha + R_1\alpha, \\ y = x_1(\theta)\sin\alpha - y_1(\theta)\cos\alpha + R_1, \\ \alpha = \varphi - \arcsin\left(\dfrac{x_1(\theta)\cos\varphi + y_1(\theta)\sin\varphi}{R_1}\right), \end{cases} \tag{1.4}$$

其中

$$\varphi = \mathrm{arctg}\left(\frac{y_1'(\theta)}{x_1'(\theta)}\right).$$

这个例子实际上表示了从已知齿轮的齿形如何求出和它啮合的齿条齿形.这里我们为了把问题叙述清楚,作了纯数学的讨论.至于同齿轮啮合有关的内容,将在下面几节(5.3~5.7) 讨论.

现在我们将对具体的一条曲线C 进行计算.设C 的方程是

$$\begin{cases} x_1(\theta) = (n+1)r\sin\dfrac{\theta}{n} - e\sin\left(\dfrac{n+1}{n}\theta\right) + R\sin\Psi, \\ y_1(\theta) = (n+1)r\cos\dfrac{\theta}{n} - e\cos\left(\dfrac{n+1}{n}\theta\right) - R\cos\Psi, \end{cases} \quad (0 \leqslant \theta \leqslant \pi)$$

其中

$$\Psi = \mathrm{arctg}\left(\frac{e\sin\theta}{r - e\cos\theta}\right) - \frac{\theta}{n}.$$

它是摆线行星齿轮的齿形. 把它代入(1.4)式, 就可以计算与它啮合的齿条齿形. 下面是具体计算的结果, 其中已令

$$n = 59, \quad r = 2.45, \quad R = 7, \quad e = 1.5, \quad R_1 = 141.5.$$

序号	θ	x	y
1	0	0	3
2	$\frac{\pi}{15}$	− 2.3257	2.6302
3	$\frac{2\pi}{15}$	− 3.8621	1.9406
4	$\frac{3\pi}{15}$	− 4.7108	1.3805
5	$\frac{4\pi}{15}$	− 5.1849	1.0149
6	$\frac{5\pi}{15}$	− 5.4758	0.7824
7	$\frac{6\pi}{15}$	− 5.6803	0.6250
8	$\frac{7\pi}{15}$	− 5.8486	0.5057

续表

序号	θ	x	y
9	$\frac{8\pi}{15}$	-6.0085	0.4050
10	$\frac{9\pi}{15}$	-6.1758	0.3137
11	$\frac{10\pi}{15}$	-6.3590	0.2297
12	$\frac{11\pi}{15}$	-6.5618	0.1541
13	$\frac{12\pi}{15}$	-6.7843	0.0901
14	$\frac{13\pi}{15}$	-7.0238	0.0412
15	$\frac{14\pi}{15}$	-7.2759	0.0105
16	π	-7.5345	0

例2 如图5-6所示, 有一个圆锥面S, 它的半顶角是β, 它的轴z 和z_1 轴的交角是φ. 这个圆锥面沿着z_1 轴平行移动, 在$z_1 = 0$ 的平面上得到一族椭圆, 证明这椭圆族的包络线是两条直线.

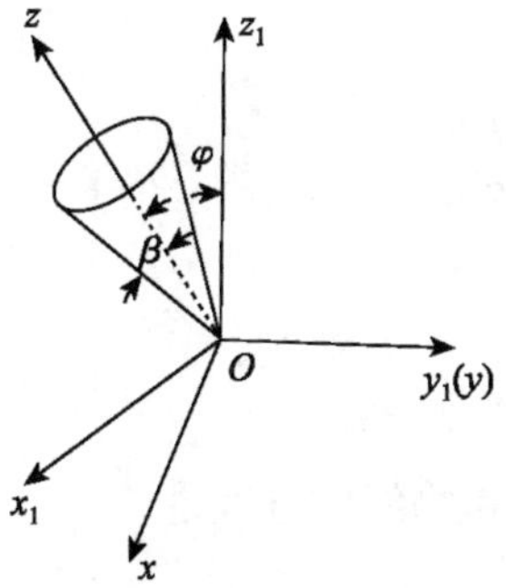

图5-6

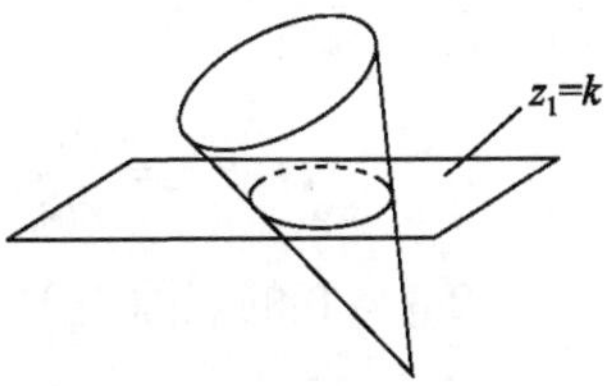

图5-7

证明 如图5-6所示, S 在$Oxyz$ 中的方程是

$$x^2 + y^2 - z^2\mathrm{tg}^2\beta = 0.$$

坐标系$Ox_1y_1z_1$ 和$Oxyz$ 之间的坐标变换是

$$\begin{cases} x = x_1\cos\varphi - z_1\sin\varphi, \\ y = y_1, \\ z = x_1\sin\varphi + z_1\cos\varphi. \end{cases}$$

所以S 在$Ox_1y_1z_1$ 中的方程是

$$\begin{aligned}&x_1^2[1-(1+\mathrm{tg}^2\beta)\sin^2\varphi]+y_1^2\\&+z_1^2[(1+\mathrm{tg}^2\beta)\sin^2\varphi-\mathrm{tg}^2\beta]\\&-2x_1z_1\cos\varphi\sin\varphi(1+\mathrm{tg}^2\beta)=0.\end{aligned}$$

如图5-7, 我们让S 不动, 而让平面$z_1=0$ 沿着z_1 轴上升或下降. 这时, 平面的方程是$z_1=k$, 于是它和S 的交线是一个椭圆:

$$\begin{aligned}&x_1^2[1-(1+\mathrm{tg}^2\beta)\sin^2\varphi]+y_1^2\\&+k^2[(1+\mathrm{tg}^2\beta)\sin^2\varphi-\mathrm{tg}^2\beta]\\&-2x_1k\cos\varphi\sin\varphi(1+\mathrm{tg}^2\beta)=0,\end{aligned}$$

其中k 表示参数.

这个椭圆族的方程具有隐函数的形式:

$$F(x_1,y_1,k)=0.$$

当然我们可以把它看成$y_1=f(x_1,k)$. 包络线的方程除这个方程以外, 应加上$\dfrac{\partial y_1}{\partial k}=0$. 根据隐函数求偏导数的法则得到

$$\frac{\partial y_1}{\partial k}=-\frac{Fk}{Fy_1},$$

这里

$$Fk=\frac{\partial F}{\partial k},\quad Fy_1=\frac{\partial F}{\partial y_1}.$$

(这里应该把$Fy_1=2y_1=0$ 的点除去.) 于是包络线的方程是

$$\begin{cases}F(x_1,y_1,k)=0,\\Fk=0.\end{cases}$$

由$Fk=0$ 解出

$$k=\frac{x_1\cos\varphi\sin\varphi}{\sin^2\varphi-\sin^2\beta}.$$

把它代入$F(x_1,y_1,k)=0$, 便得到

$$x_1^2\left[1-(1+\mathrm{tg}^2\beta)\sin^2\varphi-\frac{\cos^2\varphi\sin^2\varphi}{\sin^2\varphi-\sin^2\beta}(1+\mathrm{tg}^2\beta)\right]+y_1^2=0.$$

经过化简, 变为

$$-\frac{\sin^2\beta}{\sin^2\varphi-\sin^2\beta}x_1^2+y_1^2=0.$$

当$\sin^2\varphi-\sin^2\beta>0$时, 它就是

$$y_1=\pm\frac{\sin\beta}{\sqrt{\sin^2\varphi-\sin^2\beta}}x_1.$$

这两个方程表示两条直线, 它们的斜率是

$$\mathrm{tg}\alpha=\pm\frac{\sin\beta}{\sqrt{\sin^2\varphi-\sin^2\beta}},$$

从此得出

$$\sin\alpha=\frac{\mathrm{tg}\alpha}{\sqrt{1+\mathrm{tg}^2\alpha}}=\pm\frac{\sin\beta}{\sin\varphi}.$$

图5-8就是它的示意图.

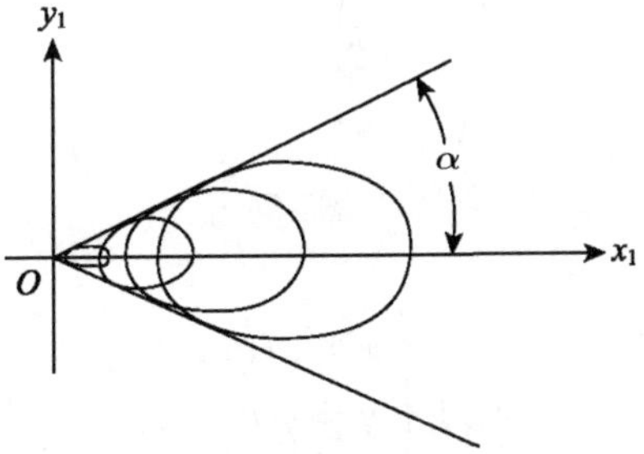

图5-8

这个例子是从某厂工人用圆锥状铣刀加工两面角的经验总结出来的. α 是要根据实际需要确定的, 但是, 圆锥半顶角β 和加工时的倾角φ 应该满足关系式

$$\sin\beta=\sin\alpha\sin\varphi.$$

习　题

1. 已知曲线族

$$F(x,y,\alpha)\equiv(y-\alpha)^2-(x-\alpha)^3=0,$$

求它的判别曲线, 并说明一部分是包络线, 另一部分则是奇异点的轨迹.

2. 求椭圆族

$$\frac{x^2}{a^2}+\frac{y^2}{(1-a)^2}=1\ (0<a<1)$$

的包络线.

3. 已知抛物线$y^2=4ax(a>0)$, 求它的法线族的包络线.

5.2 单参数曲面族的包络

曲面族包络的方程 已知单参数曲面族$\{S_\alpha\}$，对应于一个固定的α_0, S_{α_0} 表示族中的一张曲面. 如果存在这样一张曲面Σ，它和$\{S_\alpha\}$ 中的每一张曲面S_α 都沿着一条曲线C_α 相切, 就是说, C_α 既在S_α上又在Σ 上, 并且S_α 和Σ 在C_α 上的每一点有公共的切平面. 我们称Σ 为单参数曲面族$\{S_\alpha\}$ 的包络面, 称C_α 为接触线(图5-9).

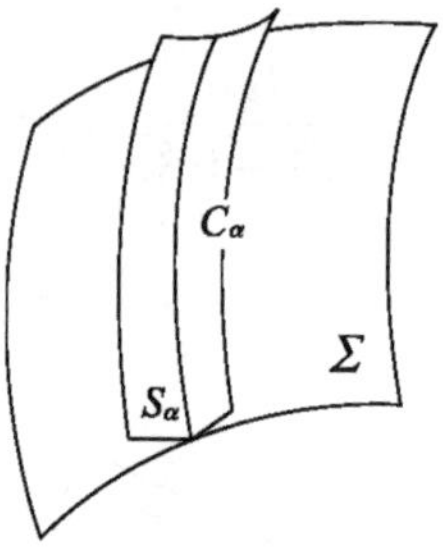

图5-9

设S_α 的方程是

$$S_\alpha:\begin{cases} x = x(u,v,\alpha), \\ y = y(u,v,\alpha), \\ z = z(u,v,\alpha). \end{cases} \tag{2.1}$$

式中, α 表示参数, (u,v) 表示曲面上点的参变数坐标. 比如, 对于一个固定的α_0, 曲面S_{α_0} 的方程是

$$S_{\alpha_0}:\begin{cases} x = x(u,v,\alpha_0), \\ y = y(u,v,\alpha_0), \\ z = z(u,v,\alpha_0). \end{cases} \tag{2.2}$$

现在我们要找出包络面Σ 的方程. 方法和上一节求平面曲线族包络线的方法相类似. 首先, 根据包络的概念可以知道, S_α 中任一张曲面上总有一条曲线C_α 即接触线在Σ 上, 它的方程是

$$\begin{cases} x = x(u(t,\alpha),v(t,\alpha),\alpha), \\ y = y(u(t,\alpha),v(t,\alpha),\alpha), \\ z = z(u(t,\alpha),v(t,\alpha),\alpha). \end{cases} \tag{2.3}$$

式中, t 是C_α 的参变数. 当α 变动时, C_α 的全体形成Σ . 所以(2.3) 就是Σ 的方程. 问题的关键在于: 求函数$u(t,\alpha), v(t,\alpha)$. 其次, 根据包络的概念, Σ 和S_α 沿接触线C_α 相切, 它们在C_α 上有公共的法线向量, 即$\boldsymbol{n}_\alpha$ (S_α 沿C_α 上每一点的法线向量)也是Σ 在同一点的法线向量.

对每一张曲面S_α 来说, 方程(2.1) 中的α 是固定的, 它的法线向量应该是两条参数曲线的切线向量的向量积. 令

$$\boldsymbol{\tau}_u=\left(\frac{\partial x}{\partial u},\frac{\partial y}{\partial u},\frac{\partial z}{\partial u}\right),$$
$$\boldsymbol{\tau}_v=\left(\frac{\partial x}{\partial v},\frac{\partial y}{\partial v},\frac{\partial z}{\partial v}\right),$$
$$\boldsymbol{n}_\alpha=\boldsymbol{\tau}_u\times\boldsymbol{\tau}_v=(A,B,C),$$

其中

$$A=\begin{vmatrix}\dfrac{\partial y}{\partial u} & \dfrac{\partial z}{\partial u}\\ \dfrac{\partial y}{\partial v} & \dfrac{\partial z}{\partial v}\end{vmatrix},B=\begin{vmatrix}\dfrac{\partial z}{\partial u} & \dfrac{\partial x}{\partial u}\\ \dfrac{\partial z}{\partial v} & \dfrac{\partial x}{\partial v}\end{vmatrix},$$
$$C=\begin{vmatrix}\dfrac{\partial x}{\partial u} & \dfrac{\partial y}{\partial u}\\ \dfrac{\partial x}{\partial v} & \dfrac{\partial y}{\partial v}\end{vmatrix},$$

它们都是u,v 和α 的函数.

对于Σ 来说, 方程(2.3) 是以α 和t 为参变数的方程, 参数曲线的切线向量是

$$\begin{aligned}\boldsymbol{\tau}_\alpha&=\left(\frac{\partial x}{\partial u}\frac{\partial u}{\partial \alpha}+\frac{\partial x}{\partial v}\frac{\partial v}{\partial \alpha}+\frac{\partial x}{\partial \alpha},\frac{\partial y}{\partial u}\frac{\partial u}{\partial \alpha}+\frac{\partial y}{\partial v}\frac{\partial v}{\partial \alpha}+\frac{\partial y}{\partial \alpha},\frac{\partial z}{\partial u}\frac{\partial u}{\partial \alpha}+\frac{\partial z}{\partial v}\frac{\partial v}{\partial \alpha}+\frac{\partial z}{\partial \alpha}\right)\\&=\frac{\partial u}{\partial \alpha}\boldsymbol{\tau}_u+\frac{\partial v}{\partial \alpha}\boldsymbol{\tau}_v+\left(\frac{\partial x}{\partial \alpha},\frac{\partial y}{\partial \alpha},\frac{\partial z}{\partial \alpha}\right),\\ \boldsymbol{\tau}_t&=\left(\frac{\partial x}{\partial u}\frac{\partial u}{\partial t}+\frac{\partial x}{\partial v}\frac{\partial v}{\partial t},\frac{\partial y}{\partial u}\frac{\partial u}{\partial t}+\frac{\partial y}{\partial v}\frac{\partial v}{\partial t},\frac{\partial z}{\partial u}\frac{\partial u}{\partial t}+\frac{\partial z}{\partial v}\frac{\partial v}{\partial t}\right)\\&=\frac{\partial u}{\partial t}\boldsymbol{\tau}_u+\frac{\partial v}{\partial t}\boldsymbol{\tau}_v.\end{aligned}$$

$\boldsymbol{n}_\alpha$ 要成为Σ 在C_α 上的同一点的法线向量, 条件是

$$\begin{cases}\boldsymbol{n}_\alpha\cdot\boldsymbol{\tau}_\alpha=0,\\ \boldsymbol{n}_\alpha\cdot\boldsymbol{\tau}_t=0.\end{cases}$$

因为$\boldsymbol{n}_\alpha\cdot\boldsymbol{\tau}_u=0,\boldsymbol{n}_\alpha\cdot\boldsymbol{\tau}_v=0$, 所以第二个条件是恒等式, 而第一个条件可写成

$$A\frac{\partial x}{\partial \alpha}+B\frac{\partial y}{\partial \alpha}+C\frac{\partial z}{\partial \alpha}=0.$$

这是关于u , v 和α 的一个关系式.一般地讲, 从最后的关系式可以决定函数$u=u(v,\alpha)$. 把它代入(2.1), 就得到Σ 的方程. 但是, 在一般情况下把Σ 的方程写成下列形式较为方便:

$$\begin{cases}x=x(u,v,\alpha),\\ y=y(u,v,\alpha),\\ z=z(u,v,\alpha),\\ A\dfrac{\partial x}{\partial \alpha}+B\dfrac{\partial y}{\partial \alpha}+C\dfrac{\partial z}{\partial \alpha}=0.\end{cases}\tag{2.4}$$

如果在这里固定α, 那么u 单独是v 的函数, 因此上面的方程表示接触线.

当S_α 由方程

$$z=f(x,y,\alpha)$$

表示时, 同前节一样, 我们把它写成为参变数x,y 的方程

$$\begin{cases}x=x,\\ y=y,\\ z=f(x,y,\alpha).\end{cases}$$

于是

$$\boldsymbol{n}_\alpha=(-f_x,-f_y,1).$$

由于x,y 和α 是独立的参数,

$$\frac{\partial x}{\partial\alpha}=\frac{\partial y}{\partial\alpha}=0,$$

所以Σ 的方程是

$$\begin{cases}z=f(x,y,\alpha),\\ \dfrac{\partial z}{\partial\alpha}=0.\end{cases}$$

一般地讲, 从这两个方程消去α , 便得到Σ 的方程.

当S_α 由

$$F(x,y,z,\alpha)=0$$

表示时, 我们可以把z 看成是x,y 和α 的函数, 将上面的方程的两边对α 求偏导数, 得到

$$\frac{\partial F}{\partial z}\frac{\partial z}{\partial\alpha}+\frac{\partial F}{\partial\alpha}=0.$$

因为$\dfrac{\partial z}{\partial\alpha}=0$, 所以Σ 的方程是

$$\begin{cases}F(x,y,z,\alpha)=0,\\ \dfrac{\partial F}{\partial\alpha}=0.\end{cases}$$

螺旋面族的包络 如图5-10所示, 螺旋面S_0 绕O_1z_1 轴旋转, 由此产生了螺旋面族$\{S_\alpha\}$. 设旋转轴O_1z_1 与Oz 间的最短距离为$OO_1=a, Oz$和O_1z_1 的夹角为φ , 那么图5-10中的两个坐标系$Oxyz$和$O_1x_1y_1z_1$ 之间的坐标变换是

$$\begin{cases}x_1=x-a,\\ y_1=y\cos\varphi+z\sin\varphi,\\ z_1=-y\sin\varphi+z\cos\varphi.\end{cases}$$

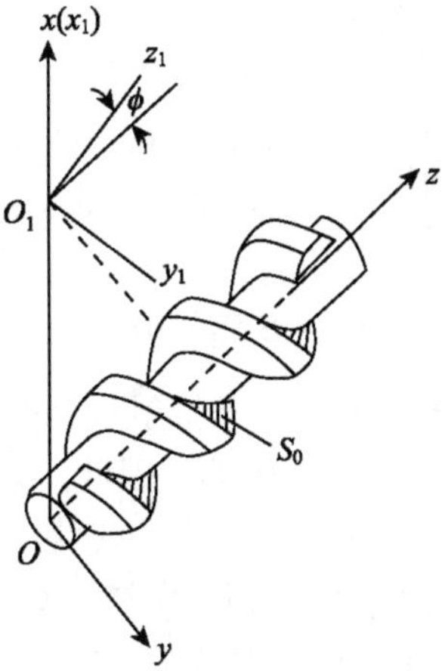

图5-10

设S_0 在$Oxyz$ 中的方程是

$$\begin{cases} x = u(t)\cos\theta - v(t)\sin\theta, \\ y = u(t)\sin\theta + v(t)\cos\theta, \\ z = \dfrac{h}{2\pi}\theta. \end{cases} \tag{2.5}$$

S_0 和xy 平面的交线显然是($z=0$即$\theta=0$)

$$\begin{cases} x = u(t), \\ y = v(t). \end{cases}$$

现在我们要确定$\{S_\alpha\}$ 的包络面Σ.

解 第一步, 先求曲面族$\{S_\alpha\}$ 在$O_1x_1y_1z_1$ 中的方程. S_0 关于$O_1x_1y_1z_1$ 的方程是

$$S_0 : \begin{cases} x_1 = x - a, \\ y_1 = y\cos\varphi + z\sin\varphi, \\ z_1 = -y\sin\varphi + z\cos\varphi, \end{cases} \tag{2.6}$$

其中x, y, z 是由(2.5) 式表示的式子. 另一方面, 绕z_1 轴的旋转运动可以表成

$$\begin{cases} X_1 = x_1\cos\alpha - y_1\sin\alpha, \\ Y_1 = x_1\sin\alpha + y_1\cos\alpha, \\ Z_1 = z_1. \end{cases} \tag{2.7}$$

把(2.6) 式代入(2.7) , 就得出S_α 的方程.

第二步, 写出Σ 的方程. 就是说, 除(2.7) 式外再加上一个关系式

$$A\frac{\partial X_1}{\partial\alpha} + B\frac{\partial Y_1}{\partial\alpha} + C\frac{\partial Z_1}{\partial\alpha} = 0,$$

其中(A,B,C) 是曲面S_α 的法线向量. 因为$\frac{\partial X_1}{\partial\alpha}=-Y_1$, $\frac{\partial Y_1}{\partial\alpha}=X_1$, $\frac{\partial Z_1}{\partial\alpha}=0$, 所以$\Sigma$ 的方程是

$$\begin{cases} X_1=x_1\cos\alpha-y_1\sin\alpha,\\ Y_1=x_1\sin\alpha+y_1\cos\alpha,\\ Z_1=z_1,\\ AY_1-BX_1=0. \end{cases} \tag{2.8}$$

对于一个固定的α , 上面的方程表示一条接触线. 第四个式子是t , θ和α 之间的一个关系式. 从方程(2.8)很难知道Σ 的形状. 因此, 我们还要另外想个办法.因为S_α是在S_0 绕z_1 轴作旋转运动时形成的, S_α 上的接触线也必定是在S_0 上的接触线C_0绕z_1 轴作旋转运动时构成的, 所以Σ 就是C_0 绕z_1 轴旋转所形成的旋转面. 如果能知道C_0 的形状, 旋转面Σ 的形状也就清楚了. 在(2.8) 里令$\alpha=0$, 就得到C_0 的方程.

$$C_0:\begin{cases} x_1=x-a,\\ y_1=y\cos\varphi+z\sin\varphi,\\ z_1=-y\sin\varphi+z\cos\varphi,\\ A_0y_1-B_0x_1=0, \end{cases} \tag{2.9}$$

式中(A_0,B_0,C_0) 是S_0 的法线向量. 然而S_0 的法线向量在$Oxyz$ 中的坐标是

$$(n_x,n_y,n_z)=\left(\frac{h}{2\pi}y_t,-\frac{h}{2\pi}x_t,\frac{1}{2}\frac{\partial(x^2+y^2)}{\partial t}\right).$$

所以它在$O_1x_1y_1z_1$ 中的坐标(A_0,B_0,C_0) 如下:

$$\begin{cases} A_0=n_x,\\ B_0=n_y\cos\varphi+n_z\sin\varphi,\\ C_0=-n_y\sin\varphi+n_z\cos\varphi. \end{cases}$$

因此(2.9)的第四个式子变成

$$(a-x)(n_y\cos\varphi+n_z\sin\varphi)+(y\cos\varphi+z\sin\varphi)n_x=0.$$

经过整理, 我们获得

$$f(\theta,t)\equiv\frac{1}{2}\left[(a-x)\sin\varphi+\frac{h}{2\pi}\cos\varphi\right]\frac{\partial(x^2+y^2)}{\partial t}+\frac{h}{2\pi}\left(\frac{h\theta}{2\pi}y_t\sin\varphi-ax_t\cos\varphi\right)=0. \tag{2.10}$$

它是关于θ 和t 的一个函数方程.如果给定t 的一个数值, 从(2.10) 可以解出θ , 再把t和θ 代入(2.9) 的前三个式子, 就得到接触线C_0 上的一个点(x_1,y_1,z_1) . 如果给出t的一系列数值, 这样就可以得到C_0 上的一系列点. 把这些点代入(2.7)就得到旋转

面Σ 上的一系列的平行圆. 这些圆和$y_1=0$ 平面的交点所连成的曲线, 就是Σ 的轴向剖线, 它的方程是

$$\begin{cases} X_1=\sqrt{x_1^2+y_1^2}, \\ Z_1=z_1. \end{cases}$$

知道Σ的轴向剖线的形状, Σ的形状也就确定了.

最后把具体的做法归纳一下:

(1) 根据已知条件写出螺旋面S_0 在$Oxyz$ 中的方程(2.5) ;

(2) 方程(2.10) 中的x,y 都要以(2.5) 代入, 而被写成一个含θ 和t 的方程$f(\theta,t)=0$;

(3) 给定t 的一系列数值, 由$f(\theta,t)=0$ 解出相应的θ ;

(4) 把θ 和t 代入(2.5) , 以算出(x,y,z);

(5) 把(x,y,z) 代入(2.6) , 以算出(x_1,y_1,z_1) ;

(6) 最后算出

$$\begin{cases} X_1=\sqrt{x_1^2+y_1^2}, \\ Z_1=z_1. \end{cases}$$

例 已知

$$\begin{cases} u(t)=R_1\cos\delta-R_2\sin t, \\ v(t)=R_1\sin\delta+R_2\cos t. \end{cases}$$

$$0.1922\leqslant t\leqslant 1.7357(\text{即}11^\circ 0'44.47''\text{与}99^\circ 26'43.72''\text{之间}),$$

$$\begin{aligned} &R_1=64, \quad R_2=3.5, \quad \delta=0.1649(9^\circ 26'43.73''), \\ &h=240, \quad a=150, \quad \varphi=0.5383(30^\circ 50'26.3''). \end{aligned}$$

求$\{S_\alpha\}$ 的包络面Σ .

解 (1) 写出螺旋面S_0 在$Oxyz$ 中的方程.

$$\begin{aligned} x&=u(t)\cos\theta-v(t)\sin\theta \\ &=(R_1\cos\delta-R_2\sin t)\cos\theta-(R_1\sin\delta+R_2\cos t)\sin\theta \\ &=R_1\cos(\delta+\theta)-R_2\sin(t+\theta), \\ y&=u(t)\sin\theta+v(t)\cos\theta \\ &=R_1\sin(\delta+\theta)+R_2\cos(t+\theta), \\ z&=\frac{h}{2\pi}\theta. \end{aligned}$$

(2) 写出函数$f(\theta,t)$. 易知

$$
\begin{aligned}
&x^2+y^2=R_1^2+R_2^2+2R_1R_2\sin(\delta-t),\\
&\frac{\partial(x^2+y^2)}{\partial t}=-2R_1R_2\cos(t-\delta),\\
&x_t=-R_2\cos(t+\theta),\\
&y_t=-R_2\sin(t+\theta).
\end{aligned}
$$

将它们代入(2.10) 式, 得到

$$
\begin{aligned}
f(\theta,t)=-R_1\cos(\delta-t)&\left[a-R_1\cos(\delta+\theta)+R_2\sin(t+\theta)+\frac{h}{2\pi}\mathrm{ctg}\varphi\right]\\
&-\left(\frac{h}{2\pi}\right)^2\theta\sin(t+\theta)+\frac{ha}{2\pi}\mathrm{ctg}\varphi\cos(\theta+t)=0.
\end{aligned}
$$

(3) 取$t=0.1922,0.2618,0.3491,\cdots,1.5708,1.7357$ $(11^\circ0'44.47'',15^\circ,\ 20^\circ,\cdots,90^\circ,99^\circ26'43.72'')$ 共18个数值. 把它们逐个代入$f(\theta,t)=0$, 解出相应的θ . 例如$t=0.1922$ 时解得$\theta=-0.1735$.

(4) 把t 和θ 代入第一步中写出的方程, 得到(x,y,z) . 例如当$t=0.1922$ 时,

$$
\begin{aligned}
&x=63.9323,\\
&y=2.9439,\\
&z=-6.6286.
\end{aligned}
$$

(5) 计算

$$
\begin{cases}
x_1=x-a=-86.0677,\\
y_1=y\cos\varphi+z\sin\varphi=-0.8706,\\
z_1=-y\sin\varphi+z\cos\varphi=-7.2004.
\end{cases}
$$

(6) 计算轴向剖线上的点

$$
\begin{aligned}
&X_1=\sqrt{x_1^2+y_1^2}=86.0721,\\
&Z_1=-7.2004.
\end{aligned}
$$

对t 的一系列数值进行计算的结果, 可以决定轴向剖线的形状(图5-11) .

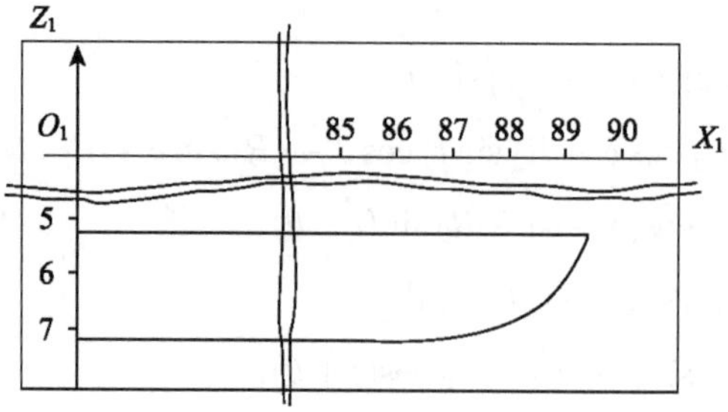

图5-11

习 题

1. 证明单参数平面族的包络曲面是可展面.

2. 求以圆$x^2+y^2=a^2, z=0$ 的圆周上的点为中心, 半径为b (常数) 的球面族的包络面.

3. 已知圆$x^2+y^2=a^2, z=0$. 以它的平行于y 轴的弦为直径得到一族球面, 求它的包络面.

4. 已知一动平面过定点$(a,b,c), abc\neq 0$, 并且它与三坐标面围成的四面体的体积为常数. 试求该平面族的包络.

5.3 平 面 啮 合

齿轮传动的基本概念 在两根相互平行的轴上装有两个相互紧密接触的轮子, 如图5-12中的1轮和2轮. 当我们转动1轮时, 由于轮面间的摩擦力的作用, 2轮也跟着转动, 这就是摩擦轮传动.

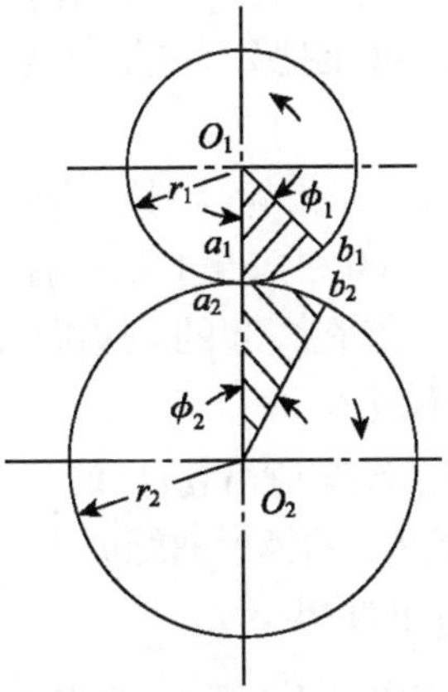

图5-12

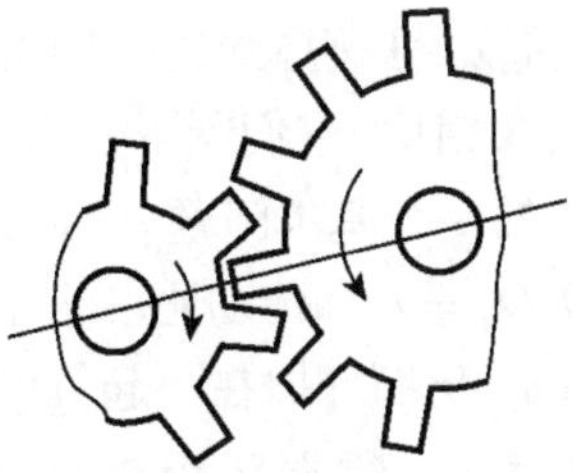

图5-13

假定两个轮子的表面作无滑动的纯滚动. 1轮(主动轮) 转过一个角度φ_1 , 接触点a_1 到达b_1 时, 2轮(被动轮) 跟着转过一个角度φ_2 , 接触点a_2 到达b_2 . 这时应该成立

$$a_1b_1=a_2b_2.$$

设1轮的半径是r_1 , 2轮的半径是r_2 , 于是

$$r_2\varphi_2=r_1\varphi_1,$$

或

$$\frac{\varphi_2}{\varphi_1}=\frac{r_1}{r_2}.$$

$i=\dfrac{\varphi_2}{\varphi_2}$ 叫做传动比, 上式可写成

$$i=\frac{r_1}{r_2}.$$

在1轮和2轮都是圆盘轮子时, 摩擦传动的传动比等于1轮半径r_1 和2轮半径r_2 的比值.

这是理想的情况, 实际上不可能没有滑动. 为了克服摩擦轮的这个缺点, 就用带有"牙齿"的轮子代替摩擦轮, 如图5-13. 一对齿轮传动, 是靠主动轮的"牙齿"依次拨动被动轮的"牙齿"来实现的. 设1轮的齿数为z_1 , 2轮的齿数为z_2 . 由于1轮转过一个齿的同时, 2轮也转过一个齿, 这时它们转过的角度分别是$\dfrac{2\pi}{z_1}$ 和$\dfrac{2\pi}{z_2}$, 传动比

$$i=\frac{\text{被动轮转角}}{\text{主动轮转角}}=\frac{z_1}{z_2}.$$

但是, 这个速比是个平均数. 例如$z_1=40, z_2=20, i=2$ 是个平均数. 实际情形是, 当1轮作匀速转动时, 2轮不是作匀速转动, 有时快有时慢, 有时和1轮分离, 有时被1轮敲打, 这就会产生冲击, 在高速运转时, 甚至把牙齿打断. 为了解决这个问题, 对齿形的研究就变为必须的了.

齿轮啮合原理　设齿轮O_1 的齿形曲线是f , 齿轮O_2 的齿形曲线是g . 这两条曲线是"贴"在一起的. 当齿轮O_1 转过角α , 齿轮O_2 转过角$i\alpha$ 后, f 和g 这两条曲线分别变成f_α 和g_α , 我们要求它们仍旧是"贴"在一起的. 这里"贴"在一起的意思就是指这两条曲线相切, 它们既不分离, 又不嵌入.

齿轮设计中的一个基本问题: 假定我们已经知道齿轮O_1 的齿形曲线f , 根据要求的安装距离$O_1O_2=a$ 和传动比i , 求出齿轮O_2 的齿形曲线g , 使f 和g 能够"贴"在一起, 并且f_α 和g_α 仍旧"贴"在一起. g叫做f 的共轭齿形.

如图5-14所表示, 建立四个坐标系$O_1x_1y_1$, $O_1xy, O_2x_2y_2, O_2XY$. $O_1x_1y_1$ 和$O_2x_2y_2$ 是固定的, 而O_1xy 和O_2XY 则和齿轮刚体联结着, O_1xy 随着齿轮O_1 的转动而转动, O_2XY 随着齿轮O_2 的转动而转动. $O_1x_1y_1$ 和$O_2x_2y_2$ 分别是它们的初始位置.

曲线g_α 相对于O_2XY 的位置和曲线g 相对于$O_2x_2y_2$ 的位置是一样的, 或简单地说, 曲线g_α 相对于O_2XY 是不动的. 但是曲线f_α 相对于O_2XY 总是在变动的. 所以, 在坐标系O_2XY 中看来, 就有一族曲线f_α 和一条曲线g , 而且每一条f_α 都和g 相切, 因此, g 是$\{f_\alpha\}$ 的包络线. 这样, 求共轭齿形的问题变为求曲线族$\{f_\alpha\}$ 的包络线问题.

后一问题我们在第一节已经解决了, 现在只需知道曲线族$\{f_\alpha\}$ 在O_2XY 中的方程.

我们知道的是f 相对于$O_1x_1y_1$ 的方程.它也是f_α 相对于O_1xy 的方程, 这因为f_α

在O_1xy 看来是不动的.设f_α 关于O_1xy 的方程是

$$\begin{cases} x = x(t), \\ y = y(t). \end{cases}$$

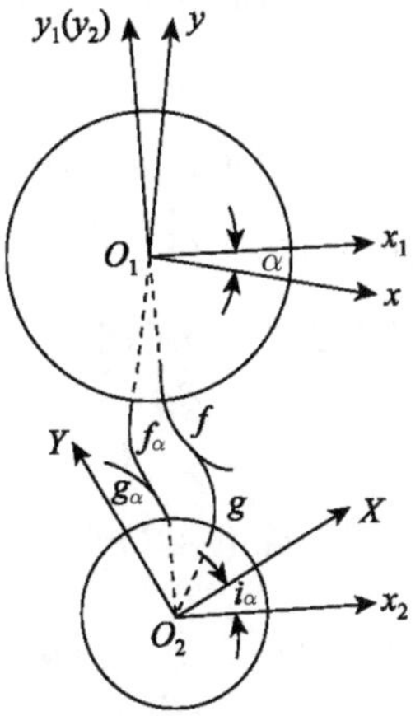

图5-14

为了写出f_α 关于O_2XY 的方程, 就要先求出O_1xy 与O_2XY 这两个坐标系之间的坐标变换.从图5-14可知, O_1xy 和$O_1x_1y_1$ 之间的坐标变换是

$$\begin{pmatrix} x_1 \\ y_1 \end{pmatrix} = \begin{pmatrix} \cos\alpha & \sin\alpha \\ -\sin\alpha & \cos\alpha \end{pmatrix} \begin{pmatrix} x \\ y \end{pmatrix},$$

$O_1x_1y_1$ 和$O_2x_2y_2$ 之间的坐标变换是

$$\begin{pmatrix} x_2 \\ y_2 \end{pmatrix} = \begin{pmatrix} x_1 \\ y_1 \end{pmatrix} + \begin{pmatrix} 0 \\ a \end{pmatrix},$$

$O_2x_2y_2$ 和O_2XY 之间的坐标变换是

$$\begin{pmatrix} X \\ Y \end{pmatrix} = \begin{pmatrix} \cos i\alpha & \sin i\alpha \\ -\sin i\alpha & \cos i\alpha \end{pmatrix} \begin{pmatrix} x_2 \\ y_2 \end{pmatrix}.$$

所以O_2XY 和O_1xy 之间的坐标变换是

$$\begin{aligned} \begin{pmatrix} X \\ Y \end{pmatrix} &= \begin{pmatrix} \cos i\alpha & \sin i\alpha \\ -\sin i\alpha & \cos i\alpha \end{pmatrix} \left[\begin{pmatrix} x_1 \\ y_1 \end{pmatrix} + \begin{pmatrix} 0 \\ a \end{pmatrix} \right] \\ &= \begin{pmatrix} \cos i\alpha & \sin i\alpha \\ -\sin i\alpha & \cos i\alpha \end{pmatrix} \begin{pmatrix} \cos\alpha & \sin\alpha \\ -\sin\alpha & \cos\alpha \end{pmatrix} \begin{pmatrix} x \\ y \end{pmatrix} + \begin{pmatrix} a\sin i\alpha \\ a\cos i\alpha \end{pmatrix} \\ &= \begin{pmatrix} \cos(i+1)\alpha & \sin(i+1)\alpha \\ -\sin(i+1)\alpha & \cos(i+1)\alpha \end{pmatrix} \begin{pmatrix} x \\ y \end{pmatrix} + \begin{pmatrix} a\sin i\alpha \\ a\cos i\alpha \end{pmatrix}, \end{aligned}$$

即

$$\begin{cases} X = x\cos(i+1)\alpha + y\sin(i+1)\alpha + a\sin i\alpha, \\ Y = -x\sin(i+1)\alpha + y\cos(i+1)\alpha + a\cos i\alpha. \end{cases}$$

把$x = x(t), y = y(t)$代入, 就得到f_α 关于O_2XY 的方程

$$f_\alpha : \begin{cases} X = x(t)\cos(i+1)\alpha + y(t)\sin(i+1)\alpha + a\sin i\alpha, \\ Y = -x(t)\sin(i+1)\alpha + y(t)\cos(i+1)\alpha + a\cos i\alpha. \end{cases} \tag{3.1}$$

根据包络理论, 曲线g 的方程应该是(3.1)加上一个关系式

$$\frac{\partial X}{\partial t}\frac{\partial Y}{\partial \alpha} - \frac{\partial X}{\partial \alpha}\frac{\partial Y}{\partial t} = 0. \tag{3.2}$$

然而

$$\begin{aligned} \frac{\partial X}{\partial t} &= x'\cos(i+1)\alpha + y'\sin(i+1)\alpha, \\ \frac{\partial X}{\partial \alpha} &= -x(i+1)\sin(i+1)\alpha + y(i+1)\cos(i+1)\alpha + ai\cos i\alpha, \\ \frac{\partial Y}{\partial t} &= -x'\sin(i+1)\alpha + y'\cos(i+1)\alpha, \\ \frac{\partial Y}{\partial \alpha} &= -x(i+1)\cos(i+1)\alpha - y(i+1)\sin(i+1)\alpha - ai\sin i\alpha, \end{aligned}$$

把这些式子代入(3.2) , 经过整理得到

$$-(i+1)(xx' + yy') + ai(x'\sin\alpha - y'\cos\alpha) = 0, \tag{3.3}$$

两边同时除以$\sqrt{x'^2 + y'^2}$, 并且记

$$\frac{x'}{\sqrt{x'^2 + y'^2}} = \cos\gamma, \quad \frac{y'}{\sqrt{x'^2 + y'^2}} = \sin\gamma,$$

于是(3.3) 变成

$$\sin(\alpha - \gamma) = \frac{(i+1)(x\cos\gamma + y\sin\gamma)}{ai}. \tag{3.4}$$

这是t 和α 的一个关系式, 给定t 的一个数值, 就可以解出相应的α , 再把(t, α)代入(3.1) 可以算出(X, Y) , 因此得到曲线g 上的一点.

把上面的结果归纳如下.

已知一对齿轮的中心距$O_1O_2 = a$ 和传动比i , 并且已知齿轮O_1 的齿形曲线f在和齿轮O_1 固联的坐标系中的方程$x = x(t), y = y(t)$, 那么齿轮O_2 的齿形曲线g在和齿轮O_2 固联的坐标系中的方程是(3.1) 和(3.4)的联立方程.

计算时要用到的式子如下:

已知a, i 以及

$$\begin{cases} x = x(t), \\ y = y(t). \end{cases} \quad (t_0 \leqslant t \leqslant t_1)$$

对t_0 和t_1 之间的一系列的数值逐个计算

$$
\begin{aligned}
x &= x(t),\\
y &= y(t),\\
x' &= x'(t),\\
y' &= y'(t),\\
\gamma &= \operatorname{arctg}\frac{y'}{x'},\\
\alpha &= \arcsin\frac{(i+1)(x\cos\gamma+y\sin\gamma)}{ai}+r,\\
X &= x\cos(i+1)\alpha+y\sin(i+1)\alpha+a\sin i\alpha,\\
Y &= -x\sin(i+1)\alpha+y\cos(i+1)\alpha+a\cos i\alpha.
\end{aligned}
$$

5.4 齿廓法线法

我们在上一节给出了求一个齿轮的齿廓(齿形曲线) 的共轭齿廓的方法. 这个方法的基础是包络的理论. 在这一节还要讨论三个问题. 第一个问题是(3.3) 式或(3.4)式的几何意义. 第二个问题是求共轭齿廓的另一个方法. 第三个问题是如何根据齿轮的一些参数写出齿廓f 的方程.

齿轮啮合的基本定律 我们先讨论(3.3)式的几何意义.先把它改写成

$$x'[-(i+1)x+ai\sin\alpha]+y'[-(i+1)y-ai\cos\alpha]=0,$$

或

$$x'\left[\frac{ai}{i+1}\sin\alpha-x\right]+y'\left[-\frac{ai}{i+1}\cos\alpha-y\right]=0.$$

如图5-15所示, 对每一个固定的α, f_α 和g 的接触点(x,y) 应该满足这个方程. 在O_1xy 中, (x',y') 表示f_α 在(x,y) 处的切线向量. 所以连接 $P\left(\frac{ai}{i+1}\sin\alpha,-\frac{ai}{i+1}\cos\alpha\right)$ 和(x,y) 的向量是f_α 的法线向量. 而P 点在固定坐标系$O_1x_1y_1$ 中的坐标是(只要利用$O_1x_1y_1$ 和O_1xy 之间的坐标变换式就可以求得)

$$\begin{pmatrix}x_1\\y_1\end{pmatrix}=\begin{pmatrix}\cos\alpha&\sin\alpha\\-\sin\alpha&\cos\alpha\end{pmatrix}\begin{pmatrix}\frac{ai}{i+1}\sin\alpha\\-\frac{ai}{i+1}\cos\alpha\end{pmatrix}=\begin{pmatrix}0\\-\frac{ai}{i+1}\end{pmatrix}.$$

就是说, P 点在$O_1x_1y_1$ 中的坐标是$\left(0,-\frac{ai}{i+1}\right)$, 它是两齿轮连心线$O_1O_2$ 上的一点, 它和O_1 的距离$O_1P=\frac{ai}{i+1}$ 并且它和O_2 的距离$O_2P=a-\frac{ai}{i+1}=\frac{a}{i+1}$. 记

$$
\begin{aligned}
r_1 &= O_1P=\frac{ai}{i+1},\\
r_2 &= O_2P=\frac{a}{i+1},
\end{aligned}
$$

那么

$$\frac{r_1}{r_2} = i.$$

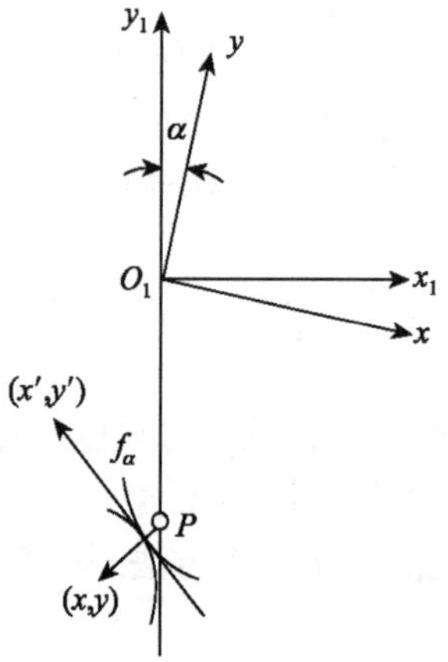

图5-15

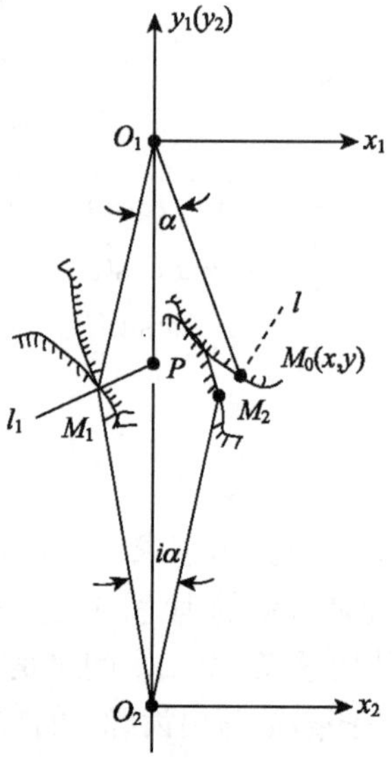

图5-16

因此, 我们得到结论: 如果两个齿轮的传动比i 是常数, 那么它们的齿廓的接触点(或者说齿形曲线的切点) 处的公法线通过一个定点P, P 点在连心线O_1O_2 上, 并且$O_1P : O_2P = i$, 这就是传动比为常数时的齿轮啮合的基本定律. P 点称为这两个齿轮的啮合节点. 以O_1 为中心、O_1P 为半径的圆和以O_2 为中心、O_2P 为半径的圆叫做这两个齿轮的节圆.

在齿轮传动的过程中, 这两个节圆象理想的摩擦轮一样, 作没有滑动的纯滚动.

齿廓法线法 从齿轮啮合的基本定律出发, 求一条齿廓的共轭齿廓的方法叫齿廓法线法. 它的做法如下:

(1) 根据中心距a 和传动比i , 求出啮合节点P . 这是很方便的, 只要在O_1O_2 上取$O_1P = r_1 = \dfrac{ai}{i+1}$ 即可.

(2) 对于曲线f 上的一点$M_0(x_0, y_0)$, 它的法线l 不一定通过P 点. 设M_0 点的切线和x_1 轴的夹角是γ , 则l 和x_1 轴的夹角是$\dfrac{\pi}{2} + \gamma$. 如图5-16所示, 当齿轮O_1 转过α 角时, M_0 点变到M_1 , 直线l 变到l_1 , 这时l_1 通过P 点, M_1 就是这时的接触点.

M_1 点的坐标是

$$\begin{cases} x_1 = x\cos\alpha + y\sin\alpha, \\ y_1 = -x\sin\alpha + y\cos\alpha. \end{cases}$$

因为P 点的坐标是$(0,-r_1)$, 所以

$$\overrightarrow{M_1P}=(-x\cos\alpha-y\sin\alpha,-r_1+x\sin\alpha-y\cos\alpha).$$

l_1 是l 绕O_1 顺时针旋转α 角得来的, 所以它和x_1 轴的夹角是$\frac{\pi}{2}+r-\alpha$. $\overrightarrow{M_1P}$ 就是l_1 的方向, 于是

$$\mathrm{tg}\left(\frac{\pi}{2}+\gamma-\alpha\right)=\frac{-r_1+x\sin\alpha-y\cos\alpha}{-x\cos\alpha-y\sin\alpha}.$$

于是我们有

$$\begin{aligned}&-r_1\sin(\alpha-\gamma)+x\sin(\alpha-\gamma)\sin\alpha-y\sin(\alpha-\gamma)\cos\alpha\\=&-x\cos(\alpha-\gamma)\cos\alpha-y\cos(\alpha-\gamma)\sin\alpha,\end{aligned}$$

即

$$-r_1\sin(\alpha-\gamma)=-x\cos\gamma-y\sin\gamma,$$

于是

$$\sin(\alpha-\gamma)=\frac{x\cos\gamma+y\sin\gamma}{r_1},$$

这就是(3.4) 式.

这样, 对f 上的任何一点M_0 , 我们可以指出它何时何地(齿轮O_1 转过多少角度和M_1 的坐标) 成为f 和g 的接触点.

(3) M_1 点绕O_2 顺时针转$i\alpha$ 后, 就变成g 上的一点. M_1 点关于$O_2x_2y_2$ 的坐标是

$$x_2=x_1,\quad y_2=y_1+a,$$

当M_1 绕O_2 转$i\alpha$ 后, 就变到$M_2(X,Y)$:

$$\begin{aligned}X=&x_2\cos i\alpha+y_2\sin i\alpha\\=&x_1\cos i\alpha+(y_1+a)\sin i\alpha\\=&(x\cos\alpha+y\sin\alpha)\cos i\alpha\\&+(-x\sin\alpha+y\cos\alpha)\sin i\alpha+a\sin i\alpha\\=&x\cos(i+1)\alpha+y\sin(i+1)\alpha+a\sin i\alpha,\\Y=&-x_2\sin i\alpha+y_2\cos i\alpha\\=&-x\sin(i+1)\alpha+y\cos(i+1)\alpha+a\cos i\alpha.\end{aligned}$$

它就是(3.1) 式.

无论是从包络理论出发, 还是从齿廓啮合基本定律出发, 求共轭齿廓的计算公式都是一样的. 齿廓法线法的推导过程不需要包络的概念, 读者可能更容易理解.

对于齿条和齿轮的啮合, 齿廓啮合的基本定律也成立. 如图5-17所示, 要求齿条的移动速度和齿轮的转动速度之比保持不变, 齿条齿廓和齿轮齿廓在接触点的公法线通过一个定点P. 实际上过齿轮中心O 并和齿条移动方向垂直的直线必通过P, 而且

$$OP=\frac{\text{齿条移动速度}}{\text{齿轮转动速度}}.$$

以O为中心、OP为半径的圆和过P并且平行齿条移动方向的直线分别称为节圆和节线. 齿轮和齿条的传动可以看成是节圆在节线上的滚动. 已知齿轮的齿廓曲线, 要求与它共轭的齿条齿廓曲线的问题, 在第一节已经解决了, 这里不再重复.

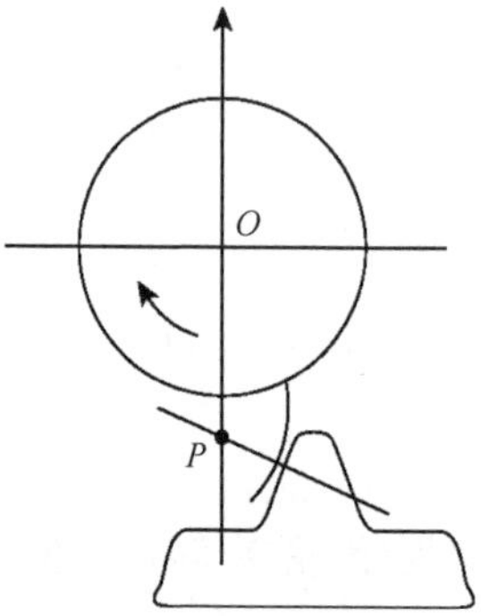

图5-17

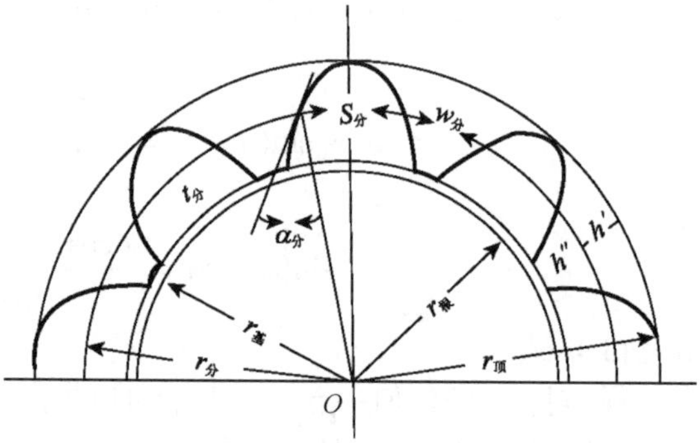

图5-18

根据齿轮的参数写出齿廓方程 求共轭齿廓的出发点是中心距a、传动比i和f的方程.可是在实际问题中往往只告诉我们齿轮的一些参数, 并不是直接告诉我们f的方程. 因此, 如何根据这些参数写出齿廓的方程的问题是很重要的. 能符合啮合基本定律的齿廓很多, 机械工程上经常应用的却是渐开线和摆线两种, 大多数齿廓都是渐开线, 因此, 我们着重讨论渐开线和摆线.

(1) 渐开线齿廓方程. 如果知道渐开线的基圆半径, 渐开线方程就可以写出来. 实际上已知的却是齿轮的齿数z 、模数m 和压力角$\alpha_{分}$. 因此要根据z, m 和$\alpha_{分}$ 求出基圆半径r_0 .

如图5-18所示, 齿轮的齿廓是渐开线. 过齿轮各顶端的圆称为齿顶圆. 它的半径以$r_{顶}$ 表示, 过齿轮各齿底部的圆称为齿根圆, 它的半径以$r_{根}$ 表示, 相邻两齿之间的空间叫做齿间. 以w 表示顶圆和根圆之间的任意圆周在齿间部分的弧长, 以s 表示该圆周在轮齿部分的弧长.

如果在某一圆周上恰有$w=s$, 称此圆为齿轮的分圆, 以$r_{分}$ 表示其半径, 以$d_{分}$表示其直径. 记对应的w 和s 为$w_{分}$ 和$s_{分}$.如图5-18表明, 齿顶高h' 和齿根高h'' 的和h 称为齿全高.

令

$$t_{分} = w_{分} + s_{分},$$

$t_{分}$ 叫做分圆齿距. 显然

$$t_{分} \times z = \pi \times d_{分},$$

$$d_{分} = \frac{t_{分}}{\pi} \times z.$$

$\frac{t_{分}}{\pi}$ 叫做齿轮的模数, 以m 表示它, 则

$$d_{分} = m \times z.$$

在第3章中已经讲过压力角α , 它满足

$$\rho = \frac{r_0}{\cos\alpha},$$

其中r_0 是基圆半径, ρ 是渐开线上一点到基圆中心的距离, α 是该点的压力角.现在已知$\alpha_{分}$ (分圆和渐开线的交点的压力角) , 则

$$r_{分} = \frac{r_0}{\cos\alpha_{分}},$$

$$r_0 = r_{分}\cos\alpha_{分}.$$

有了基圆半径, 我们便可写出渐开线的方程

$$\rho = \frac{r_0}{\cos\alpha},$$
$$\theta = \mathrm{tg}\alpha - \alpha = \mathrm{inv}\alpha.$$

这里必须明确这表示所参考的坐标系. 如图5-19所示, M_0 表示基圆和渐开线的交点, Y 轴是OM_0 的连线. 所以上面的方程是以OXY 中的极坐标系(这时Y 轴是极轴) 为参考的. 如果要求渐开线在Oxy 中的方程, 我们必须经过一个坐标变换

$$\begin{cases} \rho_1 = \rho = \dfrac{r_0}{\cos\alpha}, \\ \theta_1 = \theta + \beta = \mathrm{inv}\alpha + \beta, \end{cases}$$

其中

$$\beta = \angle M_0Oy = \angle M_{分}Oy - \theta_{分} = \frac{1}{4} \times \frac{2\pi}{z} - \theta_{分} = \frac{\pi}{2z} - \mathrm{inv}\alpha_{分}.$$

所以渐开线在直角坐标系下的方程是

$$\begin{cases} x = \rho\sin(\theta + \beta), \\ y = \rho\cos(\theta + \beta), \end{cases}$$

$$r_0 \leqslant \rho \leqslant r_{顶}.$$

把上面的一些式子整理如下:

已知$z, m, \alpha_{分}$, 计算

$$d_{分} = m \times z,$$

$$r_{分} = \frac{d_{分}}{2},$$

$$r_0 = r_{分} \cos \alpha_{分},$$

$$\beta = \frac{\pi}{2z} - \mathrm{inv}\alpha_{分}.$$

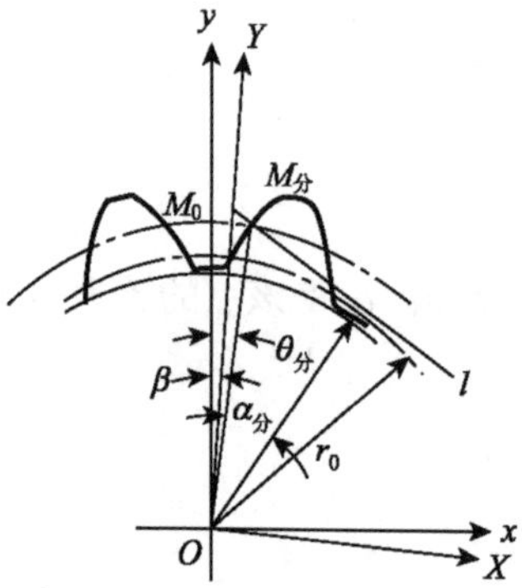

图5-19

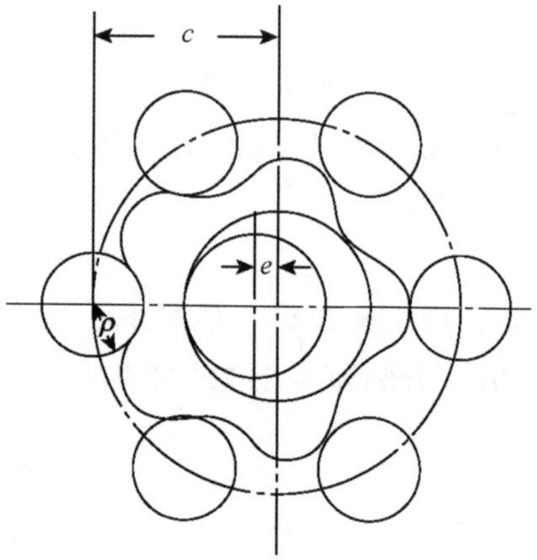

图5-20

对于α 的一系列值(从0开始的正的数值)算出

$$\rho = \frac{r_0}{\cos \alpha},$$
$$\theta = \mathrm{tg}\alpha - \alpha = \mathrm{inv}\alpha,$$
$$x = \rho \sin(\theta + \beta),$$
$$y = \rho \cos(\theta + \beta).$$

当$\rho > r_{顶}$ 时, 计算就不必进行了. $r_{顶} = r_{分} + h'$. 在一般情况下, h' 等于m .

(2) 摆线齿廓. 所谓一齿差的行星齿轮的摆线齿廓, 实际上是外摆线的等距曲线. 这种齿廓决定于四个参数: 齿数z , 创成距c , 偏心距e 和发生圆半径ρ(图5-20). 我们只写出齿廓的方程, 推导过程和第3章求外摆线的等距曲线的过程一样, 这里从略. 这里所得到的就是第一节的例1中的齿廓方程.

已知z, c, e, ρ.

计算

$$r = \frac{c}{1 + z}.$$

对于θ 从0到π 的一系列值逐个计算

$$x = (z + 1) r \sin \frac{\theta}{z} - e \sin \left(\frac{z + 1}{z} \theta \right),$$

$$\begin{aligned}
&y=(z+1)r\cos\frac{\theta}{z}-e\cos\left(\frac{z+1}{z}\theta\right),\\
&\psi=\operatorname{arctg}\frac{e\sin\theta}{r-e\cos\theta}-\frac{\theta}{z},\\
&X=x+\rho\sin\psi,\\
&Y=y-\rho\cos\psi.
\end{aligned}$$

5.5 轮转曲线、Camus定理和Euler-Savary公式

设曲线$\bar{\Gamma}$ 在曲线Γ 上滚动(没有滑动)，则与$\bar{\Gamma}$ 相固联的一点P^* 在平面上画出一轨迹Γ^*，称为轮转曲线. 见图5-21.

设$\bar{\Gamma}$ 的方程是$\bar{\boldsymbol{r}}=\bar{\boldsymbol{r}}\ (s), s$ 是弧长参数. 在某一瞬间, $\bar{\Gamma}$ 与Γ 在P 点相切, P 处的活动标架是$\{P;\boldsymbol{T}(s),\boldsymbol{N}_r(s)\},(u_1(s),u_2(s))$ 是P^* 关于这标架的坐标, 则由第2章的Cesàro不动条件得出

$$u_1'=\bar{k}_r u_2-1, u_2'=-\bar{k}_r u_1. \tag{5.1}$$

这是因为P^* 与$\bar{\Gamma}$ 是固联的缘故. 但是在P 点, Γ 与$\bar{\Gamma}$ 的标架是一致的, P^* 关于Γ 在P 点的标架的坐标也是$(u_1(s),u_2(s)),P^*$ 的绝对速度$\dfrac{dP^*}{ds}=\left(\dfrac{\delta u_1}{ds},\dfrac{\delta u_2}{ds}\right)$ 决定于

$$\begin{cases}\dfrac{\delta u_1}{ds}=u_1'-k_r u_2+1,\\ \dfrac{\delta u_2}{ds}=u_2'+k_r u_1.\end{cases} \tag{5.2}$$

用(5.1) 改写为

$$\frac{dP^*}{ds}=(\bar{k}_r-k_r)(u_2-u_1). \tag{5.3}$$

所以

$$\frac{dP^*}{ds}\cdot\overrightarrow{PP^*}=0.$$

这说明, Γ^* 在P^* 处的法线通过$\bar{\Gamma}$ 与Γ 的接触点P .

下面我们来证明一个在齿轮啮合理论中很重要的Camus定理.

Camus定理 设有三条曲线Γ_1 , Γ_2 和$\bar{\Gamma}$. 当$\bar{\Gamma}$ 分别在Γ_1 和Γ_2 滚动时, 与$\bar{\Gamma}$ 固联的P^* 分别在Γ_1 和Γ_2 的所在平面上画出Γ_1^* 和Γ_2^* , 则Γ_1^* 和Γ_2^* 当Γ_2 在Γ_1 上滚动(或Γ_1 在Γ_2 上滚动) 时互为包络曲线.

证明 设$\bar{\Gamma}$ 在Γ_1 上滚动时的接触点为$\bar{P}$ 和P_1 , $\bar{\Gamma}$ 在Γ_2 上滚动时接触点为$\bar{P}$ 和P_2 . 我们可以让Γ_2 在Γ_1 上滚动, 接触点是P_2 和P_1 , 设Γ_1 与Γ_2 某一瞬间在P 点相切, 则

$$P_2P=P_1P=\overline{P}P.$$

根据轮转曲线的性质, PP^* 是Γ_1^* 的法线, 又是Γ_2^* 的法线, 于是Γ_1^* 与Γ_2^* 总是相切的(见图5-22) , 即它们互为包络.

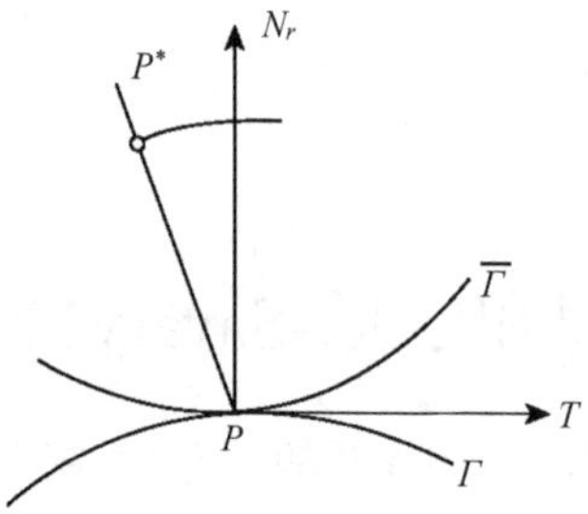

图5-21

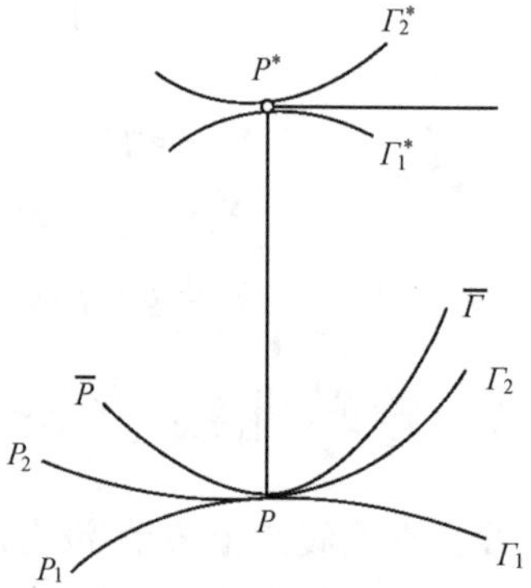

图5-22

从(5.3) 式可知

$$\frac{d^2P^*}{ds^2}=\left[(\bar{k}_r-k_r)'u_2-(\bar{k}_r-k_r)^2u_1\right]\boldsymbol{T}$$
$$-\left[(\bar{k}_r-k_r)'u_1+(\bar{k}_r-k_r)^2u_2-(\bar{k}_r-k_r)\right]\boldsymbol{N}_r,$$

将它和(5.3)代入第2章相对曲率的公式(5.3), 就得到Γ^* 的相对曲率

$$\begin{aligned}k_r^*=&\{-(\overline{k}_r-k_r)u_2[(\overline{k}_r-k_r)'u_1+(\overline{k}_r-k_r)^2u_2\\&-(\overline{k}_r-k_r)]+(\overline{k}_r-k_r)u_1[(\overline{k}_r-k_r)'u_2\\&-(\overline{k}_r-k_r)^2u_1]\}/\{\left|(\overline{k}_r-k_r)^3\right|(u_1^2+u_2^2)^{\frac{3}{2}}\}\\=&\frac{(k_r-\overline{k}_r)^3(u_1^2+u_2^2)+(\overline{k}_r-k_r)^2u_2}{\left|(\overline{k}_r-k_r)^3\right|(u_1^2+u_2^2)^{\frac{3}{2}}}.\end{aligned}$$

由图5-23所示, 记$\lambda=\sqrt{u_1^2+u_2^2}=|PP^*|$, $\sin\theta=\dfrac{u_2}{\lambda}$, 则上式可写成

$$k_r^*=\frac{\varepsilon}{\lambda}+\frac{\varepsilon\sin\theta}{(k_r-\bar{k}_r)\lambda^2},$$

其中$\varepsilon=\mathrm{sgn}(k_r-\bar{k}_r)$. 如以ρ , $\bar{\rho}$ 和ρ^* 分别表示Γ , $\bar{\Gamma}$ 和$\bar{\Gamma}^*$ 的相对曲率半径, 那么

$$\frac{1}{\varepsilon\rho^*-\lambda}+\frac{1}{\lambda}=\left(\frac{1}{\bar{\rho}}-\frac{1}{\rho}\right)\sin\theta. \tag{5.4}$$

它表达了轮转曲线Γ^* , 滚动曲线$\bar{\Gamma}$ 和Γ 的相对曲率半径之间的关系, 其中λ 是$\overrightarrow{PP^*}$ 的长度, θ 是$\overrightarrow{PP^*}$ 与$\boldsymbol{T}$ 的夹角.

将(5.4)同时应用到Camus定理中的两条轮转曲线Γ_1^* 和Γ_2^* , 就有

$$\frac{1}{\varepsilon_1\rho_1^*-\lambda}+\frac{1}{\lambda}=\left(\frac{1}{\bar{\rho}}-\frac{1}{\rho_1}\right)\frac{1}{\sin\theta},$$
$$\frac{1}{\varepsilon_2\rho_2^*-\lambda}+\frac{1}{\lambda}=\left(\frac{1}{\bar{\rho}}-\frac{1}{\rho_2}\right)\frac{1}{\sin\theta}.$$

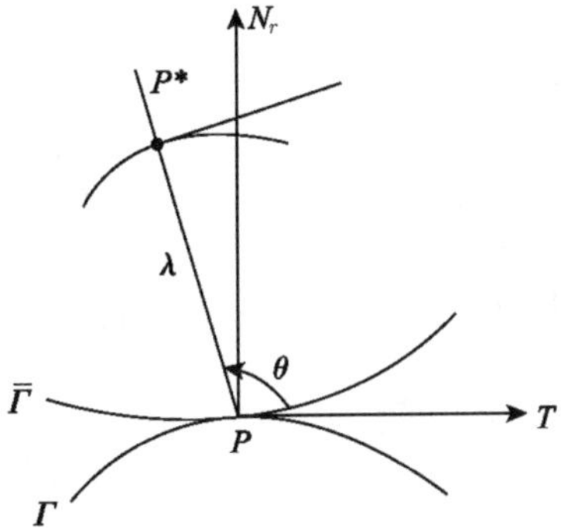

图5-23

于是有

$$\frac{1}{\varepsilon_1\rho_1^*-\lambda}-\frac{1}{\varepsilon_2\rho_2^*-\lambda}=\left(\frac{1}{\rho_2}-\frac{1}{\rho_1}\right)\frac{1}{\sin\theta},$$

或

$$\frac{1}{\rho_2}-\frac{1}{\rho_1}=\left(\frac{1}{\varepsilon_1\rho_1^*-\lambda}-\frac{1}{\varepsilon_2\rho_2^*-\lambda}\right)\sin\theta. \tag{5.5}$$

其中$\rho_1,\rho_2,\rho_1^*,\rho_2^*$ 分别为Γ_1, Γ_2, Γ_1^*, Γ_2^* 的相对曲率半径. (5.5) 称为Euler-Savary公式.

5.6 空间啮合的接触线法

同平面的两条曲线的啮合一样, 空间中两张曲面的啮合也可以归结为求包络的问题, 并且用第二节的办法得到解决. 这一节叙述一下空间啮合的接触线法, 它适用于一方是旋转曲面的情形, 例如在用铣刀加工螺旋齿面时, 其中铣刀就是旋转曲面.

向量$\boldsymbol{k}$ 的两次转动 在专门制造的旋风切削机床或万能铣床(或车床上搭起一个动力头的设备) 上, 就会碰到这种情况: 设刀盘平面的初始位置在Oxy 平面上, 它的法线和z 轴重合, 单位法线向量是$\boldsymbol{k}$ =(0, 0, 1). 实际加工时, 刀盘平面要经过两次转动. 第一次是绕x 轴旋转ψ 角, z 轴的单位向量$\boldsymbol{k}$ 转到z_1 轴的单位向量$\boldsymbol{k}_1$ (见图5-24); 第二次是绕y_1 轴旋转φ 角, $\boldsymbol{k}_1$ 又转到z_2 轴的单位向量$\boldsymbol{k}_2$ (见图5-25).

要问经过这两次转动之后, 刀盘平面的位置怎样? 实际上, 只要算出$\boldsymbol{k}_2$ 关于 $Oxyz$ 中的坐标就可以了, 因为$\boldsymbol{k}_2$ 是刀盘平面的单位法线向量.

$\boldsymbol{k}_2$ 在$Ox_2y_2z_2$ 中的坐标是(0, 0, 1), 而$Ox_2y_2z_2$ 和$Ox_1y_1z_1$ 之间的坐标变换是

$$\begin{cases} x_1 = x_2\cos\varphi + z_2\sin\varphi, \\ y_1 = y_2, \\ z_1 = -x_2\sin\varphi + z_2\cos\varphi. \end{cases}$$

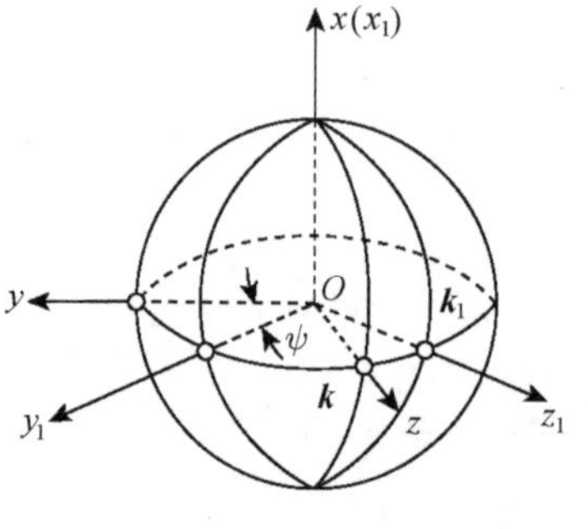

图5-24

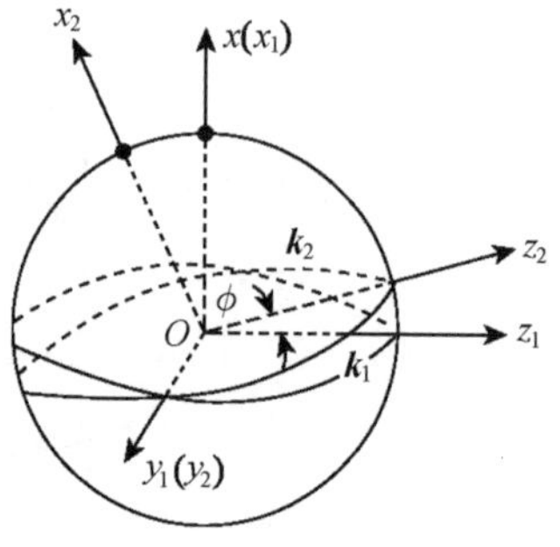

图5-25

用(0, 0, 1)代入, 便得到$\boldsymbol{k}_2$ 在$Ox_1y_1z_1$ 中的坐标

$$(\sin\varphi, 0, \cos\varphi).$$

$Ox_1y_1z_1$ 和$Oxyz$ 之间的坐标变换是

$$\begin{cases} x = x_1, \\ y = y_1\cos\psi - z_1\sin\psi, \\ z = y_1\sin\psi + z_1\cos\psi. \end{cases}$$

用$(\sin\varphi, 0, \cos\varphi)$代入, 便得到$\boldsymbol{k}_2$ 在$Oxyz$ 中的坐标

$$(\sin\varphi, -\sin\psi\cos\varphi, \cos\psi\cos\varphi).$$

如果用α 表示$\boldsymbol{k}_2$ 和z 轴的夹角, 则

$$\cos\alpha = \boldsymbol{k}_2 \cdot \boldsymbol{k} = \cos\psi\cos\varphi.$$

例如$\varphi = \psi = 30°, \cos\alpha = \dfrac{\sqrt{3}}{2} \times \dfrac{\sqrt{3}}{2} = 0.75, \alpha \approx 41°24'$.

螺旋面和旋转面的接触线　在用盘状铣刀(或指状铣刀) 加工螺旋面时, 就会碰到螺旋面和旋转面(铣刀面) 相接触的情况(见图5-26和图5-27). 如何求它们的接触线, 是很重要的问题. 有了接触线, 就马上可以知道铣刀面的形状.

如图5-26, 刀盘轴线z_1 的位置可由它的单位向量表示, 它是前面所说的一般情形的一种特例, 相当于$\varphi = 0$ 的情形, z_1 的单位向量是

$$(0, -\sin\psi, \cos\psi).$$

如图5-27, 刀盘轴线是x 轴, 它的单位向量是

$$(1, 0, 0),$$

我们也可以把它看成是$\varphi=\dfrac{\pi}{2},\psi=0$的特殊情况.

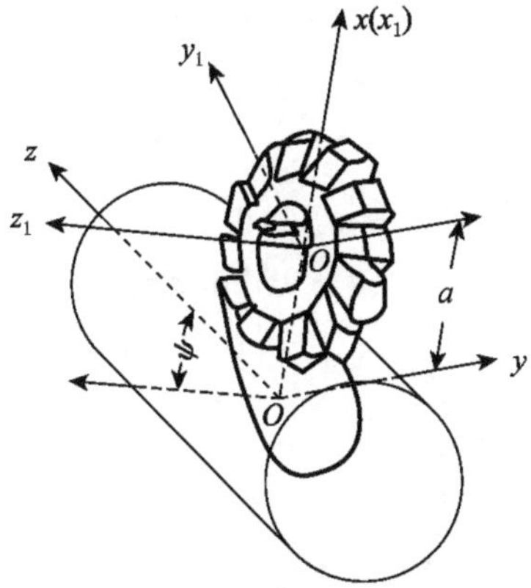

图5-26

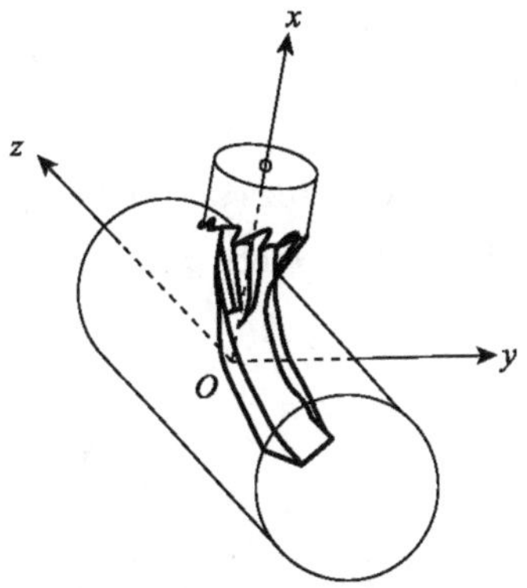

图5-27

在图5-26的情形, 刀盘轴线是过$(a,0,0)$ 且具有方向$(0,-\sin\psi,\cos\psi)$ 的直线; 在图5-27的情形, 刀盘轴线是过(0, 0, 0)且具有方向(1, 0, 0)的直线.

我们讨论最一般的情况. 假定刀盘轴线是过$O_1(x_0,y_0,z_0)$ 且具有方向$\boldsymbol{k}_2(\sin\varphi,-\sin\psi\cos\varphi,\cos\psi\cos\varphi)$ 的直线, 目的是要求出螺旋面和刀盘面的接触线.

设螺旋面S 的方程是

$$\begin{cases} x=x(\theta,t)=u(t)\cos\theta-v(t)\sin\theta, \\ y=y(\theta,t)=u(t)\sin\theta+v(t)\cos\theta, \\ z=z(\theta,t)=p\theta, \end{cases}$$

$$p=\pm\frac{k}{2\pi}.$$

如果它和刀盘面相接触, 而且有了一条接触线(沿这条接触线S 和刀盘面相切) , 那么沿接触点它们有公法线. 设$M(x,y,z)$ 是一个接触点, $\boldsymbol{n}(n_x,n_y,n_z)$ 是S 在M 点的法向量, 那么(n_x,n_y,n_z) 也应该是刀盘面在M 点的法向量. 因为刀盘面是旋转面, 而旋转面上任何一点的法线都和轴线共面, 所以过$M(x,y,z)$ 具有方向(n_x,n_y,n_z) 的直线和刀盘轴线应该在一个平面上.

向量$\overrightarrow{O_1M}$ 和$\boldsymbol{k}_2$ 可以把这个平面的法向量决定下来. 记

$$\boldsymbol{n}_1=\overrightarrow{O_1M}\times\boldsymbol{k}_2,$$

于是

$$n_1=\left(\begin{vmatrix} y-y_0 & z-z_0 \\ -\sin\psi\cos\varphi & \cos\varphi\cos\psi \end{vmatrix},\begin{vmatrix} z-z_0 & x-x_0 \\ \cos\varphi\cos\psi & \sin\varphi \end{vmatrix},\begin{vmatrix} x-x_0 & y-y_0 \\ \sin\varphi & -\sin\psi\cos\varphi \end{vmatrix}\right).$$

根据上面的分析, $\boldsymbol{n}$ 应该在这个平面上(见图5-28), 即n 和n_1 垂直, 所以

$$\boldsymbol{n}_1 \cdot \boldsymbol{n} = 0,$$

即

$$\begin{aligned}&[(y-y_0)\cos\psi\cos\varphi+(z-z_0)\sin\psi\cos\varphi]n_x+[(z-z_0)\sin\varphi\\&-(x-x_0)\cos\psi\cos\varphi]n_y+[-(x-x_0)\sin\psi\cos\varphi-(y-y_0)\sin\varphi]n_z=0.\end{aligned} \tag{6.1}$$

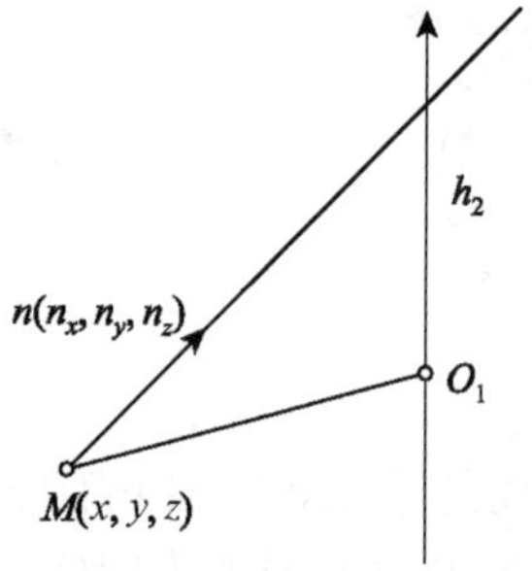

图5-28

因为螺旋面在一点(x, y, z) 的法线向量的三个分量是

$$n_x = py_t,$$

$$n_y = -px_t,$$

$$n_z = \frac{1}{2}\frac{\partial\left(x^2+y^2\right)}{\partial t},$$

其中$y_t = \dfrac{\partial y}{\partial t}, x_t = \dfrac{\partial x}{\partial t}$, 所以(6.1)式成为

$$\begin{aligned}&p[(y-y_0)\cos\psi\cos\varphi+(z-z_0)\sin\psi\cos\varphi]y_t\\&-p[(z-z_0)\sin\varphi-(x-x_0)\cos\psi\cos\varphi]x_t\\&-\frac{1}{2}[(x-x_0)\sin\psi\cos\varphi+(y-y_0)\sin\varphi]\cdot\frac{\partial(x^2+y^2)}{\partial t}=0,\end{aligned}$$

因为

$$xx_t + yy_t = \frac{1}{2}\frac{\partial(x^2+y^2)}{\partial t},$$

所以最后得到

$$\begin{aligned}&\frac{1}{2}[p\cos\psi\cos\varphi-(x-x_0)\sin\psi\cos\varphi-(y-y_0)\sin\varphi]\frac{\partial(x^2+y^2)}{\partial t}\\&-p\{[(z-z_0)\sin\varphi+x_0\cos\psi\cos\varphi]x_t+[y_0\cos\psi\cos\varphi-(z-z_0)\sin\psi\cos\varphi]y_t\}=0.\end{aligned} \tag{6.2}$$

这就是接触点应该满足的条件. 它是一个关于t 和θ 的关系式, 如果能从它解出$\theta = f(t)$, 把它代入螺旋面S 的方程, 便得到接触线的方程. 在一般情况下, 很难从(6.2)解出θ 关于t 的明显表达式, 我们可以用数值解法. 对一个给定的t , (6.2) 就是关于θ 的函数方程, 我们可以求出它的根, 然后把它和t 的数值一起代入螺旋面S 的方程, 从而得到接触线上的一个点. 如果给定一系列的t 值, 就可以得到一系列的接触点, 连接后就是接触线.

刀盘面的方程 到现在为止, 刀盘面的方程我们还不知道. 我们只知道它是旋转面, 它的轴线是过$O_1(x_0, y_0, z_0)$ 且具有方向$\boldsymbol{k}_2$ 的直线, 并且知道它和螺旋面S 的接触线.

让接触线绕它的轴线旋转一下, 就得到刀盘面. 为了看清刀盘面的形状, 最好求出它的轴向剖线.

在刀盘面上建立坐标系$O_1x_2y_2z_2$. 坐标系$Oxyz$ 经过两次旋转变成$Ox_2y_2z_2$, 再把它平移到$O_1x_2y_2z_2$.

$Oxyz$ 和$O_1x_1y_1z_1$ 的坐标变换是

$$\begin{pmatrix} x \\ y \\ z \end{pmatrix} = \begin{pmatrix} 1 & 0 & 0 \\ 0 & \cos\psi & -\sin\psi \\ 0 & \sin\psi & \cos\psi \end{pmatrix} \begin{pmatrix} x_1 \\ y_1 \\ z_1 \end{pmatrix}.$$

$Ox_1y_1z_1$ 和$Ox_2y_2z_2$ 的坐标变换是

$$\begin{pmatrix} x_1 \\ y_1 \\ z_1 \end{pmatrix} = \begin{pmatrix} \cos\varphi & 0 & \sin\varphi \\ 0 & 1 & 0 \\ -\sin\varphi & 0 & \cos\varphi \end{pmatrix} \begin{pmatrix} x_2 \\ y_2 \\ z_2 \end{pmatrix}.$$

$Ox_2y_2z_2$ 和$O_1x_2y_2z_2$ 的坐标变换是

$$\begin{pmatrix} x_2 \\ y_2 \\ z_2 \end{pmatrix} = \begin{pmatrix} X + x_0' \\ Y + y_0' \\ Z + z_0' \end{pmatrix},$$

其中(x_0', y_0', z_0') 是O_1 关于$Ox_2y_2z_2$ 的坐标.

由前面两个式子可以得到

$$\begin{pmatrix} x \\ y \\ z \end{pmatrix} = \begin{pmatrix} 1 & 0 & 0 \\ 0 & \cos\psi & -\sin\psi \\ 0 & \sin\psi & \cos\psi \end{pmatrix} \begin{pmatrix} \cos\varphi & 0 & \sin\varphi \\ 0 & 1 & 0 \\ -\sin\varphi & 0 & \cos\varphi \end{pmatrix} \begin{pmatrix} x_2 \\ y_2 \\ z_2 \end{pmatrix}$$

$$= \begin{pmatrix} \cos\varphi & 0 & \sin\varphi \\ \sin\psi\sin\varphi & \cos\psi & -\sin\psi\cos\varphi \\ -\cos\psi\sin\varphi & \sin\psi & \cos\psi\cos\varphi \end{pmatrix} \begin{pmatrix} x_2 \\ y_2 \\ z_2 \end{pmatrix}.$$

直角坐标系的旋转变换的逆变换矩阵就是变换矩阵的转置矩阵, 所以

$$\begin{pmatrix} x_2 \\ y_2 \\ z_2 \end{pmatrix} = \begin{pmatrix} \cos\varphi & \sin\psi\sin\varphi & -\cos\psi\sin\varphi \\ 0 & \cos\psi & \sin\psi \\ \sin\varphi & -\sin\psi\cos\varphi & \cos\psi\cos\varphi \end{pmatrix} \begin{pmatrix} x \\ y \\ z \end{pmatrix},$$

$$\begin{pmatrix} x_0' \\ y_0' \\ z_0' \end{pmatrix} = \begin{pmatrix} \cos\varphi & \sin\psi\sin\varphi & -\cos\psi\sin\varphi \\ 0 & \cos\psi & \sin\psi \\ \sin\varphi & -\sin\psi\cos\varphi & \cos\psi\cos\varphi \end{pmatrix} \begin{pmatrix} x_0 \\ y_0 \\ z_0 \end{pmatrix}.$$

最后得到

$$\begin{pmatrix} X \\ Y \\ Z \end{pmatrix} = \begin{pmatrix} x_2 - x_0' \\ y_2 - y_0' \\ z_2 - z_0' \end{pmatrix} = \begin{pmatrix} \cos\varphi & \sin\psi\sin\varphi & -\cos\psi\sin\varphi \\ 0 & \cos\psi & \sin\psi \\ \sin\varphi & -\sin\psi\cos\varphi & \cos\psi\cos\varphi \end{pmatrix} \begin{pmatrix} x - x_0 \\ y - y_0 \\ z - z_0 \end{pmatrix},$$

其中, (x, y, z) 是接触线上任一点关于$Oxyz$ 的坐标, (X, Y, Z) 是它关于刀盘上的坐标系$O_1x_2y_2z_2$ 的坐标. 所以刀盘面的轴向剖线在$O_1x_2y_2z_2$ 中的方程是

$$\begin{cases} R = \sqrt{X^2 + Y^2}, \\ Z = Z. \end{cases}$$

(参看图5-29.)

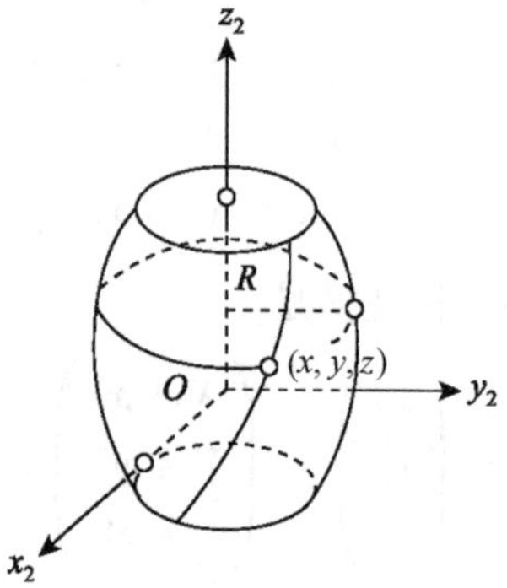

图5-29

盘状铣刀和指状铣刀

(1) 对于如图5-26所示的盘状铣刀, $\varphi = 0, \psi \neq 0$, 而且$x_0 = a, y_0 = z_0 = 0$, 所以(6.2)式成为

$$\frac{1}{2}[p\cos\psi - (x-a)\sin\psi]\frac{\partial(x^2+y^2)}{\partial t} - p\{ax_t\cos\psi - zy_t\sin\psi\} = 0.$$

两边除以$\sin\psi$, 得到

$$\frac{1}{2}(a - x + p\text{ctg}\psi)\frac{\partial(x^2+y^2)}{\partial t} + p(p\theta y_t - ax_t\text{ctg}\psi) = 0. \tag{6.3}$$

螺旋面S 的方程加上(6.3)就是接触线的方程. 从它们可以解出一系列的接触点(x,y,z). 因为$\varphi=0$, 所以接触点在刀盘坐标系$O_1x_2y_2z_2$ 中的坐标是

$$\begin{pmatrix} X \\ Y \\ Z \end{pmatrix} = \begin{pmatrix} 1 & 0 & 0 \\ 0 & \cos\psi & \sin\psi \\ 0 & -\sin\psi & \cos\psi \end{pmatrix} \begin{pmatrix} x-a \\ y \\ z \end{pmatrix},$$

即

$$\begin{cases} X = x-a, \\ Y = y\cos\psi + z\sin\psi, \\ Z = -y\sin\psi + z\cos\psi. \end{cases}$$

铣刀面的轴向剖线是

$$\begin{cases} R = \sqrt{X^2+Y^2}, \\ Z = Z. \end{cases}$$

(2) 对于如图5-27的指状铣刀, $\psi=0$, $\varphi=\dfrac{\pi}{2}$, $x_0=y_0=z_0=0$, 把它们代入(6.2)式, 得到

$$-\frac{1}{2}y\frac{\partial(x^2+y^2)}{\partial t} - pzx_t = 0,$$

即

$$y\frac{\partial(x^2+y^2)}{\partial t} + 2p^2\theta\frac{\partial x}{\partial t} = 0. \tag{6.4}$$

螺旋面S 的方程加上(6.4)就是接触线方程, 从它们可以求得一系列接触点(x,y,z). 因为$\psi=0,\varphi=\dfrac{\pi}{2},x_0=y_0=z_0=0$, 所以$(x,y,z)$ 和(X,Y,Z) 之间的关系式是

$$\begin{pmatrix} X \\ Y \\ Z \end{pmatrix} = \begin{pmatrix} 0 & 0 & -1 \\ 0 & 1 & 0 \\ 1 & 0 & 0 \end{pmatrix} \begin{pmatrix} x \\ y \\ z \end{pmatrix} = \begin{pmatrix} -z \\ y \\ x \end{pmatrix}.$$

所以指状铣刀的轴向剖线是

$$\begin{cases} R = \sqrt{y^2+z^2}, \\ Z = x. \end{cases}$$

5.7 一个实际例子

当一个螺旋面(导程为h) 沿着它的轴线作导程为h 的螺旋运动时, 所得到的曲面和它自己重合, 所以铣刀和它的接触线总是空间中的一条固定的曲线. 这就是为什么可以用铣刀加工螺旋面的理由. 上一节已经求出了这种铣刀的轴向剖线.

一个圆柱面可以被看成是螺旋面的特殊情况，我们对它也可以用铣刀加工. 这种情况总是在用铣刀加工螺旋面的同时发生的. 设圆柱面的方程是

$$\begin{cases} x = r\cos\theta, \\ y = r\sin\theta, \\ z = z. \end{cases}$$

我们可不用计算，便知道它上面的任一点(x, y, z) 处的法线向量$\boldsymbol{n} = (x, y, 0)$. 用$n_x = x, n_y = y, n_z = 0$ 代入(6.1)式，得到

$$x[(y-y_0)\cos\psi\cos\varphi+(z-z_0)\sin\psi\cos\varphi]+y[(z-z_0)\sin\varphi-(x-x_0)\cos\psi\cos\varphi]=0,$$

即

$$(x_0y - xy_0)\cos\psi\cos\varphi + (z - z_0)(x\sin\psi\cos\varphi + y\sin\varphi) = 0. \qquad (7.1)$$

圆柱面方程加上(7.1)式就是接触线方程. 再利用上一节求铣刀轴向剖线的办法，便可求得加工圆柱面用的铣刀轴向剖线.

作为一个实际例子，我们特别讨论圆钢矫直机的辊子曲面.

由于各种原因，圆钢从热轧机中出来后并不是笔直的，需要把它矫直. 有一种专门的机器叫做矫直机. 它由几对辊子组成. 图5-30所示的是其中的一对辊子. 现在要问这种辊子是怎样的曲面.

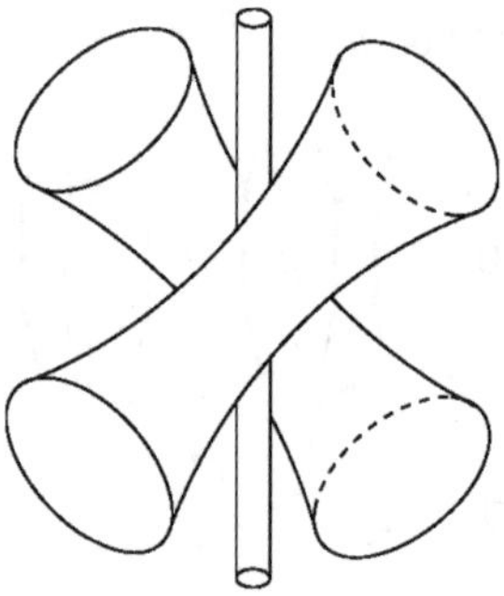

图5-30

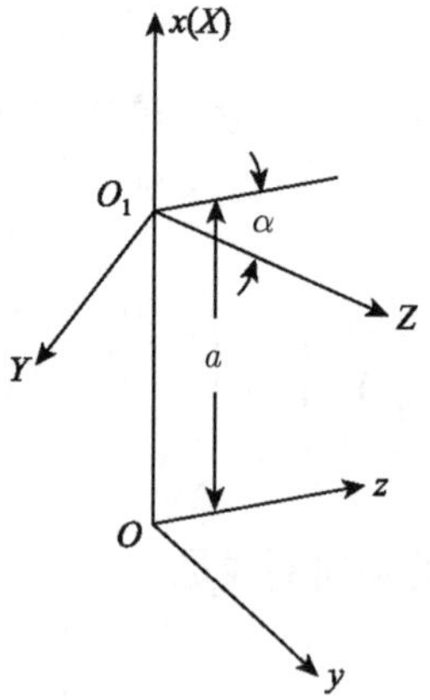

图5-31

设两辊子的轴线和圆钢的轴线的交角是α . 两个辊子中的一个是固定的，另一个可以抬高或压低.

为了说明计算方法，我们只对一个辊子，例如上面的一个辊子进行计算.

设圆钢半径是r ，圆钢轴线和上面辊子的轴线的最短距离是a . 如图5-31，我们取它们的公垂线为x 轴，以圆钢的轴线为z 轴.

为了应用前面的结果, 我们写出

$$\psi=-a,\quad \varphi=0,\quad x_0=a,\quad y_0=z_0=0.$$

把它们代入(7.1)式, 就可以得到

$$ay\cos\alpha-zx\sin\alpha=0,$$

即

$$ar\sin\theta\cos\alpha-zr\cos\theta\sin\alpha=0,$$

$$\text{tg}\theta=\frac{z\text{tg}a}{a},$$

或

$$z=a\text{tg}\theta\text{ctg}a.$$

由$\text{tg}\theta=\dfrac{z\text{tg}a}{a}$, 可得

$$\begin{cases}\cos\theta=\dfrac{a}{\sqrt{a^2+z^2\text{tg}^2\alpha}},\\ \sin\theta=\dfrac{z\text{tg}\alpha}{\sqrt{a^2+z^2\text{tg}^2\alpha}}\end{cases}$$

和

$$\begin{cases}\cos\theta=\dfrac{-a}{\sqrt{a^2+z^2\text{tg}^2\alpha}},\\ \sin\theta=\dfrac{-z\text{tg}\alpha}{\sqrt{a^2+z^2\text{tg}^2\alpha}}\end{cases}$$

两解. 所以接触线方程是

$$\begin{cases}x=\dfrac{ra}{\sqrt{a^2+z^2\text{tg}^2\alpha}},\\ y=\dfrac{rz\text{tg}\alpha}{\sqrt{a^2+z^2\text{tg}^2\alpha}},\\ z=z\end{cases}$$

和

$$\begin{cases}x=\dfrac{-ra}{\sqrt{a^2+z^2\text{tg}^2\alpha}},\\ z=\dfrac{-rz\text{tg}\alpha}{\sqrt{a^2+z^2\text{tg}^2\alpha}},\\ z=z.\end{cases}$$

根据实际情况, 前面这个解是合适的. 把它变换到刀盘坐标系中, 可以得到

$$X=x-a=\frac{(r-\sqrt{a^2+z^2\text{tg}^2\alpha})a}{\sqrt{a^2+z^2\text{tg}^2\alpha}},$$

$$Y = y\cos\alpha - z\sin\alpha = \frac{rz\sin\alpha}{\sqrt{a^2+z^2\mathrm{tg}^2\alpha}} - z\sin\alpha = z\sin\alpha\frac{r-\sqrt{a^2+z^2\mathrm{tg}^2\alpha}}{\sqrt{a^2+z^2\mathrm{tg}^2\alpha}},$$

$$Z = y\sin\alpha + z\cos\alpha = z\cos\alpha + \frac{rz\sin\alpha\mathrm{tg}a}{\sqrt{a^2+z^2\mathrm{tg}^2\alpha}}.$$

最后求得辊子的轴向剖线

$$\begin{cases} Z = z\cos\alpha + \dfrac{zr\sin\alpha\mathrm{tg}\alpha}{\sqrt{a^2+z^2\mathrm{tg}^2\alpha}}, \\ R = \sqrt{X^2+Y^2} \\ \quad = \sqrt{a^2+z^2\sin^2\alpha}\left(1-\dfrac{r}{\sqrt{a^2+z^2\mathrm{tg}^2\alpha}}\right). \end{cases}$$

它就是双曲线的等距曲线(见第3章3.1节习题中的第3题)，因为r 是比较小的，$1-\dfrac{r}{\sqrt{a^2+z^2\mathrm{tg}^2\alpha}}$ 是大于零的数.

下面是对$r=10, a=70, \alpha=30^\circ$ 的计算结果:

z	Z	R
0	0	60
10	9.0713	60.1868
20	18.1343	60.7438
30	27.1817	61.6615
40	36.2075	62.9246
50	45.2075	64.5137
60	54.1792	66.4067
70	63.1218	68.5799
80	71.7852	71.1110
90	80.6493	73.7939
100	89.4903	76.6874
110	98.3103	79.7700

从公式中容易看出，剖线图关于R 轴是对称的，因此只需画出一半(见图5-32)．

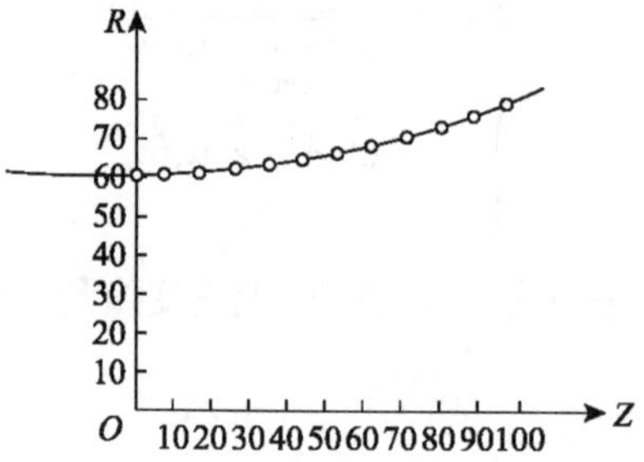

图5-32

通过计算还可以知道, 即使对$r = 5, a = 65, \alpha = 30°$, 它的轴向剖线变化不大, 所以可以用同一辊子矫直$\phi 10$ 和$\phi 20$ 之间的各种圆钢.

在精度要求不高的情况下, 辊子轴向剖线还可以用圆弧或双曲线代替, 使加工方便些.

第 6 章　曲线的拟合与设计

我们在理论上可用简单的数学式子来描述直线、圆弧和其他一些特殊曲线, 但在实际工作中, 机翼的形状、船体的形状、汽轮机叶片的形状的设计都是根据风洞试验、水池试验或其他一些试验进行的. 这时, 所碰到的各种曲线并不是按数学式子给出, 而是依靠一些离散的型值点来描绘曲线的大致走向的. 为了进一步分析它们的几何性质, 或者为了要加工出这些曲线, 常常要将离散的型值点连续化, 使之形成一条符合要求的曲线, 并且用数学方程描述它. 这个过程就叫做曲线的拟合.

在曲线的拟合工作中还提出一个要求, 就是如何用尽可能简单的曲线代替复杂的曲线.比如说, 用线切割机可以切割直线和圆弧, 更复杂一点也不过是用来切割抛物线和三次曲线, 但应用一些数学方法之后, 便能使它切割一些更复杂的曲线.

这里只准备举几个例子, 来分别介绍线性拟合、圆弧拟合和样条拟合中最简单的一些具体办法, 而不涉及有关误差的进一步的数学分析.

近十几年来, 计算机辅助几何设计(computer aided geometric design)蓬勃地发展起来.它的目标是在计算机上利用数学方法建立一个模型, 并且用它来恰当地描述某一类或某几类特定的外形(如汽车或船体表面等). 通过人与计算机之间的交互作用, 不断修改数学模型的参数, 最终达到满意的结果, 直接输出有关图形、分析的结果以及加工数据.

作为它的基本手段, Bézier曲线和曲面, B 样条曲线和曲面已经有广泛的应用.在本章的最后几节我们介绍Bézier曲线和B 样条曲线. 至于有关曲面的一些内容, 将移到第8章进行讨论.

6.1　线 性 拟 合

线性拟合是指用分段直线代替曲线. 我们先举出查三角函数表的例子, 再用第3章所举的凸轮曲线为例子, 对具体算法详细作出介绍.

任何查过数学用表的读者都会碰到这样的问题. 不管这个表的位数如何多, 总不可能罗列出函数关系的所有的对应值, 而只能每隔一定的间隔给出对应的函数值. 这个间隔称为步长. 我们在实际工作需要查表时, 不可能凑巧地查到表上现成的数据, 但我们知道, 需要查明的数据一定是在表中列出的某两个数据之间. 这时我们就运用所谓“线性插补法”解决这个问题. 在最简单的四位数学用表中的正弦表是每隔6分给出一个函数值. 比如我们要查的是$\sin 24°20'$, 在表上和它最接近的两

个是

$$\sin 24°18' = 0.4115,$$
$$\sin 24°24' = 0.4131,$$

我们就用线性插补法求出$\sin 24°20'$ 如下: 作出

$$h = \frac{\sin 24°24' - \sin 24°18'}{6} = \frac{0.0016}{6} \approx 0.00027.$$

h 表示当自变量每增加1分时, 函数的平均增加值. 所以我们有

$$\sin 24°20' = \sin 24°18' + 2h \approx 0.4120.$$

实际上, 为了保证四位正弦表的10^{-4} 精度, 在一度之内可作线性插补, 所以在这种表中往往每一度之内附有线性插补的修正值, 以便查用.

从这个查表的例子中可以看出, 用分段直线代替曲线的方法是常用的. 如上所述, 如果在每一度上给出一个型值点, 在相邻两点之间用直线连接, 用这样的分段直线代替正弦曲线, 便可以达到0.5×10^{-4} 精度; 如果型值点的精度为0.5×10^{-4} , 整个误差不会超过10^{-4} .

我们在第3章叙述了一个分配油泵中凸轮曲线的计算问题, 并且已经求出它在极坐标系中的参数方程:

$$\begin{cases} \theta_1 = \theta_1(\theta), \\ \rho_1 = \rho_1(\theta). \end{cases}$$

实际问题要求对θ_1 从$-60°$ 到$60°$ 范围内每隔$1°$ 必须给出向径的大小. 为简单起见, 把上列方程改写为

$$\begin{cases} \theta = \theta(t), \\ \rho = \rho(t). \end{cases} \tag{1.1}$$

令一系列要求插值的极角为$\bar{\theta}_i$, 因此有

$$\bar{\theta}_i = -60° + i°, \quad i = 0, 1, \cdots, 120.$$

根据实际要求取定一组参数值$t_1, t_2, \cdots, t_m$, 并从(1.1)算出一组型值点 (θ_1, ρ_1), $(\theta_2, \rho_2), \cdots, (\theta_m, \rho_m)$, 经过适当编号, 不妨假定$\theta_1 < \theta_2 < \cdots < \theta_m$, 并且$\theta_1 \leqslant \bar{\theta}_0, \bar{\theta}_{120} \leqslant \theta_m$. 问题就在于根据这些型值点作线性拟合而从$\bar{\theta}_i$ 求出$\bar{\rho}_i$. 如图6-1所示, 对每个$\bar{\theta}_i$, 首先要求出一个j , 使

$$\theta_j \leqslant \bar{\theta}_i < \theta_{j+1},$$

那么, 过(θ_j, ρ_j) 和$(\theta_{j+1}, \rho_{j+1})$ 的直线方程为

$$\rho = \rho_j + \frac{\rho_{j+1} - \rho_j}{\theta_{j+1} - \theta_j}(\theta - \theta_j).$$

因此

$$\bar{\rho}_i = \rho_j + \frac{\rho_{j+1} - \rho_j}{\theta_{j+1} - \theta_j}(\bar{\theta}_i - \theta_j). \tag{1.2}$$

这样, 我们就可以得到所要求的$\bar{\rho}_0, \bar{\rho}_1, \cdots, \bar{\rho}_{120}$.

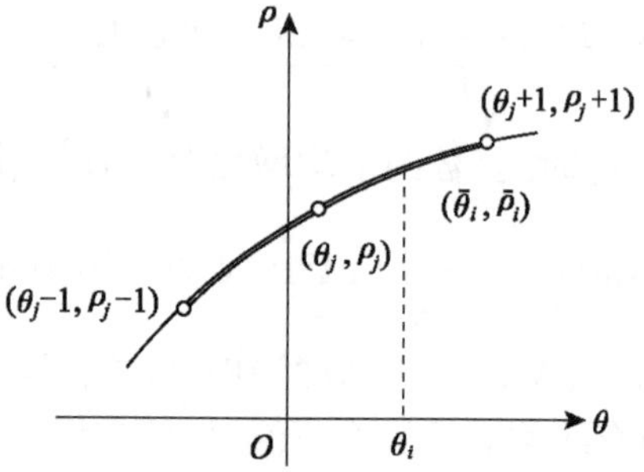

图6-1

在实际计算时, 为了保证精确度, 我们取

$$t_i = -60 + 0.25i, \quad i = 0, 1, \cdots, 480.$$

把每一个t_i 化成弧度, 根据第3章的公式计算

$$\begin{cases} \theta = \theta(t_i), \\ \rho = \rho(t_i). \end{cases}$$

一共得到481个点的极坐标(ρ, θ) . 例如我们列出前面的八个点:

i	0	1	2	3
θ	$-60°$	$-59°48'47''$	$-59°37'33''$	$-59°26'20''$
ρ	11.9200	11.9200	11.9201	11.9203
i	4	5	6	7
θ	$-59°15'07''$	$-59°03'53''$	$-58°52'40''$	$-58°41'26''$
ρ	11.9205	11.9207	11.9211	11.9216

显然, $\bar{\theta} = -59°$ 在θ_5 与θ_6 之间, 于是用$j = 5$ 代入(1.2)得到

$$\bar{\rho} = \rho_5 + \frac{\rho_6 - \rho_5}{\theta_6 - \theta_5}(\bar{\theta} - \theta_5) = 11.9209.$$

(11.9209, −59°) 就是内凸轮型线上的一点(注意: 计算时要把所有的角度化成弧度). 我们可以对$\bar{\theta}$ 从−60° 到60° 的每一个数值进行计算, 得到内凸轮型线上的121个点.由于篇幅关系, 下面仅列出它们的一部分.

$\bar{\theta}$	$\bar{\rho}$	$\bar{\theta}$	$\bar{\rho}$	$\bar{\theta}$	$\bar{\rho}$
−60°	11.9200	−15°	13.3061	30°	15.3591
−55°	11.9426	−10°	13.5542	35°	15.5133
−50°	12.0088	−5°	13.8055	40°	15.6427
−45°	12.1148	0°	14.0565	45°	15.7454
−40°	12.2257	5°	14.3034	50°	15.8198
−35°	12.4261	10°	14.5427	55°	15.8649
−30°	12.6209	15°	14.7711	60°	15.8800
−25°	12.8354	20°	14.9853		
−20°	13.0652	25°	15.1822		

6.2 圆 弧 拟 合

如图6-2所示, 用分段直线$P_1P_2P_3P_4$ 代替曲线C, 虽然能够满足一定的精度要求, 但是在型值点P_2, P_3 上的斜率是不连续的.因为P_2P_3 段的斜率为$\text{tg}\alpha_2, P_3P_4$ 段的斜率为$\text{tg}\alpha_3$, 所以对P_3 点来说, 左右斜率有一个跳跃值, 即$\text{tg}\alpha_3 - \text{tg}\alpha_2$.

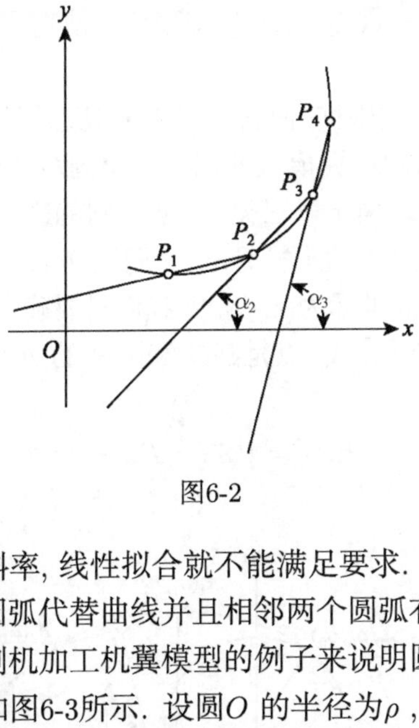

图6-2

如果需要有连续的斜率, 线性拟合就不能满足要求. 这时可采用圆弧拟合. 所谓圆弧拟合就是用分段圆弧代替曲线并且相邻两个圆弧有公切线.

下面举一个用线切割机加工机翼模型的例子来说明圆弧拟合的做法.

某机翼模型的形状如图6-3所示. 设圆O 的半径为ρ , 圆O' 的半径为q, O' 的坐标为(a, b) ; 又设机翼上缘的一些离散点是$A_i(a_i, b_i)(i = 1, 2, \cdots, 10)$. 现在要用分段圆弧光滑地连接这些离散点并使它和圆O 和圆O' 都相切.

从圆的方程$(x - x_0)^2 + (y - y_0)^2 = R^2$ 知道, 要确定一个圆必须有三个独立条件. 例如, 过不在同一直线上的三点可作一个圆; 已知两点和其中一点的切线斜率也可以确定一个圆等等.

所以，我们对上述问题作如下的考虑.

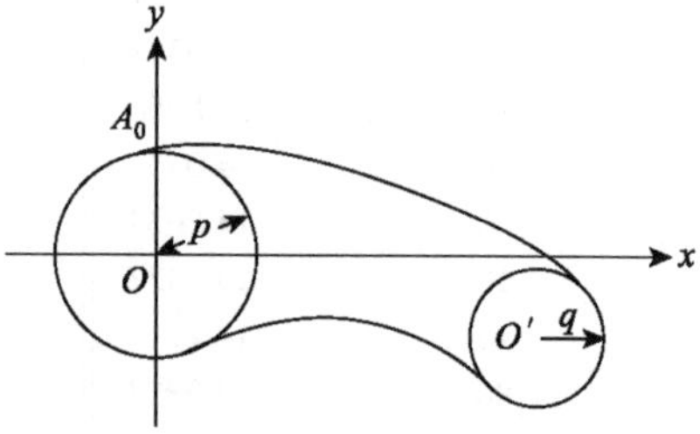

图6-3

过A_1, A_2 作圆P_1 使和圆O 相切，过A_2, A_3 作圆P_2 使它和圆P_1 相切，一般地，过A_i, A_{i+1} 作圆P_i 使它和圆P_{i-1} 相切，$\cdots$，过A_9, A_{10} 作圆P_9使它和圆P_8 相切，最后过A_{10} 作圆P_{10}使它和圆P_9 与圆O' 都相切.

由此可知，要确定这些圆只要解决下面三类问题就够了.

(1) 已知圆O 和圆外两点$A_1(a_1, b_1), A_2(a_2, b_2)$，求圆$P$，使它通过$A_1, A_2$ 并且和圆O 相切；

(2) 已知圆Q 和圆外一点$A_2(a_2, b_2)$，求圆P，使它通过定点A_2，并且和圆Q 相切于定点$A_1(a_1, b_1)$；

(3) 已知圆Q 和圆O'，求圆P，使它和圆O' 相切，并且和圆Q 相切于定点$A(a, b)$.

由上面分析可知，切割机翼模型的问题中求圆P_1 属于第一类，求圆P_2，$\cdots$，圆P_9 属于第二类，求圆P_{10} 属于第三类. 下面分别就这三类问题进行具体计算.

(1) 如图6-4所示，定圆O 的半径是r，我们取O 点为坐标系的原点. 设所求的圆P 和定圆O 的切点A_0 的坐标为(a_0, b_0). 我们只要确定圆P 的圆心(x_P, y_P) 就可以了. 因为PA_1 是它的半径，A_0 点是圆O 和圆P 的切点，所以P 必须在直线OA_0 上，且有

$$PA_1 = PA_0 = PO + \varepsilon r, \tag{2.1}$$

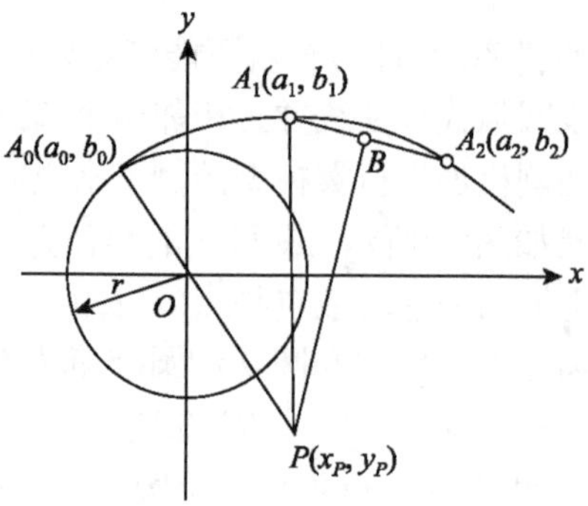

图6-4

其中$\varepsilon = \pm 1$. 如果圆O 和圆P 内切, $\varepsilon = 1$, 如图6-4所示; 如果圆O 和圆P 外切, 则$\varepsilon = -1$. 另一方面, P 又必须在A_1A_2 的垂直平分线上. 现在令A_1A_2 的中点为B, 则

$$\overrightarrow{OB} = (u, v) = \frac{1}{2}(\overrightarrow{OA_2} + \overrightarrow{OA_1}) = \left(\frac{a_1 + a_2}{2}, \frac{b_1 + b_2}{2}\right),$$
$$\overrightarrow{A_1A_2} = (a_2 - a_1, b_2 - b_1),$$

那么和$\overrightarrow{A_1A_2}$ 垂直的一个向量为

$$\boldsymbol{\lambda}(\lambda_x, \lambda_y) = \left(\varepsilon\frac{b_2 - b_1}{\sqrt{(a_2 - a_1)^2 + (b_2 - b_1)^2}}, \varepsilon\frac{a_1 - a_2}{\sqrt{(a_2 - a_1)^2 + (b_2 - b_1)^2}}\right),$$

于是P 的坐标可写为

$$\begin{cases} x_P = u + \lambda_x l, \\ y_P = v + \lambda_y l, \end{cases} \tag{2.2}$$

其中l 表示从B 点算起到P 点的距离, 应取正值.

假定$l = l_0$ 时恰好为所求的P , 从(2.1)得到

$$\sqrt{(u + \lambda_x l_0 - a_1)^2 + (v + \lambda_y l_0 - b_1)^2} = \sqrt{(u + \lambda_x l_0)^2 + (v + \lambda_y l_0)^2} + \varepsilon r.$$

展开两边并加以整理, 容易得到

$$Gl_0 - H = \varepsilon\sqrt{(\lambda_x l_0 + u)^2 + (\lambda_y l_0 + v)^2},$$

式中已令

$$G = -\frac{a_1\lambda_x + b_1\lambda_y}{r},$$
$$H = \frac{a_1a_2 + b_1b_2 + r^2}{2r}.$$

两边平方的结果是

$$Ll_0^2 - 2Ml_0 + N = 0,$$

其中

$$L = G^2 - 1, \quad M = GH + \lambda_x u + \lambda_y v, \quad N = H^2 - u^2 - v^2.$$

从此解出

$$l_0 = \frac{M \pm \sqrt{M^2 - LN}}{L}, \tag{2.3}$$

l_0 应取正值. 如果它有两个解, 分别表示内切和外切两种情况. 我们可以根据具体问题选取其中的一个解.

将(2.3)代入(2.2)即得圆心P 的坐标. P 点到A_1 点的距离就是半径R :

$$R = \sqrt{(u + \lambda_x l_0 - a_1)^2 + (v + \lambda_y l_0 - b_1)^2}. \tag{2.4}$$

为求$A_0(a_0,b_0)$，首先写出直线PO的方程:

$$\begin{cases} x = u + \lambda_x l_0 + k_x l', \\ y = v + \lambda_y l_0 + k_y l', \end{cases}$$

其中

$$k_x = -\frac{u+\lambda_x l_0}{\sqrt{(u+\lambda_x l_0)^2 + (v+\lambda_y l_0)^2}},$$
$$k_y = -\frac{v+\lambda_y l_0}{\sqrt{(u+\lambda_x l_0)^2 + (v+\lambda_y l_0)^2}},$$

l'为直线PO上从P点量起的距离. 由此立即可得

$$\begin{cases} a_0 = u + \lambda_x l_0 + k_x R, \\ b_0 = v + \lambda_y l_0 + k_y R. \end{cases} \tag{2.5}$$

综上所述, (2.3),(2.2),(2.4),(2.5)表达了问题的解.

(2) 如图6-5所示, 定圆的圆心为$Q(s,t)$，半径为r. 设所求的圆P的圆心为$P(x_P, y_P)$，半径为R. P既要在A_1A_2的垂直平分线上, 又要在A_1Q的连线上, 所以只要求出这两条直线的交点就可以了.

直线A_1Q的方程为

$$y = b_1 + \frac{b_1-t}{a_1-s}(x-a_1); \tag{2.6}$$

A_1A_2的垂直平分线BP的方程为

$$y = v + k(x-u), \tag{2.7}$$

其中

$$u = \frac{a_1+a_2}{2}, \quad v = \frac{b_1+b_2}{2}, \quad k = \frac{a_2-a_1}{b_1-b_2}.$$

从(2.6), (2.7)得出

$$\begin{cases} x_P = \left(v - b_1 + \dfrac{b_1-t}{a_1-s}a_1 - ku\right) \Big/ \left(\dfrac{b_1-t}{a_1-s} - k\right), \\ y_P = b_1 + \dfrac{b_1-t}{a_1-s}(x_P - a_1). \end{cases} \tag{2.8}$$

圆P的半径是

$$R = \sqrt{(x_P-a_1)^2 + (y_P-b_1)^2}. \tag{2.9}$$

(3) 最后, 我们讨论第三类问题. 如图6-6所示, 圆Q的圆心坐标为$Q(s,t)$，半径为r，A点的坐标为(a,b)；圆O'的圆心坐标为(s',t')，半径为r'. 假定所求的圆心P点的坐标为(x_P,y_P), 半径为R，它和圆O'的切点为$A'(x',y')$.

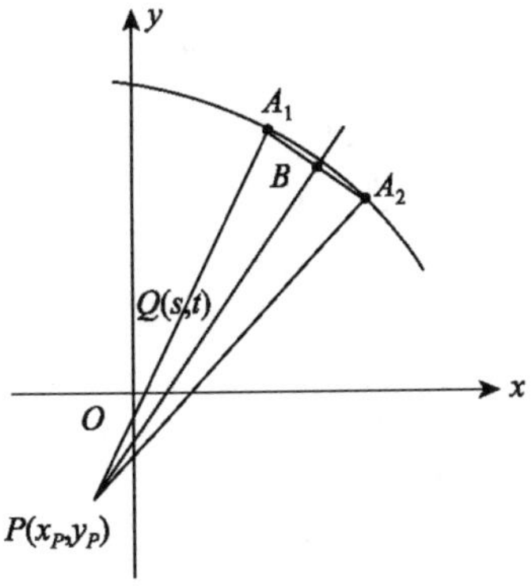

图6-5

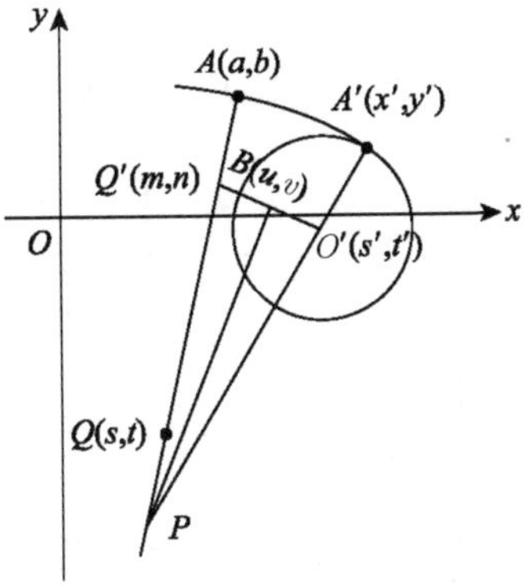

图6-6

因为圆P 和圆Q 相切于A 点, 所以P 在AQ 的连线上, 而且这条连线的斜率是

$$k=\frac{b-t}{a-s}.$$

因此, 直线AQ 的方程为

$$y=b+k(x-a). \tag{2.10}$$

现在把它写成参数形式

$$\begin{cases} x=a-\dfrac{1}{\sqrt{k^2+1}}l, \\ y=b-\dfrac{k}{\sqrt{k^2+1}}l, \end{cases} \tag{2.11}$$

其中l表示了从A 点到(x,y) 的距离.

如果我们取l 为圆O' 的半径r', 便得到QA 上的一点Q', 使$AQ'=r'$. 从(2.11)知道Q' 的坐标(m,n):

$$\begin{cases} m=a-\dfrac{r'}{\sqrt{k^2+1}}, \\ n=b-\dfrac{kr'}{\sqrt{k^2+1}}. \end{cases}$$

因为$PA=PA', AQ'=A'O'=r'$, 所以$PQ'=PO'$, 因此P 在$Q'O'$ 的垂直平分线上. $Q'O'$ 的中点B 的坐标u,v 为

$$u=\frac{m+s'}{2},$$

$$v=\frac{n+t'}{2},$$

而且$Q'O'$ 的垂直平分线的方程为

$$y=v+k'(x-u), \tag{2.12}$$

其中$k' = \dfrac{m-s'}{t'-n}$.

从(2.10), (2.12)解得P 点的坐标:

$$\begin{cases} x_P = \dfrac{v-uk'-b+ak}{k-k'}, \\ y_P = v + k'(x_P - u) \end{cases} \tag{2.13}$$

和圆P 的半径

$$P = \sqrt{(x_P-a)^2 + (y_P-b)^2}. \tag{2.14}$$

为求A' , 我们写出直线PO' 的方程

$$\begin{cases} x' = x_P + \dfrac{1}{\sqrt{k''^2+1}} d, \\ y' = y_P + \dfrac{k''}{\sqrt{k''^2+1}} d, \end{cases}$$

其中$k'' = \dfrac{t'-y_P}{s'-x_P}$, d 表示P 点到(x', y') 的距离. 因为

$$PA' = R,$$

所以A' 的坐标为

$$\begin{cases} x' = x_P + \dfrac{R}{\sqrt{k''^2+1}}, \\ y' = y_P + \dfrac{k''R}{\sqrt{k''^2+1}}. \end{cases} \tag{2.15}$$

综合起来, 我们从(2.13), (2.14)和(2.15)依次得到圆P 的圆心、半径及其和圆O' 的切点A' 等.

对于上述三类问题有了解决办法, 机翼切割问题就被解决了.

6.3　样 条 拟 合

圆弧拟合的光滑性比线性拟合有了提高, 但它在型值点的曲率还是有间断的, 也就是说, 整条曲线的二阶导数是不连续的. 在实际问题中, 我们往往需要一种具有连续的一阶导数和连续的二阶导数的拟合曲线. 对于这类问题普通采用的是样条拟合方法. 三次样条曲线是工人在放样时用弹性样条(最常用的是细长木条, 它的横向截口一般是矩形, 造船厂里就称这种木条为样条, 它的作用相当于“万能曲线板”)来画曲线的数学抽象. 根据材料力学对小挠度梁的分析, 可以得到它. 它在两个型值点之间都是三次多项式, 而且在各型值点上有连续的一阶导数和二阶导数.

样条拟合在造船工业中有很多应用, 比如要切割一块肋板(船体的一种横向构件). 如图6-7所示, 这种肋板是由直线、圆弧和曲线组成的. AB 和AC 两段都是直线, 中间的孔(称为减轻孔)也由直线和圆弧组成, 在A, B, C 处和AC 线, BC 线上的凹入部分(称为纵骨孔)也由直线和圆弧组成, 而BC 是曲线, 它的形状决定于一列型值点; 像这样的曲线就是用三次样条曲线来表示的.这种肋板都可用数控切割机自动切割, 对直线和圆弧的部分都是容易处理的, 而对曲线部分应该如何切割呢? 为了把这个问题搞清楚, 我们先从三次样条曲线的方程谈起.

三次样条曲线方程和常用边界条件 三次样条曲线是分段的三次多项式, 并且有连续的函数值, 一阶导数和二阶导数. 为此我们首先要考虑如何决定三次多项式的问题.

如图6-8所示, 设

$$y = Ax^3 + Bx^2 + Cx + D$$

是过$P(x_P, y_P), Q(x_Q, y_Q)$ 的三次曲线, 其中A, B, C, D 是四个参数. 要决定它, 一般需要四个条件, 所以单靠两个端点P 和Q 还不能完全确定它. 如果我们还给定二阶导数在这两点的数值K_P 和K_Q , 那么这种三次曲线就可以确定下来.

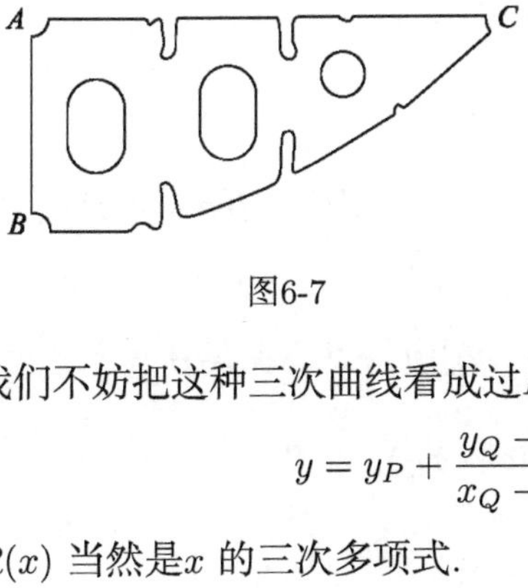

图6-7

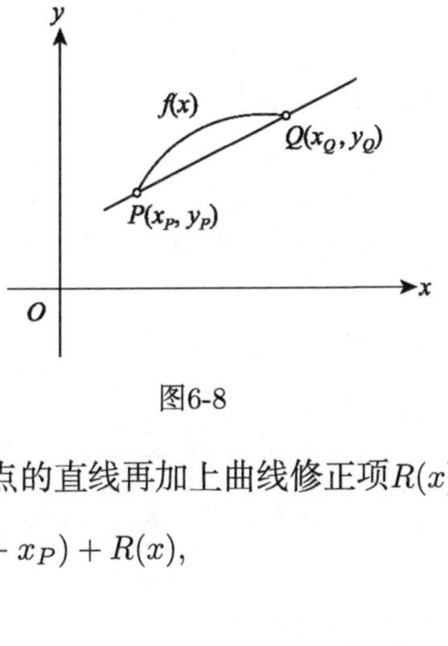

图6-8

我们不妨把这种三次曲线看成过P, Q 两点的直线再加上曲线修正项$R(x)$, 即

$$y = y_P + \frac{y_Q - y_P}{x_Q - x_P}(x - x_P) + R(x),$$

其中$R(x)$ 当然是x 的三次多项式.

由于曲线过P, Q 两点, 立即得到

$$R(x_P) = 0, \quad R(x_Q) = 0.$$

所以有

$$R(x) = (x - x_P)(x - x_Q)[L(x - x_P) + M],$$

其中L 和M 是待定常数. 于是

$$y = y_P + \frac{y_Q - y_P}{x_Q - x_P}(x - x_P) + (x - x_P)(x - x_Q)[L(x - x_P) + M]. \tag{3.1}$$

对两边求一阶和二阶导数, 得到

$$
\begin{aligned}
y' &= \frac{y_Q - y_P}{x_Q - x_P} + (2x - x_P - x_Q)[L(x - x_P) + M] + L(x - x_P)(x - x_Q), \\
y'' &= L(6x - 4x_P - 2x_Q) + 2M. \qquad (3.2)
\end{aligned}
$$

考虑到$y''(x_P) = K_P$ 和 $y''(x_Q) = K_Q$, 分别有

$$K_P = 2L(x_P - x_Q) + 2M \qquad (3.3)$$

和

$$K_Q = 4L(x_Q - x_P) + 2M. \qquad (3.4)$$

将(3.2), (3.3)和(3.4)边边相加得到

$$y'' + K_P + K_Q = 6[L(x - x_P) + M]. \qquad (3.5)$$

我们还可以从另一角度得到y'' 的表达式.因为y'' 是x 的线性函数而且在x_P, x_Q 取值K_P, K_Q , 我们可写出

$$y'' = K_P + \frac{K_Q - K_P}{x_Q - x_P}(x - x_P), \qquad (3.6)$$

比较(3.2)和(3.6), 得到

$$L = \frac{K_Q - K_P}{6(x_Q - x_P)}. \qquad (3.7)$$

考虑到(3.5)和(3.7), 就有

$$y = y_P + \frac{y_Q - y_P}{x_Q - x_P}(x - x_P) + \frac{1}{6}(x - x_P)(x - x_Q)(y'' + K_P + K_Q), \qquad (3.8)$$

$$
\begin{aligned}
y' =& \frac{y_Q - y_P}{x_Q - x_P} + \frac{1}{6}(2x - x_P - x_Q)(y'' + K_P + K_Q) \\
&+ \frac{K_Q - K_P}{6(x_Q - x_P)}(x - x_P)(x - x_Q), \qquad (3.9)
\end{aligned}
$$

其中y'' 由(3.6)所决定.

这样, 我们得到了用两个端点型值及两个端点的二阶导数值表示的三次曲线方程. 我们应用上述方法到各个分段上, 就可以推出三次样条曲线的方程.

设n 个型值点是$(x_1, y_1), (x_2, y_2), \cdots, (x_n, y_n)$, 其中$x_1 < x_2 < \cdots < x_n, x_i(i = 1, \cdots, n)$ 称为节点.

过这n 个型值点的三次样条曲线$y = P(x)$ 在其每一个区间$[x_i, x_{i+1}](i = 1, \cdots, n-1)$ 上是上述的三次曲线, 也就是说$P(x)$ 由这样的$n-1$ 段三次曲线

$$y = P_i(x), \quad i = 1, 2, \cdots, n-1$$

所组成.如果我们已经预先求出了在其所有型值点上的二阶导数$K_1, K_2, \cdots, K_n$，那么对每一条过(x_i, y_i) 和(x_{i+1}, y_{i+1}) 的曲线$P_i(x)$ 可以应用(3.8)的形式来表示, 即

$$P_i(x) = y_i + \frac{y_{i+1} - y_i}{x_{i+1} - x_i}(x - x_i) + \frac{1}{6}(x - x_i)(x - x_{i+1})(P_i''(x) + K_i + K_{i+1}), \quad (3.10)$$

其中

$$P_i''(x) = K_i + \frac{K_{i+1} - K_i}{x_{i+1} - x_i}(x - x_i).$$

现在的问题是如何预先求出$K_1, K_2, \cdots, K_n$.

为了推导$K_1, K_2, \cdots, K_n$ 所满足的方程, 我们利用在每个中间型值点的一阶导数连续的条件.

首先考察一个区间$[x_i, x_{i+1}](i = 1, 2, \cdots, n-1)$；我们从(3.9)得到

$$\begin{aligned} P_i'(x) = & \frac{y_{i+1} - y_i}{x_{i+1} - x_i} + \frac{1}{6}(2x - x_i - x_{i+1})(P_i''(x) + K_i + K_{i+1}) \\ & + \frac{K_{i+1} - K_i}{6(x_{i+1} - x_i)}(x - x_i)(x - x_{i+1}). \end{aligned} \quad (3.11)$$

以$x = x_i$ 代入上式, 便有

$$P_i'(x_i) = \frac{y_{i+1} - y_i}{x_{i+1} - x_i} - \frac{1}{6}(x_{i+1} - x_i)(2K_i + K_{i+1}). \quad (3.12)$$

此式对$i = 1, 2, \cdots, n-1$ 都成立.

同样, 当考察区间$[x_{i-1}, x_i](i = 2, \cdots, n)$ 时, 从(3.9)得到

$$\begin{aligned} P_{i-1}'(x) = & \frac{y_i - y_{i-1}}{x_i - x_{i-1}} + \frac{1}{6}(2x - x_{i-1} - x_i)(P_{i-1}''(x) + K_{i-1} + K_i) \\ & + \frac{K_i - K_{i-1}}{6(x_i - x_{i-1})}(x - x_{i-1})(x - x_i). \end{aligned}$$

以$x = x_i$ 代入就有

$$P_{i-1}'(x_i) = \frac{y_i - y_{i-1}}{x_i - x_{i-1}} + \frac{1}{6}(x_i - x_{i-1})(K_{i-1} + 2K_i). \quad (3.13)$$

此式对$i = 2, \cdots, n$ 都成立.

但是, 对每个x_i 点$(i = 2, \cdots, n-1)$ 来说, 从它左右两段三次曲线所决定的一阶导数必须相等, 否则, 一阶导数将是不连续的. 因此$P_{i-1}'(x_i) = P_i'(x_i)$. 由(3.12)和(3.13)的右端相等, 我们获得下列的$n-2$ 个条件:

$$\begin{aligned} & \frac{y_{i+1} - y_i}{x_{i+1} - x_i} - \frac{1}{6}(x_{i+1} - x_i)(2K_i + K_{i+1}) \\ = & \frac{y_i - y_{i-1}}{x_i - x_{i-1}} + \frac{1}{6}(x_i - x_{i-1})(K_{i-1} + 2K_i), \quad i = 2, \cdots, n-1. \end{aligned}$$

这些方程经过整理, 就变为

$$\begin{aligned}&(x_i-x_{i-1})K_{i-1}+2(x_{i+1}-x_{i-1})K_i+(x_{i+1}-x_i)K_{i+1}\\=&6\left(\frac{y_{i+1}-y_i}{x_{i+1}-x_i}-\frac{y_i-y_{i-1}}{x_i-x_{i-1}}\right),i=2,\cdots,n-1.\end{aligned}$$

为方便起见, 令

$$\begin{aligned}CF2_i&=\left(\frac{y_{i+1}-y_i}{x_{i+1}-x_i}-\frac{y_i-y_{i-1}}{x_i-x_{i-1}}\right)\Big/(x_{i+1}-x_{i-1}),\\b_i&=\frac{x_i-x_{i-1}}{2(x_{i+1}-x_{i-1})},\end{aligned}\tag{3.14}$$

从而

$$\frac{x_{i+1}-x_i}{2(x_{i+1}-x_{i-1})}=\frac{1}{2}-b_i,$$

最后我们得到$n-2$ 个方程

$$b_iK_{i-1}+K_i+\left(\frac{1}{2}-b_i\right)K_{i+1}=3CF2_i,\quad i=2,\cdots,n-1.\tag{3.15}$$

这组方程称为连续性方程, 其中含有n 个未知量$K_1,K_2,\cdots,K_n$, 所以从这组还不能唯一地确定这些未知量, 除非另外给出两个边界条件.

最简单的边界条件有下列两种:

(1) 自然边界条件. 样条在首尾两端自然伸直, 这一条件相当于$K_1=0$ 和$K_n=0$. 这时, (3.15)中少了两个未知量, 成了一组含有$(n-2)$ 个未知量的$(n-2)$ 个方程

$$\begin{cases}K_2+\left(\frac{1}{2}-b_2\right)K_3=3CF2_2,\\b_3K_2+K_3+\left(\frac{1}{2}-b_3\right)K_4=3CF2_3,\\\cdots\cdots\\b_iK_{i-1}+K_i+\left(\frac{1}{2}-b_i\right)K_{i+1}=3CF2_i,\\\cdots\cdots\\b_{n-2}K_{n-3}+K_{n-2}+\left(\frac{1}{2}-b_{n-2}\right)K_{n-1}=3CF2_{n-2},\\b_{n-1}K_{n-2}+K_{n-1}=3CF2_{n-1}.\end{cases}\tag{3.16}$$

(2) 给出首端斜率sx 和尾端斜率wx . 从(3.12)得到

$$P_1'(x_1)=\frac{y_2-y_1}{x_2-x_1}-\frac{1}{6}(x_2-x_1)(2K_1+K_2).$$

因为$P_1'(x_1)=sx$, 所以得到

$$K_1+\frac{1}{2}K_2=3\left(\frac{y_2-y_1}{x_2-x_1}-sx\right)\Big/(x_2-x_1).$$

同样, 从(3.13)可得到

$$\frac{1}{2}K_{n-1}+K_n=3\left(wx-\frac{y_n-y_{n-1}}{x_n-x_{n-1}}\right)\Big/(x_n-x_{n-1}).$$

将这两个边界条件和(3.15)并在一起, 就有n 个未知量的n 个方程的方程组

$$\begin{cases}K_1+\dfrac{1}{2}K_2=3\left(\dfrac{y_2-y_1}{x_2-x_1}-sx\right)\Big/(x_2-x_1),\\ b_iK_{i-1}+K_i+\left(\dfrac{1}{2}-b_i\right)K_{i+1}=3CF2_i,\quad i=2,\cdots,n-1,\\ \dfrac{1}{2}K_{n-1}+K_n=3\left(wx-\dfrac{y_n-y_{n-1}}{x_n-x_{n-1}}\right)\Big/(x_n-x_{n-1}).\end{cases}\tag{3.17}$$

综上所述, 如果给定了n 个型值点$(x_i,y_i)(i=1,2,\cdots,n)$ 以及首尾两端的边界条件, 那么从样条方程(3.16)或(3.17)便可求出所有型值点上的二阶导数值K_i . 因此, 从(3.10)就可以决定所有多项式$P_1(x),P_2(x),\cdots,P_{n-1}(x)$, 而所求的样条曲线就是由对应的$(n-1)$ 条三次曲线所组成.

样条方程的解法 我们先讨论一个具体的例子. 某船体的第10号横剖线的型值为(9.22, 0), (10.01, 0.2), (10.44, 0.5), (10.81, 1), (11, 2), 首端斜率和尾端斜率分别为0和∞ . 我们先将坐标系沿逆时针转45°, 得到该横剖线在新坐标系中的型值和边界条件如下:

x	6.5194	7.2194	7.7356	8.3506	9.1923
y	− 6.5194	− 6.9366	− 7.0285	− 6.9366	− 6.3639

$sx=-1,wx=+1.$

为写出样条方程, 首先计算

$$b_2=\frac{x_2-x_1}{2(x_3-x_1)}=0.2878,$$
$$b_3=\frac{x_3-x_2}{2(x_4-x_2)}=0.2281,$$
$$b_4=\frac{x_4-x_3}{2(x_5-x_3)}=0.2111,$$
$$CF2_2=\left(\frac{y_3-y_2}{x_3-x_2}-\frac{y_2-y_1}{x_2-x_1}\right)\Big/(x_3-x_1)=0.3437,$$
$$CF2_3=\left(\frac{y_4-y_3}{x_4-x_3}-\frac{y_3-y_2}{x_3-x_2}\right)\Big/(x_4-x_2)=0.2894,$$
$$CF2_4=\left(\frac{y_5-y_4}{x_5-x_4}-\frac{y_4-y_3}{x_4-x_3}\right)\Big/(x_5-x_3)=0.3645,$$
$$\left(\frac{y_2-y_1}{x_2-x_1}-sx\right)\Big/(x_2-x_1)=0.5771,$$
$$\left(wx-\frac{y_5-y_4}{x_5-x_4}\right)\Big/(x_5-x_4)=0.3797.$$

那么, 我们得到方程组

$$
\begin{cases}
K_1 + 0.5K_2 = 1.7313, \\
0.2878K_1 + K_2 + 0.2122K_3 = 1.0311, \\
0.2281K_2 + K_3 + 0.2718K_4 = 0.8682, \\
0.2111K_3 + K_4 + 0.2889K_5 = 1.0935, \\
0.5K_4 + K_5 = 1.1391.
\end{cases} \tag{I}
$$

将第二个方程减去第一个方程乘以0.2877, 得到

$$0.8562K_2 + 0.2123K_3 = 0.5328,$$

两边再除以0.8562得到

$$K_2 + 0.2479K_3 = 0.6222;$$

再将这个方程和上述方程组(I)中的第三个方程消去K_2, 得到只含有K_3, K_4 的方程

$$K_3 + 0.2881K_4 = 0.7697;$$

同样再将该方程和上述方程组(I)中的第四个方程消去K_3, 得到只含K_4, K_5 的方程

$$K_4 + 0.3076K_5 = 0.9912.$$

这样, 我们得到和(I)完全等价的方程组

$$
\begin{cases}
K_1 + 0.5K_2 = 1.7313, \\
K_2 + 0.2479K_3 = 0.6222, \\
K_3 + 0.2881K_4 = 0.7697, \\
K_4 + 0.3076K_5 = 0.9912, \\
0.5K_4 + K_5 = 1.1391.
\end{cases} \tag{II}
$$

我们从方程组(II)的最后两个方程可解得K_4, K_5, 将K_4 代回第三个方程可得到K_3, 将K_3 代回到第二个方程得到K_2, 最后将K_2 代回到第一个方程得到K_1, 结果如下:

$$
\begin{aligned}
&K_1 = 1.4887, \quad K_2 = 0.4855, \quad K_3 = 0.5518, \\
&K_4 = 0.7574, \quad K_5 = 0.7604.
\end{aligned}
$$

现在, 我们把这个具体例子的解法推广到一般的方程组(3.17)去.以后称(3.17)为方程组(I). 它有这样的特点: 第一个方程只含有未知量K_1 和K_2, 而且第i 个方程只含有K_{i-1}, K_i 和$K_{i+1}(i = 2, \cdots, n-1)$, 第$n$ 个方程只含有K_{n-1} 和K_n.

从前两个方程可以消去K_1，得到一个只含有K_2, K_3的方程, 又从它和第三个方程消去K_2，得到一个只含有K_3, K_4的方程, $\cdots$，最后我们得到方程组

$$\begin{cases} K_1 + 0.5K_2 = 3\left(\dfrac{y_2 - y_1}{x_2 - x_1} - sx\right)\Big/(x_2 - x_1), \\ K_2 + d1_2K_3 = d2_2, \\ \cdots\cdots \\ K_{n-1} + d1_{n-1}K_n = d2_{n-1}, \\ 0.5K_{n-1} + K_n = 3\left(wx - \dfrac{y_n - y_{n-1}}{x_n - x_{n-1}}\right)\Big/(x_n - x_{n-1}), \end{cases} \tag{II}'$$

其中的$d1_i, d2_i (i = 2, \cdots, n-1)$为两组待定常数.

方程组(II)′的最后两个方程只含有K_{n-1}和K_n，从此便可得出K_{n-1}和K_n并逐次地解出K_{n-2}，$\cdots$，K_1．实际上,

$$\begin{cases} K_n = \dfrac{6\left(wx - \dfrac{y_n - y_{n-1}}{x_n - x_{n-1}}\right) - d2_{n-1}(x_n - x_{n-1})}{(2 - d1_{n-2})(x_n - x_{n-1})}, \\ K_i = d2_i - d1_iK_{i+1}, i = n-1, \cdots, 2, 1. \end{cases} \tag{3.18}$$

这里已令

$$d1_1 = 0.5,$$
$$d2_1 = 3\left(\frac{y_2 - y_1}{x_2 - x_1} - sx\right)\Big/(x_2 - x_1).$$

剩下的问题是如何确定(II)′中的两组常数$d1_i$和$d2_i (i = 2, \cdots, n-1)$. 将(II)′的第$(i-1)$个方程和(I)的第$i$个方程联立起来, 便成为

$$\begin{cases} K_{i-1} + d1_{i-1}K_i = d2_{i-1}, \\ b_iK_{i-1} + K_i + \left(\dfrac{1}{2} - b_i\right)K_{i+1} = 3CF2_i. \end{cases}$$

从此消去K_{i-1}，得到

$$K_i + \frac{0.5b_i}{1 - b_id1_{i-1}}K_{i+1} = \frac{3CF2_i - b_id2_{i-1}}{1 - b_id1_{i-1}},$$

所以有计算$d1_i$和$d2_i$的递推公式

$$\begin{cases} d1_1 = 0.5, \\ d2_1 = 3\left(\dfrac{y_2 - y_1}{x_2 - x_1} - Sx\right)\Big/(x_2 - x_1), \\ d1_i = \dfrac{0.5 - b_i}{1 - b_id1_{i-1}}, \\ d2_i = \dfrac{3CF2_i - b_id2_{i-1}}{1 - b_id1_{i-1}}, \end{cases} \quad i = 2, \cdots, n-1. \tag{3.19}$$

综上所述, 为求解(3.17), 首先从(3.19)求出两组辅助量$d1_i$和$d2_i(i=1,2,\cdots,n-1)$, 再从(3.18)求出所有型值点上的两阶导数值$K_i(i=1,2,\cdots,n)$.

对方程组(3.16)也可同样求解, 所导出的式子和(3.18), (3.19)的区别只在于$d1_1=d2_1=K_n=0$.

从方程组(I)化到方程组(II)′称为"追"的过程; 从方程组(II)′解出$K_1,K_2,\cdots,K_n$叫做"赶"的过程.这样的解法称为"追赶法".

从方程组(I)化到方程组(II)′, 必须有(3.19)以求$d1_i$ 和$d2_i, i=1,\cdots,n-1$. 为了说明$d1_i$ 和$d2_i$ 总是有意义的, 必须有

$$1-b_i d1_{i-1}\neq 0;$$

又为了从(3.18)能够解出$K_1,K_2,\cdots,K_n$, 必须有

$$2-d1_{n-1}\neq 0.$$

下面证明这两个式子成立.

由假设$x_1<x_2<\cdots<x_n$ 立即得到

$$0<b_i=\frac{x_i-x_{i-1}}{2(x_{i+1}-x_{i-1})}<0.5.$$

如果

$$0<d1_{j-1}<1,$$

那么

$$d1_j=\frac{0.5-b_j}{1-b_j d1_{j-1}}<\frac{0.5-b_j}{1-0.5\times 1}<1,$$

且

$$d1_j=\frac{0.5-b_j}{1-b_j d1_{j-1}}>\frac{0.5-b_j}{1}>0,$$

即

$$0<d1_j<1.$$

根据$d1_1=0.5$ 和数学归纳法可以知道: 对于所有$i=2,\cdots,n-1$ 必有

$$0<d1_i<1.$$

从这个不等式立即得到

$$0.5<1-b_i d1_{i-1}<1,\quad i=2,\cdots,n-1$$

和

$$1<2-d1_{n-1}<2.$$

这说明了样条方程(3.17)总可以用“追赶法”求解. 因而也说明了方程组(I)对于任何$x_1 < x_2 < \cdots < x_n$ 和$y_1, y_2, \cdots, y_n, sx, wx$ 总有唯一解. 对(3.16)也可用类似方法证明解的存在性.

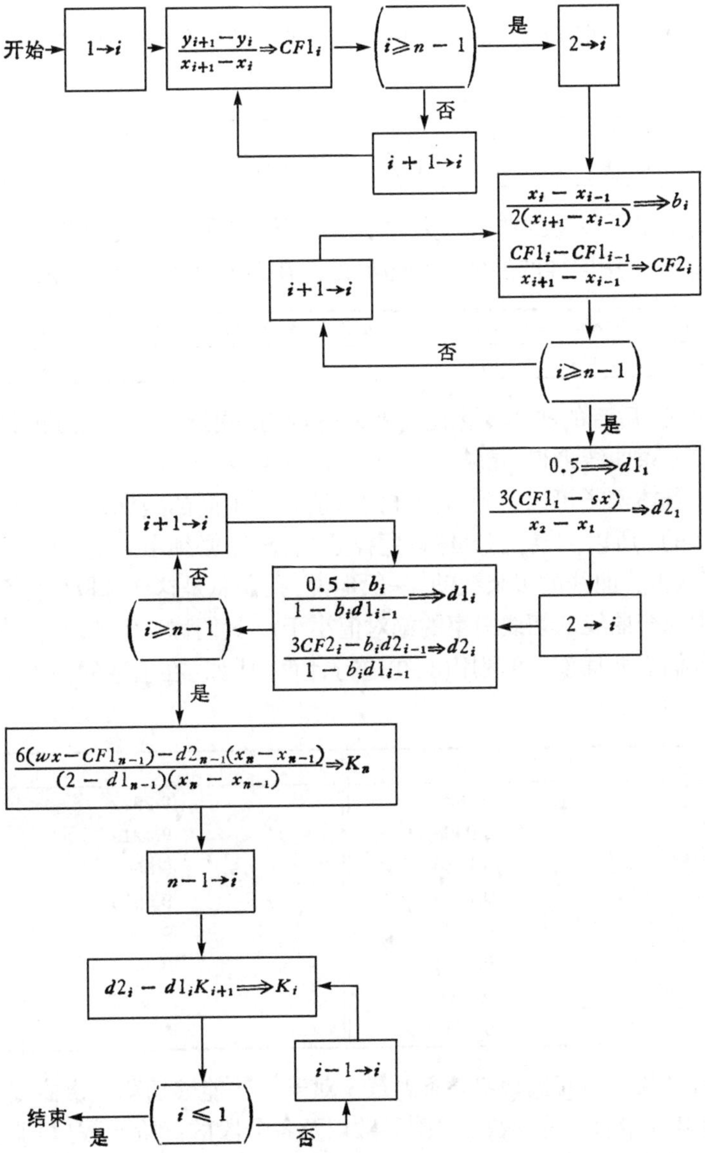

我们可以用上面的一个框图表示(3.17)的求解过程.

计算实例 某海轮上一条肋骨线型值为

x	8.125	8.4	9	9.485	9.6	9.959	10.166	10.2
y	0.0774	0.099	0.28	0.6	0.708	1.2	1.8	2.177

边界条件为

$$sx = 0.01087, \quad wx = 100.$$

对这些数据, 利用方程(3.17), 可以求出各点的二阶导数y'' 和曲率K , 结果如下:

y''	0.300	0.895	− 0.517	5.637	− 42.069	116.494	− 519.809	8000
K	0.300	0.855	− 0.459	0.923	− 27.747	0.055	− 0.021	0.008

从计算结果可以看到曲率时大时小, 跳跃很小.但如果我们将坐标系向逆时针旋转45° 以后, 利用同样的型值点和边界条件在新的坐标系下的值可以求得:

y''	1.344	0.863	0.562	0.443	0.489	0.522	0.819	1.299
K	0.491	0.444	0.471	0.440	0.489	0.455	0.455	0.459

显然可见, 后者的曲率变化比前者来得均匀, 用造船工艺方面的话来说, 后一条曲线比前一条曲线来得“光顺”.

从这个具体例子可以看到对同样的型值点在不同的坐标系下所作出的样条曲线是不一样的. 所以, 当我们具体运用样条拟合时, 必须考虑适当的坐标系选取问题, 用以消除拟合曲线的多余波动. 一般地说, 我们总是这样选取坐标系, 使得在这个坐标系中拟合曲线的切线斜率的绝对值小于1. 我们称这个要求为“小挠度”.

如果我们需要插值, 可利用(3.10)进行计算. 比如, 在上述的例子中, 可以算出拟合曲线上的一些点:

x	y	x	y
8.2547	0.0830	9.2922	0.4495
8.3844	0.0968	9.4219	0.5468
8.5141	0.1186	9.5516	0.6605
8.6437	0.1486	9.6813	0.7951
8.7734	0.1878	9.8109	0.9589
8.9031	0.2367	9.9406	1.1657
9.0328	0.2960	10.0703	1.4486
9.1625	0.3664		

如果利用数控切割机切割样条曲线 对于一些能够切割三次曲线的切割机来说, 只要给出首端的一阶导数、二阶导数以及各分段的三阶导数, 机器就能自行切割出一条切线斜率和曲率是连续的分段三次曲线来. 问题是如何计算这些量.

首先从型值点和边界条件利用方程(3.17)求出各型值点上的二阶导数, 进一步再求各个分段的三阶导数.

我们考察第i 段曲线$P_i(x)$.

从(3.9)

$$P_i''(x) = K_i + \frac{K_{i+1} - K_i}{x_{i+1} - x_i}(x - x_i)$$

立即得到

$$P_i''' = \frac{K_{i+1} - K_i}{x_{i+1} - x_i} \quad i = 1, 2, \cdots, n-1. \tag{3.20}$$

这就是第i 分段上三阶导数的表达式. 所以, 用数控切割机切割样条曲线的关键是求解样条方程.

参数样条拟合　对一条曲线, 在很多情况下, 参数表示往往更为方便. 将曲线的参数表示和样条拟合结合起来, 就得到所谓"参数样条拟合", 它是曲线拟合中一种很有效的方法.

如图6-9所示, 在平面上给出n 个型值点$P_i(x_i, y_i)(i = 1, 2, \cdots, n)$, 把相邻两个型值点连接起来可以得到弦长

$$\overline{P_{i-1}P_i} \quad i = 2, \cdots, n.$$

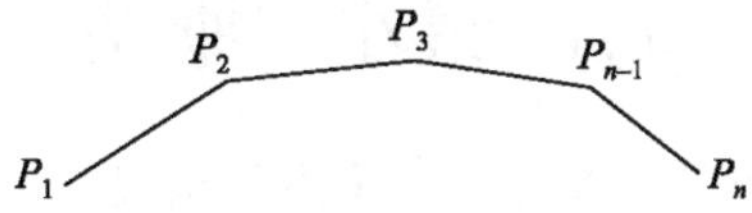

图6-9

令

$$\begin{cases} s_1 = 0, \\ s_j = \sum\limits_{i=2}^{j} \overline{P_{i-1}P_i} = \sum\limits_{i=2}^{j} \sqrt{(x_i - x_{i-1})^2 + (y_i - y_{i-1})^2}, \quad j = 2, \cdots, n, \end{cases} \tag{3.21}$$

s_j 称为累加弦长.

可对x, y 分别关于s 作出样条拟合, 即对$(s_j, x_j), (s_j, y_j)$ 分别求出三次样条函数$x = x(s)$ 和$y = y(s)$, 便得到三次参数样条曲线

$$\begin{cases} x = x(s), \\ y = y(s). \end{cases} \tag{3.22}$$

s 称为累加弦长参数. 大量计算结果表明, 这个s 非常接近于弧长参数, 但是, 除直线以外, 并不存在这样的曲线, 使x 和y 都成为弧长的三次样条函数(苏步青: 关于三次参数样条曲线的一些注记, 应用数学学报, 1976, 1).

参数样条拟合的好处就在于: 拟合曲线和坐标系的选取无关, 并且很容易推广到空间曲线的拟合.

在上面提到的某海轮肋骨线计算实例中, 如果用参数样条拟合, 那么得到的结果如下:

K 0.500 0.469 0.496 0.449 0.497 0.479 0.481 0.473

内插结果为:

x	y	x	y
8.2547	0.0830	9.2922	0.4495
8.3844	0.0968	9.4219	0.5468
8.5141	0.1186	9.5516	0.6605
8.6437	0.1486	9.6813	0.7951
8.7734	0.1878	9.8109	0.9589
8.9031	0.2367	9.9406	1.1657
9.0328	0.2960	10.0703	1.4486
9.1625	0.3664		

计算结果和原型值作45° 坐标转换后的非参数样条拟合非常接近.因此, 在样条拟合中如果找不到小挠度坐标系, 往往采用参数样条拟合, 就可以得到较好的结果.

6.4 最小二乘法

根据已知数据找一条拟合曲线, 一般有两种情况: 一是实测数据已经足够精确, 因而要求拟合曲线严格通过各型值点; 另一是实测数据基本上是正确的, 但也有少量误差, 需要根据数据的大致趋势作一些修改, 或者在误差允许的范围内使拟合曲线比较简单, 这就允许拟合曲线和事先给定的型值点有少量偏离. 前面几节介绍的都属于解决前一类问题的有关方法, 本节讨论的最小二乘法则是后一类问题中最简单最常用的方法.

在介绍最小二乘法之前, 我们先回忆一下数学分析中求二元函数极值的方法. 设$P_0(x_0,y_0)$ 是$f(x,y)$ 的极值点. 如果$f(x,y)$ 在P_0 点有偏导数, 则$P_0(x_0,y_0)$ 一定是方程组

$$\begin{cases} \dfrac{\partial f(x,y)}{\partial x}=0, \\ \dfrac{\partial f(x,y)}{\partial y}=0 \end{cases} \tag{4.1}$$

的解. 当然, (4.1)的解未必一定是极值点.

对于一般多元函数也有相应的结果. 设

$$z=f(x_1,x_2,\cdots,x_n),$$

它的极值点是方程组

$$\frac{\partial f}{\partial x_1}=0,\frac{\partial f}{\partial x_2}=0,\cdots,\frac{\partial f}{\partial x_n}=0 \tag{4.2}$$

的解.

例 求函数

$$z = x^2 + y^2$$

的极值点.

根据极值的必要条件(4.1), 极值点满足方程组

$$\begin{cases} \dfrac{\partial z}{\partial x} = 2x = 0, \\ \dfrac{\partial z}{\partial y} = 2y = 0. \end{cases}$$

我们立即得到它的解(0, 0). 因为函数不小于零, 而(0, 0)这点的函数值是零, 它确是极小值. 图6-10示意了函数$z = x^2 + y^2$ 所表示的曲面. 它在(0, 0)达到极小, 且和Oxy 坐标平面相切. 一般地, 求二元函数极值点的问题, 在几何上相当于求曲面的水平切面的切点.

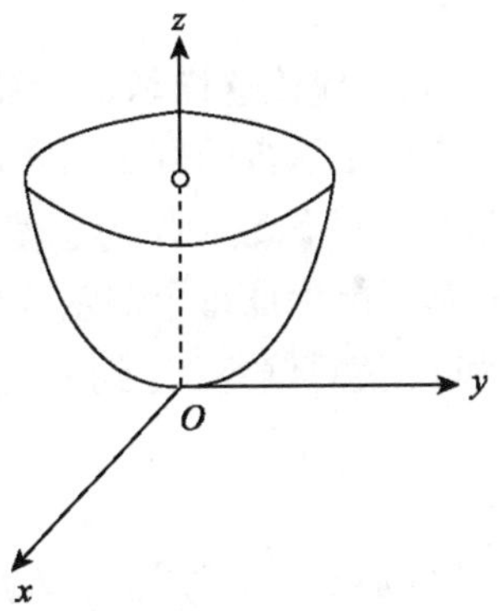

图6-10

最小二乘法 如果要加工一根型值如下的大肋骨(船体的一种横向构件), 用三次样条拟合后得到各型值点上的曲率也写在下面.

x	8.044	9.364	9.963	10.374	10.728	10.852	10.904	10.940
y	0	0.2	0.5	1	2	3	4	5
K	0.1906	0.2795	0.7830	0.3937	0.2114	0.0600	0.0068	0.0115

x	10.965	10.979	10.988	10.993	10.996	10.998	11
y	6	7	8	9	10	11	12
K	0.0128	0.0031	0.0048	0.0015	0.0010	0	− 0.0014

上表中第一行为x 坐标, 第二行为y 坐标, 第三行K 表示各点的曲率.

从曲率的数值可以看出这条曲线开始弯曲比较大, 后来弯曲很小, 几乎是直线. 因此, 为了加工方便, 往往将近乎直线的部分处理成直线.

于是, 我们要以如下型值

x	10.988	10.993	10.996	10.998	11
y	8	9	10	11	12

为依据, 作直线L

$$x = ky + b,$$

使这些型值和直线L 最接近.

如图6-11所示, 如果(x_1, y_1) 在直线L 上, 有$x_1 = ky_1 + b$, 即$x_1 - ky_1 - b = 0$, 这时直线L 和原曲线在(x_1, y_1) 点是一致的. 如果(x_1, y_1) 不在直线L 上, 那么$\varepsilon_1 = x_1 - ky_1 - b \neq 0$, 它表示型值(x_1, y_1) 和直线L 的偏差. 同样, 我们可以得到第2点的偏差ε_2 , $\cdots$, 第5点的偏差ε_5 . 我们以各点偏差的平方和表示总偏差, 记为ε , 即

$$\varepsilon = \sum_{i=1}^{5} \varepsilon_i^2 = \sum_{i=1}^{5} (x_i - ky_i - b)^2,$$

ε 是k 和b 的二元函数$\varepsilon(k, b)$. 我们应该这样确定k 和b , 使总偏差$\varepsilon(k, b)$ 达到最小值. 这种根据最小偏差平方和来确定系数的方法叫做最小二乘法.

应当指出, 不能简单地取偏差的代数和作为总偏差, 否则, 可能因偏差有正有负相互抵消而使总偏差最小, 却不能保证每个偏差都很小.

我们将决定直线L 的k 和b , 使总偏差ε 达到最小. 实际上, 极值的必要条件给出:

$$\begin{aligned}
\frac{\partial \varepsilon}{\partial k} &= -2\sum_{i=1}^{5}(x_i - ky_i - b)y_i = 2\left(-\sum_{i=1}^{5} x_i y_i + k\sum_{i=1}^{5} y_i^2 + b\sum_{i=1}^{5} y_i\right) = 0,\\
\frac{\partial \varepsilon}{\partial b} &= -2\sum_{i=1}^{5}(x_i - ky_i - b) = 2\left(-\sum_{i=1}^{5} x_i + k\sum_{i=1}^{5} y_i + 5b\right) = 0.
\end{aligned}$$

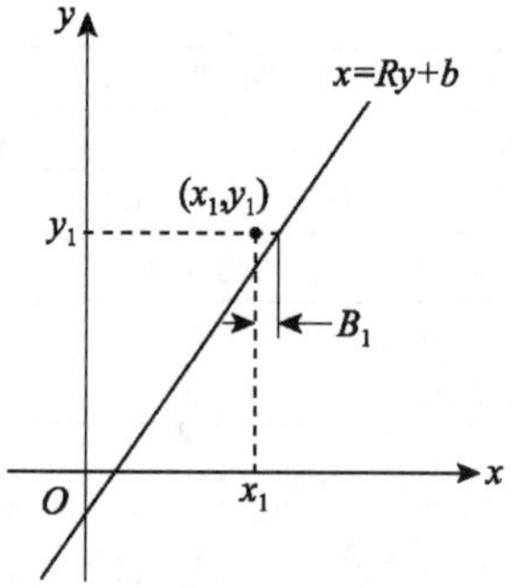

图6-11

因此, 我们得到所谓的"正规方程":

$$\begin{cases} \left(\sum\limits_{i=1}^{5} y_i^2\right) k + \left(\sum\limits_{i=1}^{5} y_i\right) b = \sum\limits_{i=1}^{5} x_i y_i, \\ \left(\sum\limits_{i=1}^{5} y_i\right) k + 5b = \sum\limits_{i=1}^{5} x_i. \end{cases} \tag{4.3}$$

这组有唯一解. 为了证明这一点, 首先证明著名的柯西不等式

$$\left(\sum_{i=1}^{n} x_i y_i\right)^2 \leqslant \left(\sum_{i=1}^{n} x_i^2\right)\left(\sum_{i=1}^{n} y_i^2\right),$$

其中等号成立的充要条件是存在一个λ_0, 使$y_i = -\lambda_0 x_i$ 对于$i = 1, 2, \cdots, n$ 均成立.

考虑

$$\sum_{i=1}^{n} (y_i + \lambda x_i)^2 = \sum_{i=1}^{n} y_i^2 + 2\lambda \sum_{i=1}^{n} x_i y_i + \lambda^2 \sum_{i=1}^{n} x_i^2.$$

由于等式的左端不小于零, 所以右端的二次三项式的判别式小于或等于零, 即

$$4\left(\sum_{i=1}^{n} x_i y_i\right)^2 - 4\left(\sum_{i=1}^{n} x_i^2\right)\left(\sum_{i=1}^{n} y_i^2\right) \leqslant 0.$$

因此得到柯西不等式.

上述各不等式中等号成立的充要条件是

$$\sum_{i=1}^{n} (y_i + \lambda x_i)^2 = 0.$$

因此必须存在λ_0 使

$$y_i = -\lambda_0 x_i,$$

对于$i = 1, 2, \cdots, n$ 均成立.

当$n = 5, x_1 = x_2 = \cdots = x_5 = 1$ 时, 上面的不等式变为

$$\left(\sum_{i=1}^{5} y_i\right)^2 \leqslant 5 \sum_{i=1}^{5} y_i^2,$$

而在实际数据中, 所有y_i 不全相等, 所以有

$$\left(\sum_{i=1}^{5} y_i\right)^2 < 5 \sum_{i=1}^{5} y_i^2.$$

因此(4.3)的解为

$$\begin{cases} k = \dfrac{5\sum\limits_{i=1}^{5} x_i y_i - \left(\sum\limits_{i=1}^{5} x_i\right)\left(\sum\limits_{i=1}^{5} y_i\right)}{\Delta}, \\ b = \dfrac{\left(\sum\limits_{i=1}^{5} x_i\right)\left(\sum\limits_{i=1}^{5} y_i^2\right) - \left(\sum\limits_{i=1}^{5} y_i\right)\left(\sum\limits_{i=1}^{5} x_i y_i\right)}{\Delta}, \end{cases} \tag{4.4}$$

其中

$$\Delta = 5\sum_{i=1}^{5} y_i^2 - \left(\sum_{i=1}^{5} y_i\right)^2.$$

根据上述型值, 列成一个计算表

i	1	2	3	4	5	Σ
x_i	10.988	10.993	10.996	10.998	11	54.975
y_i	8	9	10	11	12	50
$x_i y_i$	87.904	98.937	109.96	120.978	132	549.779
y_i^2	64	81	100	121	144	510

由(4.4)算得

$$k = 0.0029,$$
$$b = 10.966.$$

因此, 所求的直线为

$$x = 0.0029y + 10.966. \tag{4.5}$$

各点的偏差值为

$$\varepsilon_1 = -0.0012, \varepsilon_2 = 0.0009, \varepsilon_3 = 0.001,$$
$$\varepsilon_4 = 0.0001, \varepsilon_5 = -0.0008.$$

有时必须固定肋骨线的尾端, 因此对直线L 必须加上约束条件:

$$x_5 = ky_5 + b.$$

将$x_5 = 11, y_5 = 12$ 代入, 便得到

$$12k + b = 11.$$

这样, 直线方程只含有一个参数k .

$$x = k(y - 12) + 11.$$

对这个k 也可以用同样方法来确定. 此时总偏差为

$$\varepsilon = \sum_{i=1}^{4} [x_i - k(y_i - 12) - 11]^2.$$

欲使ε 为最小, 必须有

$$\frac{d\varepsilon}{dk}=0,$$

即

$$\sum_{i=1}^{4}\{[x_i-k(y_i-12)-11](y_i-12)\}=0.$$

解得

$$k=\left[\sum_{i=1}^{4}x_i(y_i-12)-11\sum_{i=1}^{4}(y_i-12)\right]\Big/\sum_{i=1}^{4}(y_i-12)^2. \tag{4.6}$$

以具体数据代入, 得到计算表

i	1	2	3	4	Σ
x_i	10.988	10.993	10.996	10.998	43.975
y_i-12	− 4	− 3	− 2	− 1	− 10
$x_i(y_i-12)$	− 43.952	− 32.979	− 21.992	− 10.998	− 109.921
$(y_i-12)^2$	16	9	4	1	30

从(4.6)得到

$$k=0.0026.$$

所求直线为

$$x=0.0026(y-12)+11.$$

各点偏差为

$$\varepsilon_1=-0.0016,\quad \varepsilon_2=0.0008,$$
$$\varepsilon_3=0.0012,\quad \varepsilon_4=0.0006.$$

上面所求的两条直线, 因为各点偏差的绝对值都不超过0.002, 所以完全属于工艺允许的范围.

6.5 基 样 条 法

平面上任一向量$\boldsymbol{p}(x,y)$ 可被表示为两个基向量$\boldsymbol{i}(1,0)$ 和$\boldsymbol{j}(0,1)$ 的线性组合:

$$\boldsymbol{p}=x\boldsymbol{i}+y\boldsymbol{j}.$$

空间中的任一向量$\boldsymbol{p}(x,y,z)$ 可被表示成三个基向量$\boldsymbol{i}(1,0,0)$, $\boldsymbol{j}(0,1,0)$ 和$\boldsymbol{k}(0,0,1)$ 的线性组合:

$$\boldsymbol{p}=x\boldsymbol{i}+y\boldsymbol{j}+z\boldsymbol{k}.$$

平面上的全体向量构成一个二维线性空间[1] R^2 . 普通空间的全体向量构成一个三维线性空间 R^3 .

三次样条曲线也有类似的性质. 以 $x_i(i=1,2,\cdots,n,x_1<x_2<\cdots<x_n)$ 为节点的任何一条三次样条曲线, 可以被表示为 $n+2$ 条特殊的三次样条曲线的线性组合. 以 x_i 为节点的三次样条曲线的全体构成 $n+2$ 维线性空间, 记为

$$S(x;x_1,x_2,\cdots,x_n).$$

这里所说的 $n+2$ 条特殊的三次样条曲线, 称为基样条. 用基样条来表示样条曲线的方法称为基样条法.

定理 以 $x_i(i=1,2,\cdots,n;x_1<x_2<\cdots<x_n)$ 为节点的三次样条曲线全体 $S(x;x_1,x_2,\cdots,x_n)$ 构成 $n+2$ 维线性空间.

证明 方程(3.17)在任何型值和首尾两端斜率给定之后有唯一解. 从(3.10)得知, 对于任何 $n+2$ 维向量

$$(y_1,y_2,\cdots,y_n,sx,wx),$$

必存在唯一的三次样条曲线 $\varphi(x)\in S(x;x_1,x_2,\cdots,x_n)$ ($\in$ 表示属于的意思), 使

$$\begin{aligned}&\varphi(x_1)=y_1,\varphi(x_2)=y_2,\cdots,\varphi(x_n)=y_n,\varphi'(x_1)=sx,\\&\varphi'(x_n)=wx.\end{aligned}$$

反之, 任何 $\varphi(x)\in S(x;x_1,x_2,\cdots,x_n)$ 必对应于唯一的 $n+2$ 维向量 $(y_1,y_2,\cdots,y_n,$ $sx,\ wx)$:

$$\begin{aligned}&y_1=\varphi(x_1),y_2=\varphi(x_2),\cdots,y_n=\varphi(x_n),\\&sx=\varphi'(x_1),wx=\varphi'(x_n).\end{aligned}$$

这样, 我们就在 $S(x;x_1,x_2,\cdots,x_n)$ 和 $n+2$ 维线性空间 R^{n+2} 之间建立了一一对应. 我们将进一步证明; 这个对应保持线性关系不变.

设 $(y_1,y_2,\cdots,y_n,sx,wx)$ 对应于 $\varphi(x)$, 它的第 i 分段曲线为 $P_i(x)$, 各点二阶导数为 K_i; $(\bar{y}_1,\bar{y}_2,\cdots,\bar{y}_n,\bar{s}_x,\bar{w}_x)$ 对应于 $\bar{\varphi}(x)$, 它的第 i 分段曲线为 $\bar{P}_i(x)$, 各点二阶导数为 $\bar{K}_i$, $(Ay_1+B\bar{y}_1,Ay_2+B\bar{y}_2,\cdots,Ay_n+B\bar{y}_n,Asx+B\bar{s}x,Awx+B\bar{w}x)$ 对应于 $\psi(x)$, 其中 A,B 是两个任意常数. 我们要证明

$$\psi(x)=A\varphi(x)+B\bar{\varphi}(x).$$

容易验证, $AK_i+B\bar{K}_i$ 是以

$$Ay_1+B\bar{y}_1,Ay_2+B\bar{y}_2,\cdots,Ay_n+B\bar{y}_n$$

1) 线性空间(或向量空间)的定义, 可参阅有关的代数书籍, 如北京大学数学力学系编《高等代数》, 人民教育出版社.

为型值而且以$Asx+B\bar{s}x$ 和$Awx+B\bar{w}x$ 为首尾两端斜率的样条方程(3.17)的解.

从(3.10)知道, $\psi(x)$ 第i 分段的三次曲线为

$$\begin{aligned}&Ay_i+B\bar{y}_i+\frac{Ay_{i+1}+B\bar{y}_{i+1}-(Ay_i+B\bar{y}_i)}{x_{i+1}-x_i}(x-x_i)+\frac{1}{6}(x-x_i)(x-x_{i+1})\\&\times\left\{\left[AK_i+B\bar{K}_i+\frac{AK_{i+1}+B\bar{K}_{i+1}-(AK_i+B\bar{K}_i)}{x_{i+1}-x_i}(x-x_i)\right]\right.\\&\left.+(AK_i+B\bar{K}_i)+(AK_{i+1}+B\bar{K}_{i+1})\right\}=AP_i(x)+B\bar{P}_i(x).\end{aligned}$$

上式对$i=1,2,\cdots,n-1$ 均成立, 所以得到

$$\psi(x)=A\varphi(x)+B\bar{\varphi}(x).$$ 证毕.

对R^{n+2} 可取$n+2$ 个基向量

$$(1,0,\cdots,0),(0,1,0,\cdots,0),\cdots,(0,0,\cdots,0,1),$$

它们所对应的$n+2$ 个基样条$\varphi_0(x)$, $\varphi_1(x),\cdots,\varphi_{n+1}(x)$ 满足下列关系;

$$\begin{cases}\varphi_j(x_i)=\delta_{ij}=\begin{cases}1,i=j,\\0,i\neq j,\end{cases}\\\varphi_j'(x_1)=0,\varphi_j'(x_n)=0,\\\varphi_0(x_j)=0,\varphi_0'(x_1)=1,\varphi_0'(x_n)=0,\\\varphi_{n+1}(x_j)=0,\varphi_{n+1}'(x_1)=0,\varphi_{n+1}'(x_n)=1,\\i,j=1,2,\cdots,n.\end{cases}\tag{5.1}$$

这样, $\varphi(x)\in S(x;x_1,x_2,\cdots,x_n)$ 可被表示为

$$\varphi(x)=sx\varphi_0(x)+wx\varphi_{n+1}(x)+\sum_{i=1}^{n}y_i\varphi_i(x).\tag{5.2}$$

6.6 样条拟合中光顺边界条件的确定

从第三节知道, 要唯一地确定一条样条曲线, 除了已知型值点外, 还必须给出边界条件.但有些实际问题中, 我们既不知道首尾两端的斜率, 也不能假定它是自然样条. 这时只有$(n-2)$ 个方程:

$$\begin{cases}b_2K_1+K_2+\left(\dfrac{1}{2}-b_2\right)K_3=3CF2_2,\\b_3K_2+K_3+\left(\dfrac{1}{2}-b_3\right)K_4=3CF2_3,\\\cdots\cdots\\b_{n-1}K_{n-2}+K_{n-1}+\left(\dfrac{1}{2}-b_{n-1}\right)K_n=3CF2_{n-1},\end{cases}$$

而未知数却有n 个. 为了唯一地确定这n 个未知数$K_1, K_2, \cdots, K_n$, 还必须给出另外的条件, 这就是所谓“光顺性”条件.

光顺性的数学描述　“光顺”是放样工艺上的术语. 工人师傅在放样时, 将离散的型值点连成曲线, 主要是运用样条和压铁这两样工具, 由压铁来控制样条的弯曲走向, 如图6-12所示. 为了检验所画的曲线是否光顺, 往往将压铁逐个放松(首尾两端的压铁一般不动)去检查曲线回弹量的大小; 回弹量大的不如回弹量小的来得光顺. 回弹量大就说明原来样条的弯曲走向是由压铁“硬紧”压牢的结果, 因此曲线比较“犟”. 相反, 回弹量小就是压铁上吃力较小, 曲线较光顺. 我们不妨把样条在压铁压牢时所形成的曲线看作为材料力学中的细梁受集中载荷时的弹性曲线, 回弹量小就看作为集中载荷小, 或者剪切力变化小.根据材料力学对小挠度梁的分析得到下列方程:

$$y''(x) = \frac{1}{EI} M(x),$$
$$M'(x) = N(x).$$

图6-12

如图6-13所示, 其中$y(x)$ 表示梁弯曲后的弹性曲线, $M(x)$ 是弯矩, $N(x)$ 是剪切力, I 是几何惯性矩, E 是杨氏模量. 从上列方程立即得到

$$N(x) = EIy'''(x).$$

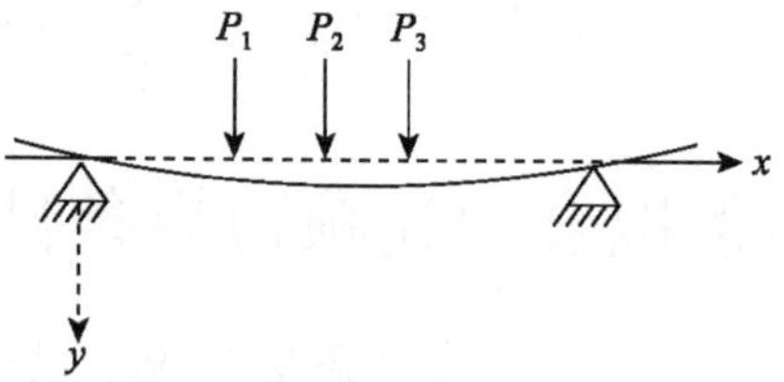

图6-13

样条曲线是分段三次的曲线, 它的三阶导数在中间的$n-2$ 个型值点处是跳跃的. 欲使剪切力变化最小, 就可使这些跳跃值的平方和$\sum\limits_{i=2}^{n-1}(y'''_{i+0} - y'''_{i-0})^2$ 最小, 其中y'''_{i-0} 表示第$i-1$ 段曲线在x_i 点的三阶导数值, y'''_{i+0} 表示第i 段曲线在同一x_i 点的三阶导数值. 从(3.20)得到

$$\sum_{i=2}^{n-1}(y'''_{i+0} - y'''_{i-0})^2 = \sum_{i=2}^{n-1}\left(\frac{K_{i+1}-K_i}{x_{i+1}-x_i} - \frac{K_i - K_{i-1}}{x_i - x_{i-1}}\right)^2.$$

因此, 问题归结为

$$\begin{cases} b_i K_{i-1} + K_i + \left(\frac{1}{2} - b_i\right) K_{i+1} = 3CF2_i, i = 2, \cdots, n-1, \\ S = \sum_{i=2}^{n-1} \left(\frac{K_{i+1} - K_i}{x_{i+1} - x_i} - \frac{K_i - K_{i-1}}{x_i - x_{i-1}} \right)^2 = \text{极小}. \end{cases} \tag{6.1}$$

解 为了求解(6.1), 我们先取三个特殊的三次样条曲线.其中两条就是上节所说的基样条$\varphi_0(x)$ 和$\varphi_{n+1}(x)$. 从(3.17)求出这两个基样条在型值点上的二阶导数值, 分别记作$c1_i$ 和$c2_i, i = 1, 2, \cdots, n$. 另外, 我们取$\varphi(x)$ 使满足

$$\psi'(x_1) = 0, \quad \psi'(x_n) = 0,$$
$$\psi(x_j) = y_j, \quad j = 1, 2, \cdots, n.$$

显然有

$$\psi(x) = \sum_{j=1}^{n} y_j \varphi_j(x). \tag{6.2}$$

同样从(3.17)解得$\psi(x)$ 在型值点上的二阶导数值$c0_i$, $i = 1, 2, \cdots, n$. 由(5.2) 和(6.2) 得知, 凡通过(x_i, y_i) 这n 个型值点的任何一条样条曲线都可被表示为

$$\varphi(x) = sx\varphi_0(x) + wx\varphi_{n+1}(x) + \psi(x).$$

对它的两边求导两次, 得到

$$\varphi''(x) = sx\varphi_0''(x) + wx\varphi_{n+1}''(x) + \psi''(x).$$

以$x = x_i$ 代入, 并考虑到

$$\varphi_0''(x_i) = c1_i, \quad \varphi_{n+1}''(x_i) = c2_i,$$
$$\psi''(x_i) = c0_i, \quad \varphi''(x_i) = K_i,$$

我们有

$$K_i = sxc1_i + wxc2_i + c0_i, \quad i = 1, 2, \cdots, n, \tag{6.3}$$

其中$c0_i, c1_i, c2_i$都是已知的. 为确定K_i , 还必须求出sx 和wx :

将(6.3)代入(6.1)中的第二式, 经整理得到

$$S = \sum_{i=2}^{n-1} (d0_i + sxd1_i + wxd2_i)^2,$$

其中

$$\begin{cases} d0_i = \frac{c0_{i+1} - c0_i}{x_{i+1} - x_i} - \frac{c0_i - c0_{i-1}}{x_i - x_{i-1}}, \\ d1_i = \frac{c1_{i+1} - c1_i}{x_{i+1} - x_i} - \frac{c1_i - c1_{i-1}}{x_i - x_{i-1}}, \\ d2_i = \frac{c2_{i+1} - c2_i}{x_{i+1} - x_i} - \frac{c2_i - c2_{i-1}}{x_i - x_{i-1}}. \end{cases} \tag{6.4}$$

为使S 达到极小, 必须有

$$\frac{\partial S}{\partial sx} = 2\sum_{i=2}^{n-1}(d0_i + sxd1_i + wxd2_i)d1_i = 0,$$
$$\frac{\partial s}{\partial wx} = 2\sum_{i=2}^{n-1}(d0_i + sxd1_i + wxd2_i)d2_i = 0.$$

于是得到关于sx 和wx 的线性方程组

$$\begin{cases} d11sx + d12wx = -d10, \\ d12sx + d22wx = -d20, \end{cases}$$

其中

$$d11 = \sum_{i=2}^{n-1} d1_i^2, \quad d12 = \sum_{i=2}^{n-1} d1_i d2_i, \quad d22 = \sum_{i=2}^{n-1} d2_i^2,$$
$$d10 = \sum_{i=2}^{n-1} d1_i d0_i, \quad d20 = \sum_{i=2}^{n-1} d2_i d0_i.$$

最后得到

$$\begin{cases} sx = \dfrac{d12d20 - d10d22}{d11d22 - d12^2}, \\ wx = \dfrac{d12d10 - d11d20}{d11d22 - d12^2}. \end{cases} \tag{6.5}$$

这就是我们根据光顺性条件所确定的首尾两端的斜率. 将(6.5)代入(6.3)就得到(6.1)的解.

在有些实际问题中, 如果已知一端的斜率, 那么另一端的斜率可用类似的方法来解决.下面只列出有关的结果, 具体的推导留给读者作为练习.

如果已知首端斜率sx , 那么, 利用光顺性条件可确定其尾端斜率

$$wx = -\frac{sxd12 + d20}{d22}. \tag{6.6}$$

将(6.6)代入(6.3)就得到所要求的解.

如果已知尾端斜率wx , 同样利用光顺性条件可求出它的首端斜率

$$sx = -\frac{wxd12 + d10}{d11}. \tag{6.7}$$

将(6.7)代入(6.3)就得到问题的解.

解的存在性 最后, 剩下的问题是说明(6.5), (6.6)和(6.7)是有意义的, 即证明

$$d11 \neq 0, \quad d22 \neq 0,$$

和

$$d11d22 - d12^2 \neq 0.$$

为此, 我们先证明

引理 对给定的$x_1 < x_2 < \cdots < x_n$和任何$y_1, y_2, \cdots, y_n$, 如果有

$$\frac{y_n - y_{n-1}}{x_n - x_{n-1}} = \frac{y_{n-1} - y_{n-2}}{x_{n-1} - x_{n-2}} = \cdots = \frac{y_2 - y_1}{x_2 - x_1},$$

则

$$y_i = ax_i + b, \quad i = 1, 2, \cdots, n,$$

其中a 和b 是两个确定的常数.

实际上, 引理的几何意义是: 如果给出n 个型值点, 过每相邻两点可作一条直线, 所有这些直线的斜率相等, 那么这n 个型值点必定在一条公共直线上.

证明 对任何$i = 2, \cdots, n$, 令

$$\frac{y_i - y_{i-1}}{x_i - x_{i-1}} = a,$$

则

$$\begin{aligned} y_i &= (y_i - y_{i-1}) + (y_{i-1} - y_{i-2}) + \cdots + (y_2 - y_1) + y_1 \\ &= a(x_i - x_{i-1}) + a(x_{i-1} - x_{i-2}) + \cdots + a(x_2 - x_1) + y_1 \\ &= ax_i - ax_1 + y_1. \end{aligned}$$

又令$y_1 - ax_1 = b$, 便有

$$y_i = ax_i + b, \quad i = 1, 2, \cdots, n.$$

定理1 当$n \geqslant 3$ 时, 基样条$\varphi_0(x)$ 和$\varphi_{n+1}(x)$ 的剪切力变化均不可能是零.

证明 从(6.1)知道, $\varphi_0(x)$ 的剪切力变化为

$$S_1 = \sum_{i=2}^{n-1} \left(\frac{c1_{i+1} - c1_i}{x_{i+1} - x_i} - \frac{c1_i - c1_{i-1}}{x_i - x_{i-1}} \right)^2,$$

其中$c1_i (i = 1, 2, \cdots, n)$ 为$\varphi_0(x)$ 在各型值点上的二阶导数值.

倘若$S_1 = 0$, 则

$$\frac{c1_{i+1} - c1_i}{x_{i+1} - x_i} = \frac{c1_i - c1_{i-1}}{x_i - x_{i-1}}, \quad i = 2, \cdots, n-1.$$

由引理可得

$$c1_i = ax_i + b.$$

然而$\varphi_0(x)$ 满足样条方程

$$\begin{cases} c1_1 + \dfrac{1}{2} c1_2 = -3/(x_2 - x_1), \\ b_i c1_{i-1} + c1_i + \left(\dfrac{1}{2} - b_i \right) c1_{i+1} = 0, i = 2, \cdots, n-1, \\ \dfrac{1}{2} c1_{n-1} + c1_n = 0. \end{cases}$$

以$c1_i$ 的表达式代入立即可得

$$\begin{cases}(2x_1+x_2)a+3b=-6/(x_2-x_1),\\(x_{i-1}+x_i+x_{i+1})a+3b=0, \quad i=2,\cdots,n-1,\\(x_{n-1}+2x_n)a+b=0.\end{cases}$$

从中间任何一个方程和最后一个方程必须有

$$a=b=0,$$

而与第一式矛盾, 所以$S_1 \neq 0$.

对$\varphi_{n+1}(x)$ 可以同样地证明. 定理1正是说明了$d11 \neq 0$ 和$d22 \neq 0$.

定理2 当$n>3$ 时, 基样条$\varphi_0(x)$ 和$\varphi_{n+1}(x)$ 在各型值点处的剪切力变化不可能成比例, 即不存在λ , 使

$$d1_i=\lambda d2_i, \quad i=2,\cdots,n-1.$$

证明 如有λ 使

$$d1_i=\lambda d2_i, \quad i=2,\cdots,n-1,$$

则

$$\frac{c1_{i+1}-c1_i}{x_{i+1}-x_i}-\frac{c1_i-c1_{i-1}}{x_i-x_{i-1}}=\lambda\left(\frac{c2_{i+1}-c2_i}{x_{i+1}-x_i}-\frac{c2_i-c2_{i-1}}{x_i-x_{i-1}}\right),$$

它也可写成

$$\begin{aligned}&\frac{(c1_{i+1}-\lambda c2_{i+1})-(c1_i-\lambda c2_i)}{x_{i+1}-x_i}\\&=\frac{(c1_i-\lambda c2_i)-(c1_{i-1}-\lambda c2_{i-1})}{x_i-x_{i-1}}.\end{aligned}$$

从引理得到

$$c1_i-\lambda c2_i=ax_i+b.$$

考虑到$\varphi_0(x)$ 和$\varphi_{n+1}(x)$ 所满足的样条方程, 便可知道$c1_i-c2_i$必定满足方程组:

$$\begin{cases}(c1_1-\lambda c2_1)+\dfrac{1}{2}(c1_2-\lambda c2_2)=-\dfrac{3}{x_2-x_1},\\b_i(c1_{i-1}-\lambda c2_{i-1})+(c1_i-\lambda c2_i)\\\qquad+\left(\dfrac{1}{2}-b\right)(c1_{i+1}-\lambda c2_{i+1})=0, \quad i=2,\cdots,n-1,\\\dfrac{1}{2}(c1_{n-1}-\lambda c2_{n-1})+(c1_n-\lambda c2_n)=-\dfrac{3\lambda}{x_n-x_{n-1}}.\end{cases}$$

以$c1_i - \lambda c2_i$ 的表达式代入, 就有

$$\begin{cases} (2x_1 + x_2)a + 3b = -\dfrac{6}{x_2 - x_1}, \\ (x_{i-1} + x_i + x_{i+1})a + 3b = 0, \quad i = 2, \cdots, n-1, \\ (x_{n-1} + 2x_n)a + 3b = -\dfrac{6\lambda}{x_n - x_{n-1}}. \end{cases} \tag{6.8}$$

当$n > 3$ 时, (6.8)至少包含四个方程, 从中间两个方程

$$\begin{cases} (x_{i-1} + x_i + x_{i+1})a + 3b = 0, \\ (x_i + x_{i+1} + x_{i+2})a + 3b = 0, \end{cases}$$

立刻可得

$$(x_{i-1} - x_{i+2})a = 0,$$

即$a = 0$, 因而也有$b = 0$. 这与(6.8)的第一个方程矛盾.

利用定理2和柯西不等式立即得到

$$\left(\sum_{i=2}^{n-1} d1_i \cdot d2_i \right)^2 < \left(\sum_{i=2}^{n-1} d1_i^2 \right) \left(\sum_{i=2}^{n-1} d2_i^2 \right),$$

即

$$d12^2 < d11 \cdot d22,$$

它说明, (6.5)式当$n > 3$ 时总是有意义的.

6.7 Bézier曲线

定义 已知R^3 (或R^2)中的$n+1$ 个点$P_i (i = 0, 1, \cdots, n)$. 由参数方程

$$\boldsymbol{p}(t) = \sum_{i=0}^{n} \boldsymbol{P}_i B_{i,n}(t), \ 0 \leqslant t \leqslant 1 \tag{7.1}$$

表示的曲线称为n 次Bézier曲线(图6-14), 这里$\boldsymbol{P}_i$ 表示点P_i 的向径,

$$B_{i,n}(t) = \mathrm{C}_n^i t^i (1-t)^{n-i}, \quad i = 0, 1, \cdots, n \tag{7.2}$$

是Bernstein基函数, $\mathrm{C}_n^i = \dfrac{n!}{i!(n-i)!}$. 折线$P_0 P_1 \cdots P_n$ 称为它的特征多边形, $P_0, P_1, \cdots$, P_n 称为特征多边形的顶点.

Bézier曲线(7.1)有时也记为$\boldsymbol{p}_n(t)$ 或$\boldsymbol{p}_n[P_0, P_1, \cdots, P_n, t]$.

一些特殊情形

$n = 1, \boldsymbol{p}(t) = \boldsymbol{P}_0(1-t) + \boldsymbol{P}_1 t$, 是直线段;

$n=2, \boldsymbol{p}(t)=\boldsymbol{P}_0(1-t)^2+\boldsymbol{P}_1 2t(1-t)+\boldsymbol{P}_2 t^2$，是抛物线段;

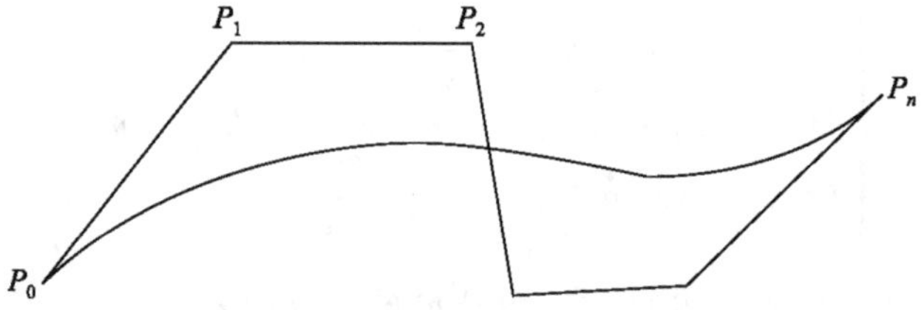

图6-14

$$\begin{aligned} n= & 3, \boldsymbol{p}(t)=\boldsymbol{P}_0(1-t)^3+\boldsymbol{P}_1 3t(1-t)^2+\boldsymbol{P}_2 3t^2(1-t)+\boldsymbol{P}_3 t^3 \\ = & (-\boldsymbol{P}_0+3\boldsymbol{P}_1-3\boldsymbol{P}_2+\boldsymbol{P}_3)t^3+(3\boldsymbol{P}_0-6\boldsymbol{P}_1+3\boldsymbol{P}_2)t^2 \\ & +(-3\boldsymbol{P}_0+3\boldsymbol{P}_1)t+\boldsymbol{P}_0, \end{aligned}$$

是参数三次曲线段.

显然, n 次Bézier曲线是一种参数n 次曲线, 它当然可表为Ferguson形式

$$\boldsymbol{p}(t)=\boldsymbol{b}_0+\boldsymbol{b}_1 t+\boldsymbol{b}_2 t^2+\cdots+\boldsymbol{b}_n t^n. \tag{7.3}$$

为了讨论Bézier曲线的性质, 我们列举Bernstein基函数的一些性质:

1. 权性

$$\begin{cases} B_{i,n}(t) \geqslant 0, \\ \sum\limits_{i=0}^{n} B_{i,n}(t)=1. \end{cases} \tag{7.4}$$

因$0 \leqslant t \leqslant 1$，第一式从(7.2)是自明的. 第二式不外乎是二项式展开:

$$1=[t+(1-t)]^n=\sum_{i=0}^{n} B_{i,n}(t).$$

2. 对称性

$$B_{i,n}(t)=B_{n-i,n}(1-t). \tag{7.5}$$

3. 导数公式

$B_{i,n}(t)$ 关于t 的导数

$$B_{i,n}'(t)=n\{B_{i-1,n-1}(t)-B_{i,n-1}(t)\}. \tag{7.6}$$

这里已经规定$B_{-1,n}(t)=B_{n,n-1}(t)=0$.

4. 递推公式

$$B_{i,n}(t)=(1-t)B_{i,n-1}(t)+tB_{i-1,n-1}(t). \tag{7.7}$$

(7.5), (7.6)和(7.7)的成立是显而易见的.

我们根据这些性质容易得出

$$\boldsymbol{p}(0)=\boldsymbol{P}_0,\boldsymbol{p}(1)=\boldsymbol{P}_n \tag{7.8}$$

和

$$\boldsymbol{p}'(t)=n\sum_{k=0}^{n-1}B_{k,n-1}(t)\boldsymbol{\alpha}_k, \tag{7.9}$$

这里$\boldsymbol{\alpha}_k=\boldsymbol{P}_k-\boldsymbol{P}_{k-1},k=1,\cdots,n$. 这说明了n 次Bézier曲线的一阶导数曲线是$n-1$ 次的Bézier曲线. 如将原来的特征多边形的边向量的起点移到原点, 则它们的终点(除了一个因子外)就是这$n-1$ 次Bézier曲线的特征多边形的顶点(图6-15).

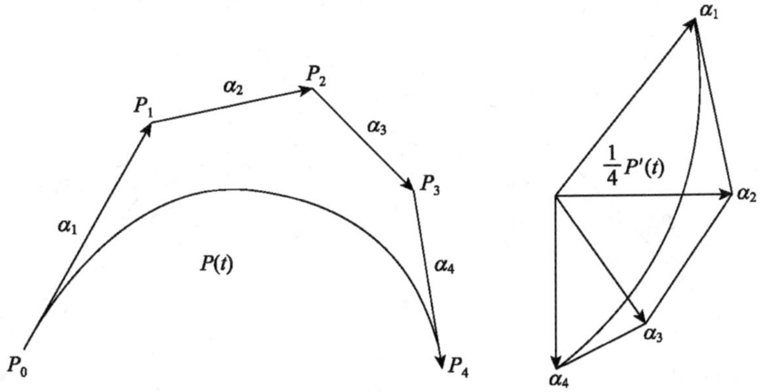

图6-15

从(7.8)和(7.9)立刻得出

$$\boldsymbol{p}'(0)=n\boldsymbol{\alpha}_1,\quad \boldsymbol{p}'(1)=n\boldsymbol{\alpha}_n.$$

这样我们获得了Bézier曲线的两个重要性质:

1. 端点性质

Bézier曲线是以P_0 为始点、以P_n 为终点, 并且在P_0 点与$\overrightarrow{P_0P_1}$ 相切, 在P_n 点与$\overrightarrow{P_{n-1}P_n}$ 相切的曲线.

2. 凸包性质

Bézier曲线被包含在其特征多边形顶点的凸包H 内:

$$H=\left\{\sum_{i=0}^{n}\lambda_i\boldsymbol{P}_i\middle|\sum_{i=0}^{n}\lambda_i=1,\lambda_i\geqslant 0,i=0,1,\cdots,n\right\}.$$

设计人员是根据这两个性质去估计$\boldsymbol{p}(t)$ 所在范围的. 这样, 适当地移动顶点之后, 可使$\boldsymbol{p}(t)$ 符合设计要求.

Bézier本人曾给出了(7.1)的作图方法, 现在称它为作图定理.

令

$$\boldsymbol{P}_{i,0} = \boldsymbol{P}_i, \quad i = 0, 1, \cdots, n.$$

对(0.1)中的一个固定的t，作

$$\begin{cases} \boldsymbol{P}_{i,1}(t) = (1-t)\boldsymbol{P}_{i,0} + t\boldsymbol{P}_{i+1,0}, \quad i = 0, \cdots, n-1, \\ \cdots\cdots \\ \boldsymbol{P}_{i,l}(t) = (1-t)\boldsymbol{P}_{i,l-1}(t) + t\boldsymbol{P}_{i+1,l-1}(t), \quad i = 0, \cdots, n-l, \\ \cdots\cdots \\ \boldsymbol{P}_{0,n}(t) = (1-t)\boldsymbol{P}_{0,n-1}(t) + t\boldsymbol{P}_{1,n-1}(t). \end{cases} \tag{7.10}$$

图6-16表示了这个过程$\left(n = 4, t = \dfrac{1}{2}\right)$. 图中$P_{i,l}(t)$ 是$\boldsymbol{P}_{i,l}(t)$ 的终点.

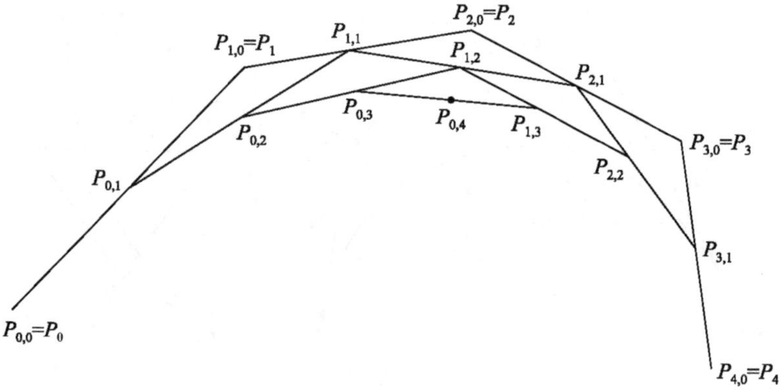

图6-16

作图定理 设$\boldsymbol{P}_{i,l}(t)$ 是由(7.10)给出的点, $l = 1, \cdots, n, i = 0, \cdots, n-l$，则

$$\boldsymbol{p}(t) = \boldsymbol{P}_{0,n}(t), \tag{7.11}$$

并且$\overrightarrow{P_{0,n-1}(t)P_{1,n-1}(t)}$ 是Bézier曲线在$\boldsymbol{p}(t)$ 处的切线向量.

证明 首先容易直接验算

$$\boldsymbol{p}_n[P_0, P_1, \cdots, P_n, t] = (1-t)\boldsymbol{p}_{n-1}[P_0, P_1, \cdots, P_{n-1}, t] + t\boldsymbol{p}_{n-1}[P_1, P_2, \cdots, P_n, t]. \tag{7.12}$$

其次, 我们对n 用数学归纳法. 当$n = 1$ 时,

$$\boldsymbol{P}_{0,1}(t) = (1-t)\boldsymbol{P}_{0,0} + t\boldsymbol{P}_{1,0} = (1-t)\boldsymbol{P}_0 + t\boldsymbol{P}_1 = \boldsymbol{p}_1(t),$$

即(7.11)成立.

假定$n = k$ 时(7.11)成立, 那么

$$\boldsymbol{p}_k[P_0, P_1, \cdots, P_k, t] = \boldsymbol{P}_{0,k}(t),$$
$$\boldsymbol{p}_k[P_1, P_2, \cdots, P_{k+1}, t] = \boldsymbol{P}_{1,k}(t).$$

利用(7.12)就有

$$\begin{aligned}&\boldsymbol{p}_{k+1}[P_0,P_1,\cdots,P_{k+1},t]\\=&(1-t)\boldsymbol{p}_k[P_0,P_1,\cdots,P_k,t]+t\boldsymbol{p}_k[P_1,P_2,\cdots,P_{k+1},t]\\=&(1-t)\boldsymbol{P}_{0,k}(t)+t\boldsymbol{P}_{1,k}(t)=\boldsymbol{P}_{0,k+1}(t).\end{aligned}$$

这就是说, (7.11)当$n=k+1$ 时也成立. 这样, 证明了(7.11).

最后, (7.6)给出

$$\begin{aligned}\boldsymbol{p}_n'(t)&=\sum_{i=0}^n B_{i,n}'(t)\boldsymbol{P}_i=n\sum_{i=0}^n\{B_{i-1,n-1}(t)-B_{i,n-1}(t)\}\boldsymbol{P}_i\\&=n\left\{\sum_{i=0}^{n-1}B_{i,n-1}(t)\boldsymbol{P}_{i+1}-\sum_{i=0}^{n}B_{i,n-1}(t)\boldsymbol{P}_i\right\}\\&=n(\boldsymbol{P}_{1,n-1}(t)-\boldsymbol{P}_{0,n-1}(t))=\overrightarrow{nP_{0,n-1}P_{1,n-1}}.\end{aligned}$$

同样, 我们也可以证明

剖分定理 对于$0<w<1$, 成立

$$\boldsymbol{p}_n[P_0,P_1,\cdots,P_n,t]\\=\begin{cases}\boldsymbol{p}_n\left[P_{0,0},P_{0,1}(w),\cdots,P_{0,n}(w),\dfrac{t}{w}\right], & 当0\leqslant t\leqslant w,\\ \boldsymbol{p}_n\left[P_{0,n}(w),P_{1,n-1}(w),\cdots,P_{n,0}(w),\dfrac{t-w}{1-w}\right], & 当w\leqslant t\leqslant 1.\end{cases}$$

证明 我们只证明$0\leqslant t\leqslant w$ 的情形. 另一半来自Bézier曲线首尾的对称性. 这是由于令$P_n=\bar{P}_0,P_{n-1}=\bar{P}_1,\cdots,P_0=\bar{P}_n$, 并且$\bar{t}=1-t$, 就可使情形转化.

当$n=1$ 时,

$$\begin{aligned}&\boldsymbol{p}_1\left[P_{0,0},P_{0,1}(w),\frac{t}{w}\right]=\left(1-\frac{t}{w}\right)\boldsymbol{P}_{0,0}+\frac{t}{w}\boldsymbol{P}_{0,1}(w)\\=&\left(1-\frac{t}{w}\right)\boldsymbol{P}_0+\frac{t}{w}[(1-w)\boldsymbol{P}_0+w\boldsymbol{P}_1]\\=&(1-t)\boldsymbol{P}_0+t\boldsymbol{P}_1=\boldsymbol{p}_1[P_0,P_1,t].\end{aligned}$$

假定当$k<n$ 时成立

$$\boldsymbol{p}_k[P_0,P_1,\cdots,P_k,t]=\boldsymbol{p}_k\left[P_{0,0},P_{0,1}(w),\cdots,P_{0,k}(w),\frac{t}{w}\right],$$

那么利用(7.12)就有

$$
\begin{aligned}
&\boldsymbol{p}_n[P_0,P_1,\cdots,P_n,t]\\
&=(1-t)\boldsymbol{p}_{n-1}[P_0,P_1,\cdots,P_{n-1},t]+t\boldsymbol{p}_{n-1}[P_1,P_2,\cdots,P_n,t]\\
&=(1-t)\boldsymbol{p}_{n-1}\left[P_{0,0},P_{0,1},\cdots,P_{0,n-1},\frac{t}{w}\right]+t\boldsymbol{p}_{n-1}\left[P_{1,0},\cdots,P_{1,n-1},\frac{t}{w}\right]\\
&=\left\{w(1-t)\boldsymbol{p}_{n-1}\left[P_{0,0},\cdots,P_{0,n-1},\frac{t}{w}\right]+wt\boldsymbol{p}_{n-1}\left[P_{1,0},\cdots,P_{1,n-1},\frac{t}{w}\right]\right\}\Big/w\\
&=\left\{\left(1-\frac{t}{w}\right)\boldsymbol{p}_{n-1}\left[P_{0,0},\cdots,P_{0,n-1},\frac{t}{w}\right]+\frac{t}{w}\boldsymbol{p}_{n-1}\left[P_{0,1},\cdots,P_{0,n},\frac{t}{w}\right]\right\}\\
&=\boldsymbol{p}_n\left[P_{0,0},\cdots,P_{0,n},\frac{t}{w}\right].
\end{aligned}
$$

剖分定理的意义是明显的, 它把Bézier曲线分成两段, 每一段又是新的特征多边形的Bézier曲线. 我们还可以继续剖分, 这样一变二, 二变四, $\cdots$, 经过k 次剖分, Bézier曲线分成2^k 段, 每一段都是新的特征多边形的Bézier曲线. 当$k\to\infty$ 时, 这些新的特征多边形的顶点将收敛于Bézier曲线上的点(证明留作习题). 在实际应用时, 只要适当大的k , 这些顶点就可近似地看成Bézier曲线上的点.

作图定理和剖分定理还给出了平面Bézier曲线的保凸定理和包络定理.

保凸定理 设$P_0,P_1,\cdots,P_n$ 是平面上的$n+1$ 个点, 如多边形$P_0,P_1\cdots P_n$ 是凸的, 则对应的Bézier曲线$\boldsymbol{p}_n[P_0,P_1,\cdots,P_n,t]$ 也是凸的(刘鼎元, 数学年刊, 3(1), 1982).

包络定理 平面上的Bézier曲线$\boldsymbol{p}_n[P_{0,0},P_{1,0},\cdots,P_{n,0},t]$ 是$n-l$ 次的Bézier曲线族$\boldsymbol{p}_{n-l}[P_{0,l}(\lambda),P_{1,l}(\lambda),\cdots,P_{n-l,l}(\lambda),t]$ 的包络曲线($l=1,2,\cdots,n-1$) , 其中$\boldsymbol{P}_{i,l}(\lambda)$ 是由(7.10)给出的(苏步青, 金通洸, 1982年计算几何讨论会论文集).

以上两定理的证明都留给读者作习题之用.

习　题

1. 求三次Bézier曲线在两端点处的曲率.

2. 证明

$$\boldsymbol{p}_n[P_0,P_1,\cdots,P_n,t]=\boldsymbol{p}_n[P_n,P_{n-1},\cdots,P_0,1-t],$$

并说明它的意义.

3. 设$\boldsymbol{\alpha}_1,\boldsymbol{\alpha}_2,\cdots,\boldsymbol{\alpha}_n$ 是$\boldsymbol{p}_n[P_0,P_1,\cdots,P_n,t]$ 的特征多边形的边向量, 而$\boldsymbol{\alpha}_1^*,\boldsymbol{\alpha}_2^*,\cdots,\boldsymbol{\alpha}_m^*$ 是$\boldsymbol{p}_m[Q_0,Q_1,\cdots,Q_m,t^*]$ 的特征多边形的边向量, $Q_0=P_n$. 证明这两条Bézier曲线在$Q_0=P_n$ 处的切线和曲率都连续的充要条件是

$$\boldsymbol{\alpha}_1^*=\alpha\boldsymbol{\alpha}_n,\quad \boldsymbol{\alpha}_2^*=-\frac{m(n-1)}{n(m-1)}\alpha^2\boldsymbol{\alpha}_{n-1}+\gamma\boldsymbol{\alpha}_n,$$

其中α 和γ 是任意的常数.

4. 证明平面Bézier曲线的保凸定理.

5. 证明平面Bézier曲线的包络定理.

6. 把一条平面Bézier曲线k次剖分为2^k段. 当$k\to\infty$时, 证明各段所对应的特征多边形的各顶点都收敛于Bézier曲线上的一点.

6.8 等距B样条曲线

本节将介绍有等距节点(均匀节点)的B样条曲线.为简便计, 我们把这种曲线最终的表达式作为它的定义来叙述, 而不涉及最初关于节点的概念. 至于一般的不等距的B样条曲线, 将移到下一节去.

定义 设$\boldsymbol{b}_k(k=0,1,\cdots,m+n)$为$R^3$(或$R^2$)中的$m+n+1$个定点. 称$n$次参数曲线段

$$\boldsymbol{p}_{i,n}(t)=\sum_{l=0}^{n}\boldsymbol{b}_{i+l}F_{l,n}(t)\quad(0\leqslant t\leqslant 1;i=0,1,\cdots,m)\tag{8.1}$$

为一条n次B样条曲线的第i段, 其中

$$\begin{gathered}F_{l,n}(t)=\frac{1}{n!}\sum_{j=0}^{n-l}(-1)^jC_{n+1}^j(t+n-l-j)^n\\ l=0,1,\cdots,n.\end{gathered}\tag{8.2}$$

依次连接$b_0,b_1,\cdots,b_{m+n}$的折线称为B样条曲线的特征多边形, 这些点称为特征多边形的顶点. 图6-17表示了$n=3,m=1$的B样条曲线.

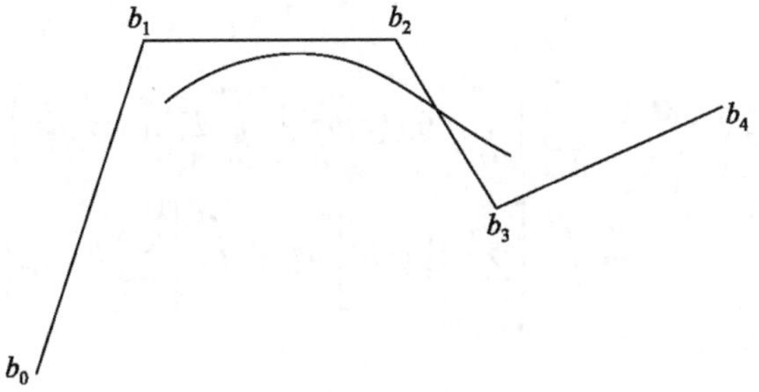

图6-17

从(8.1)可以看出, 每一段曲线仅依赖于$n+1$个顶点, 其中每一个顶点的变动最多只能影响到$n+1$段. 因此, 当我们改动一个顶点时, 它的影响只能波及曲线的$n+1$段.

为了方便, 我们还约定

$$F_{-1,n}(t)=F_{n+1,n}(t)=0.\tag{8.3}$$

函数$F_{l,n}(t)$ 具有权性, 即对$0 \leqslant t \leqslant 1$,

$$F_{l,n}(t) \geqslant 0 \quad l = 0, 1, \cdots, n \tag{8.4}$$

和

$$\sum_{l=0}^{n} F_{l,n}(t) = 1. \tag{8.5}$$

为了证明这两个关系, 我们首先指出一个容易验证的等式:

$$F_{l,n}(t) = \int_t^1 F_{l,n-1}(\tau)d\tau + \int_0^t F_{l-1,n-1}(\tau)d\tau. \tag{8.6}$$

从(8.2)又得到

$$F_{0,1}(t) = 1 - t, \quad F_{1,1}(t) = t. \tag{8.7}$$

因为它们都不小于零, 所以陆续应用(8.6)后, 便证明了(8.4).

现在, 我们用数学归纳法来证明(8.5).

当$n = 1$ 时,

$$\sum_{l=0}^{1} F_{l,1}(t) = 1 - t + t = 1.$$

假定当$n = k$ 时, (8.5)成立, 即

$$\sum_{l=0}^{k} F_{l,k}(t) = 1.$$

从(8.6)和(8.3)得出

$$\begin{aligned} \sum_{l=0}^{k+1} F_{l,k+1}(t) &= \sum_{l=0}^{k+1} \left\{ \int_t^1 F_{l,k}(\tau)d\tau + \int_0^t F_{l-1,k}(\tau)d\tau \right\} \\ &= \int_t^1 \left[\sum_{l=0}^{k} F_{l,k}(\tau) \right] d\tau + \int_0^t \left[\sum_{l=1}^{k+1} F_{l-1,k}(\tau) \right] d\tau \\ &= 1. \end{aligned}$$

所以(8.5)在$n = k + 1$ 时也成立.

$F_{l,n}(t)$ 的权性表明, B 样条曲线的第i 段完全落在$n+1$ 个点$b_i, b_{i+1}, \cdots, b_{i+n}$ 的凸包里面. 如图6-17所示, 第0段曲线和第1段曲线分别落在$\{b_0, b_1, b_2, b_3\}$ 和$\{b_1, b_2, b_3, b_4\}$ 的凸包中.

下面, 我们举出几个特例.

当$n = 1$ 时, 一次B 样条曲线的每一段都是直线段, 因此B 样条曲线就是特征多边形本身.

当$n=2$ 时, 由(8.2)得出

$$F_{0,2}(t)=\frac{1}{2}(t-1)^2,$$
$$F_{1,2}(t)=\frac{1}{2}(-2t^2+2t+1),$$
$$F_{2,2}(t)=\frac{1}{2}t^2,$$

于是

$$\begin{aligned}\boldsymbol{p}_{i,2}(t)&=(t^2\ \ t\ \ 1)\frac{1}{2}\begin{pmatrix}1&-2&1\\-2&2&0\\1&1&0\end{pmatrix}\begin{pmatrix}\boldsymbol{b}_i\\\boldsymbol{b}_{i+1}\\\boldsymbol{b}_{i+2}\end{pmatrix}\\&=(t^2\ \ t\ \ 1)\frac{1}{2}\begin{pmatrix}\boldsymbol{b}_i-2\boldsymbol{b}_{i+1}+\boldsymbol{b}_{i+2}\\-2\boldsymbol{b}_i+2\boldsymbol{b}_{i+1}\\\boldsymbol{b}_i+\boldsymbol{b}_{i+1}\end{pmatrix}.\end{aligned}$$

这一段的两端点和对应的切向量如下:

$$\boldsymbol{p}_{i,2}(0)=\frac{1}{2}(\boldsymbol{b}_i+\boldsymbol{b}_{i+1}),\quad \boldsymbol{p}'_{i,2}(0)=\boldsymbol{b}_{i+1}-\boldsymbol{b}_i,$$
$$\boldsymbol{p}_{i,2}(1)=\frac{1}{2}(\boldsymbol{b}_{i+1}+\boldsymbol{b}_{i+2}),\quad \boldsymbol{p}'_{i,2}(1)=\boldsymbol{b}_{i+2}-\boldsymbol{b}_{i+1}.$$

这些式子表明, $p_{i,2}(t)$ 的两端点就是这一段的特征二边形各边的中点, 并且两边是其端点处的切线(图6-18). 由此可见第i 段与第$i+1$ 段是光滑连接的.

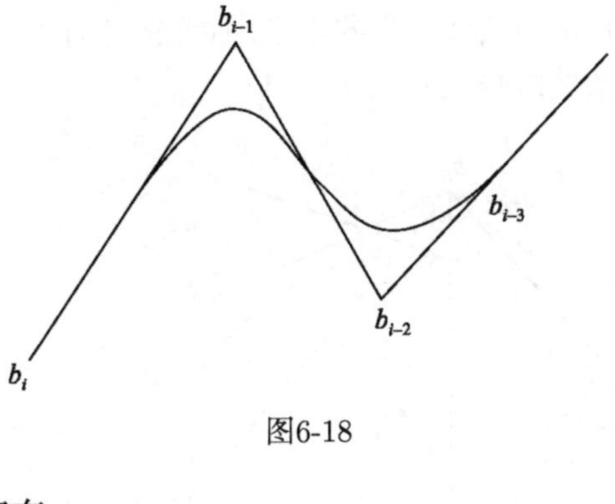

图6-18

当$n=3$ 时, 我们有

$$\boldsymbol{p}_{i,3}(t)=(t^3\ \ t^2\ \ t\ \ 1)\frac{1}{6}\begin{pmatrix}-1&3&-3&1\\3&-6&3&0\\-3&0&3&0\\1&4&1&0\end{pmatrix}\begin{pmatrix}\boldsymbol{b}_i\\\boldsymbol{b}_{i+1}\\\boldsymbol{b}_{i+2}\\\boldsymbol{b}_{i+3}\end{pmatrix}. \tag{8.8}$$

由此得出

$$
\begin{cases}
\boldsymbol{p}_{i,3}(0) = \dfrac{1}{6}(\boldsymbol{b}_i + 4\boldsymbol{b}_{i+1} + \boldsymbol{b}_{i+2}) \\
\qquad\quad = \dfrac{1}{3}\left(\dfrac{\boldsymbol{b}_i + \boldsymbol{b}_{i+2}}{2}\right) + \dfrac{2}{3}\boldsymbol{b}_{i+1}, \\
\boldsymbol{p}_{i,3}(1) = \dfrac{1}{6}(\boldsymbol{b}_{i+1} + 4\boldsymbol{b}_{i+2} + \boldsymbol{b}_{i+3}) \\
\qquad\quad = \dfrac{1}{3}\left(\dfrac{\boldsymbol{b}_{i+1} + \boldsymbol{b}_{i+3}}{2}\right) + \dfrac{2}{3}\boldsymbol{b}_{i+2}, \\
\boldsymbol{p}'_{i,3}(0) = \dfrac{1}{2}(\boldsymbol{b}_{i+2} - \boldsymbol{b}_i), \\
\boldsymbol{p}'_{i,3}(1) = \dfrac{1}{2}(\boldsymbol{b}_{i+3} - \boldsymbol{b}_{i+1}), \\
\boldsymbol{p}''_{i,3}(0) = (\boldsymbol{b}_{i+2} - \boldsymbol{b}_{i+1}) + (\boldsymbol{b}_i - \boldsymbol{b}_{i+1}), \\
\boldsymbol{p}''_{i,3}(1) = (\boldsymbol{b}_{i+3} - \boldsymbol{b}_{i+2}) + (\boldsymbol{b}_{i+1} - \boldsymbol{b}_{i+2}).
\end{cases} \tag{8.9}
$$

这就表明, $\boldsymbol{p}_{i,3}(t)$ 的起点落在$\triangle\ b_ib_{i+1}b_{i+2}$ 的边b_ib_{i+2} 的中线上, 且离b_{i+1} 的距离是中线段的$\dfrac{1}{3}$ 处.在这点的切向量平行于b_ib_{i+2} , 长度等于后者的一半. 在这点的二阶导数向量等于中线向量的两倍(图6-19). 在终点也有类似的情况. 实际上,

$$
\boldsymbol{p}_{i+1,n}(0), \quad \boldsymbol{p}'_{i+1,n}(0), \quad \boldsymbol{p}''_{i+1,n}(0)
$$

分别等于$\boldsymbol{p}_{i,n}(1), \boldsymbol{p}'_{i,n}(1), \boldsymbol{p}''_{i,n}(1)$.

一般地说, n 次B 样条曲线具有$n-1$ 阶为止的连续性.

上节中所讨论的Bézier曲线的那些定理, 如作图定理、剖分定理、保凸定理和包络定理, 对于B 样条曲线也成立.

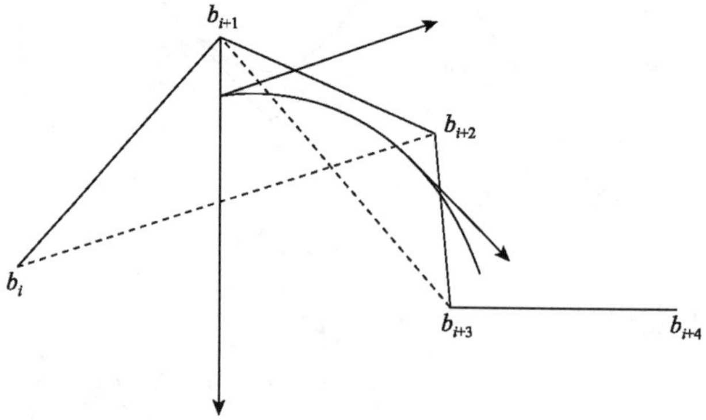

图6-19

最后, 我们再强调一下, n 次Bézier曲线和n 次B 样条曲线的一段都是参数n 次

曲线的不同形式. 它们是可以相互转化的. 例如$n=3$ 时, 它们可统一地写成

$$\boldsymbol{p}(t)=(t^3\ t^2\ t\ 1)(B)_j(\boldsymbol{b})^j, \tag{8.10}$$

其中

$$(B)_1=\begin{pmatrix}1&0&0&0\\0&1&0&0\\0&0&1&0\\0&0&0&1\end{pmatrix},\quad (B)_2=\begin{pmatrix}-1&3&-3&1\\3&-6&3&0\\-3&3&0&0\\1&0&0&0\end{pmatrix},$$

$$(B)_3=\frac{1}{6}\begin{pmatrix}-1&3&-3&1\\3&-6&3&0\\-3&0&3&0\\1&4&1&0\end{pmatrix}.$$

当$j=1$ 时, (8.10)就是参数三次曲线的Ferguson形式, $(\boldsymbol{b})^1$ 是系数组成的列向量; 当$j=2$ 时, (8.10)表示三次Bézier曲线, $(\boldsymbol{b})^2$ 是特征多边形顶点组成的列向量; 当$j=3$ 时, (8.10)表示三次B 样条曲线的一段, $(\boldsymbol{b})^3$ 是特征多边形顶点组成的列向量.

习　题

1. 证明

$$F_{l,n}(t)=\int_t^1 F_{l,n-1}(\tau)d\tau+\int_0^t F_{l-1,n-1}(\tau)d\tau.$$

2. 当顶点出现下列特殊情况时, 三次B 样条曲线的第i 段将有怎样的性质?

(1) b_i, b_{i+1}, b_{i+2} 共线;

(2) $b_i, b_{i+1}, b_{i+2}, b_{i+3}$ 共线;

(3) $b_{i+1}=b_{i+2}$;

(4) $b_{i+1}=b_{i+2}=b_{i+3}$.

3. 已知$P_i\in R^3, i=1,2,\cdots,n-1$. 能否确定一条三次B 样条曲线, 使$\boldsymbol{p}_{i,3}(0)=\boldsymbol{P}_i$?

4. 证明n 次B 样条曲线的导数曲线是$n-1$ 次的B 样条曲线.

6.9 不等距的B 样条曲线

定义 设$t=\{t_i\}$ 是单调增加序列(有限的或无限的). 关于节点(knots)序列t 的第i 个k 阶($k-1$ 次)的B 样条基是

$$B_{i,k,t}(x)=(t_{i+k}-t_i)[t_i,\cdots,t_{i+k}](t-x)_+^{k-1},\quad x\in R, \tag{9.1}$$

这里

$$(t-x)_+^{k-1}=\begin{cases}(t-x)^{k-1}, & t\geqslant x,\\ 0, & t<x,\end{cases}\tag{9.2}$$

$[t_i,\cdots,t_{i+k}]f(t)$ 表示$f(t)$ 在$t_i,\cdots,t_{i+k}$ 上的差商, 它的计算公式如下($f(t)$ 的k 阶导数存在):

$$[t_i,\cdots,t_{i+k}]f(t)=\begin{cases}f^{(k)}(t_i)/k!, \quad t_i=\cdots=t_{i+k},\\ \{[t_i,\cdots,t_{r-1},t_{r+1},\cdots,t_{i+k}]f(t)\\ -[t_i,\cdots,t_{s-1},t_{s+1},\cdots,t_{i+k}]f(t)\}/t_s-t_r, \quad t_r\neq t_s.\end{cases}\tag{9.3}$$

下面, 我们只叙述B 样条基的性质而略去证明. 并且在此基础上定义和讨论B样条函数的一些性质.

在节点序列t 与阶数k 都确定的情况下, $B_{i,k,t}(x)$ 可简记为$B_i(x)$.

1. $B_i(x)$ 有局部支持性质, 即

$$B_i(x)=0, \quad x\bar{\in}[t_i,t_{i+k}].\tag{9.4}$$

对每一个区间$[t_j,t_{j+1}]$, 仅有k 个B 样条基$B_{i-k+1},B_{j-k+2},\cdots,B_j$ 可能取非零值.

2. 权性

$$\begin{cases}\sum\limits_i B_i(x)=1,\\ B_i(x)\geqslant 0,\end{cases}\tag{9.5}$$

这里的和号$\sum\limits_i$ 是对节点序列$t=\{t_i\}$ 的足标的定义域取的. 如果节点序列是$\{t_1,\cdots,t_{n+k}\}$, 则$\sum\limits_i B_i(x)=1$ 对$[t_k,t_{n+1}]$ 中的x 成立.

3. B 样条基满足递推关系

$$B_{i,k}(x)=\frac{x-t_i}{t_{i+k-1}-t_i}B_{i,k-1}(x)+\frac{t_{i+k}-x}{t_{i+k}-t_{i+1}}B_{i+1,k-1}(x).\tag{9.6}$$

显然

$$B_{j,1}(x)=\begin{cases}1, & t_j\leqslant x<t_{j+1},\\ 0, & \text{其他}.\end{cases}\tag{9.6$'$}$$

由(9.6)和(9.6)′可算出各阶的B 样条基. 这种算法称为deBoor-Cox算法.

定义 节点序列t 上的k 阶($k-1$ 次)样条函数是t 上的k 阶B 样条基的线性组合, 即

$$S(x)=\sum_i \alpha_i B_{i,k,t}(x), \quad \alpha_i\in R.\tag{9.7}$$

$S(x)$ 的全体构成线性空间. $B_i(x)$ 就是该空间的基. $S(x)$ 也称为B 样条函数. 在6.3中叙述的三次样条函数是它的特例.

4. k 阶B 样条函数的导数是$k-1$ 阶B 样条函数.

对$x \in [t_r, t_s]$,

$$\begin{aligned} &\sum_i \alpha_i B_i(x) = \sum_{i=r-k+1}^{S-1} \alpha_i B_{i,k}(x), \\ &\left(\sum_i \alpha_i B_i(x)\right)' = (k-1) \sum_{i=r-k+2}^{S-1} \frac{\alpha_i - \alpha_{i-1}}{t_{i+k-1} - t_i} B_{i,k-1}(x). \end{aligned} \tag{9.8}$$

由deBoor-Cox算法还可得到B 样条函数$S(x)$ 的算法如下:

对$t_i \leqslant x < t_{i+1}$,

$$\alpha_r^{[j+1]}(x) = \begin{cases} \alpha_r, & j = 0, \\ \dfrac{(x - t_r)\alpha_r^{[j]} + (t_{r+k-j} - x)\alpha_{r-1}^{[j]}(x)}{t_{r+k-j} - t_r}, & j > 0, \end{cases}$$

$$S(x) = \alpha_i^{[k]}(x).$$

5. 凸包性质

$$S(x) = \Sigma \alpha_i B_i(x)$$

的图形落在$\alpha = \{\alpha_i\}$ 的凸包内. 特别地, $x \in [t_r, t_s]$ 的一段落在$\alpha_{r-k+1}, \cdots, \alpha_{s-1}$ 的凸包内.

6. 变差缩减性质

样条函数$S(x)$ 的变号数不大于系数序列$\{\alpha_i\}$ 的变号数. 更进一步, 如果$f(x)$ 是$[a,b]$ 上的函数, 令

$$Vf(x) = \Sigma f(t_i^*) B_i(x).$$

它是$f(x)$ 的一种逼近. $Vf(x)$ 与任一直线l 的交点数目必定少于或等于$f(x)$ 与l 的交点数目. 这里

$$t_i^* = \frac{t_{i+1} + \cdots + t_{i+k-1}}{k-1}, \tag{9.9}$$

称为结点(nodes). 当我们作出在t_i^* 处取值α_i 的折线函数$f(x)$ 时, $Vf(x)$ 就化为样条函数$S(x) = \sum \alpha_i B_i(x)$. 这一结论一方面说明, $\Sigma \alpha_i B_i(x)$ 具有变差缩减性质; 另一方面也将系数α_i 与结点t_i^* 联系起来.

B 样条函数之所以比其他逼近函数来得优越, 是由于它具备局部支持性质, 凸包性质和变差缩减性质.

当(9.7)式中的α_i 换成向量的时候, 它构成B 样条曲线

$$\boldsymbol{S}(x) = \sum \boldsymbol{\alpha}_i B_i(x). \tag{9.10}$$

关于B 样条函数的详细情况, 读者可参阅deBoor, C., Apractical guide to splines, Springer-Verlag, 1978或Cox, M. G., The numerical evaluation of B-splines, J. Inst. Math. Appl., **10**(1972).

目前较多地被使用的是$k=4$ 的情形即三次B 样条. 下列特殊的节点序列引起大家的兴趣.

1. 等距节点情形.

设$t_i=i, i=1,2,\cdots,m$. 我们从(9.6)′ 和(9.6)可逐次算出($t_i \leqslant x < t_{i+1}$)

$$\begin{cases} B_{i,4}(x)=\dfrac{t^3}{6}, \\ B_{i-1,4}(x)=\dfrac{1}{6}(-3t^3+3t^2+3t+1), \\ B_{i-2,4}(x)=\dfrac{1}{6}(3t^3-6t^2+4), \\ B_{i-3,4}(x)=\dfrac{1}{6}(-t^3+3t^2-3t+1). \end{cases} \quad 0 \leqslant t=x-i<1,$$

它们与(8.2)式中取$n=3$ 的结果一致:

$$\begin{aligned} B_{i,4}(x)&=F_{3,3}(t), \\ B_{i-1,4}(x)&=F_{2,3}(t), \\ B_{i-2,4}(x)&=F_{1,3}(t), \\ B_{i-3,4}(x)&=F_{0,3}(t). \end{aligned}$$

因此等距B 样条是不等距B 样条的一种特例.

2. 端点是四重节点的情形.

设$t_1=t_2=t_3=t_4=0, t_{4+i}=i, i=1,2,\cdots$.

当$t_4 \leqslant x < t_5$ 时, 我们得到

$$\begin{cases} B_{4,4}(x)=\dfrac{t^3}{6}, \\ B_{3,4}(x)=\dfrac{-11t^3+18t^2}{12}, \\ B_{2,4}(x)=\dfrac{7t^3-18t^2+12t}{4}, \\ B_{1,4}(x)=-t^3+3t^2-3t+1. \end{cases} \quad t=x, \tag{9.11}$$

当$t_5 \leqslant x < t_6$ 时,

$$\begin{cases} B_{5,4}(x)=\dfrac{t^3}{6}, \\ B_{4,4}(x)=\dfrac{1}{6}(-3t^3+3t^2+3t+1), \\ B_{3,4}(x)=\dfrac{1}{12}(7t^3-15t^2+7t+3), \\ B_{2,4}(x)=\dfrac{1}{4}(-t^3+3t^2-3t+1). \end{cases} \quad t=x-1, \tag{9.12}$$

当$x \geqslant t_6$ 时, 算法与等距节点时相同.

3. $t_1 = t_2 = t_3 = t_4 = 0, t_5 = t_6 = t_7 = t_8 = 1.$

当$0 \leqslant t < 1$ 时, 我们得到

$$\begin{cases} B_{4,4}(t) = t^3, \\ B_{3,4}(t) = 3t^2(1-t), \\ B_{2,4}(x) = 3t(1-t)^2, \\ B_{1,4}(x) = (1-t)^3. \end{cases}$$

该段B 样条曲线变成Bézier曲线. 这一结论对任何$k \geqslant 2$ 都是正确的.

第 7 章　曲面的相交与展开

7.1　两 个 例 子

例1　两个圆柱面的交线.

在旁屋建筑、水利工程以及一些机械设备制造等方面都会遇到求两个圆柱面的交线的问题. 如图7-1所示, 设两圆柱的两轴线不相交, 但相互垂直. 又设它们之间的距离是d. 圆柱I和II的半径分别为r_1 和r_2 . 我们取圆柱I的轴线为x 轴, 两圆柱轴线的公垂线为y 轴, 过x 轴与y 轴的交点O 且和II的轴线平行的直线为z 轴. 在这个坐标系$Oxyz$ 中, 圆柱面I的方程是

$$\mathrm{I}:\begin{cases} y = r_1\cos\varphi_1, \\ z = r_1\sin\varphi_1. \end{cases} (\varphi_1：参变数)$$

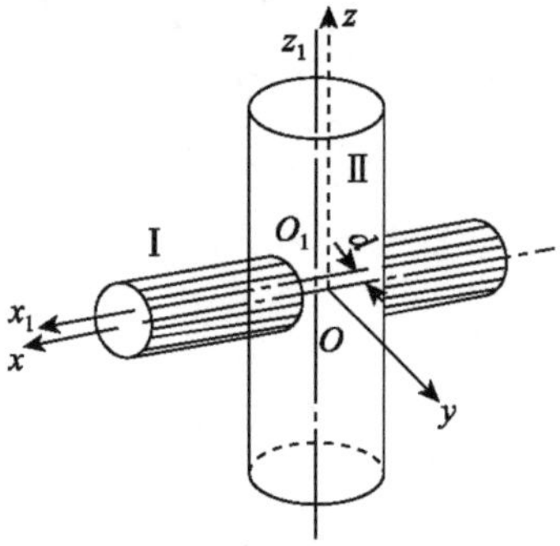

图7-1

现在取II的轴线为z_1 轴, 它与y 轴的交点O_1 为新坐标原点, 过O_1 且和x 轴平行的直线取为x_1 轴, y_1 轴与y 轴重合.这样, 又建立了一个新坐标系$O_1x_1y_1z_1$. 这时, 圆柱面II的方程显然是

$$\begin{cases} x_1 = r_2\cos\varphi_2, \\ y_1 = r_2\sin\varphi_2. \end{cases} (\varphi_2：参变数)$$

由于两坐标系$Oxyz$ 和$O_1x_1y_1z_1$ 之间的变换公式是

$$\begin{cases} x = x_1, \\ y = y_1 - d, \\ z = z_1, \end{cases}$$

所以圆柱面II在$Oxyz$ 中的方程可表示为

$$\text{II}:\begin{cases}x=r_2\cos\varphi_2,\\ y=r_2\sin\varphi_2-d.\end{cases}$$

因此, 两圆柱面的交线的点必须满足

$$r_1\cos\varphi_1=r_2\sin\varphi_2-d,$$

即

$$\sin\varphi_2=\frac{r_1\cos\varphi_1+d}{r_2},$$

或

$$\cos\varphi_2=\pm\frac{1}{r_2}\sqrt{r_2^2-(r_1\cos\varphi_1+d)^2}.$$

如果我们只考虑两条交线中的一条, 上面公式中仅取正号(或负号)就可以了. 从上列两组方程I和II便得到交线的表示式

$$\begin{cases}x=\sqrt{r_2^2-(r_1\cos\varphi+d)^2},\\ y=r_1\cos\varphi,\\ z=r_1\sin\varphi,\end{cases}\qquad 0\leqslant\varphi\leqslant 2\pi$$

式中已经用φ代替φ_1.

如果把圆柱面I展开成(或者说摊成)平面, 那么这条交线可表示如下:

$$\begin{cases}s=r_1\varphi,\\ x=\sqrt{r_2^2-(r_1\cos\varphi+d)^2}.\end{cases}$$

s 是$x=0$ 平面上的圆弧$y=r_1\cos\varphi, z=r_1\sin\varphi$ 的弧长, 它是从$\varphi=0$ 即y 轴和圆周的交点量起的.

φ	度数	0	30	60	90	120	150	180
	弧度	0	0.5236	1.0472	1.5708	2.0944	2.6180	3.1416
s		0	26.18	52.36	78.54	104.72	130.90	157.08
$\cos\varphi$		1	0.8660	0.5	0	− 0.5	− 0.8660	− 1
$r_1\cos\varphi$		50	43.30	25	0	− 25	− 43.30	− 50
$r_1\cos\varphi+d$		60	53.30	35	10	− 15	− 33.30	− 40
$(r_1\cos\varphi+d)^2$		3600	2841	1225	100	225	1109	1600
$r_2^2-(r_1\cos\varphi+d)^2$		2800	3559	5175	6300	6175	5291	4800
x		52.92	59.60	71.94	79.37	78.58	72.24	69.28

给定$r_2=80$ 毫米, $r_1=50$ 毫米, $d=10$ 毫米时, 计算次序和具体结果列在上面表中, 图7-2就是按这些数据画成的展开图, 其中$0\leqslant\varphi\leqslant\pi$. 另一部分($\pi\leqslant\varphi\leqslant 2\pi$)的图形则与前图对称, 这里从略.

把图7-2中的平面图形(当然还要接上另一段对称图形)卷成半径为50毫米的圆柱面时,我们就可按照原来的设计把两圆柱面焊接起来.

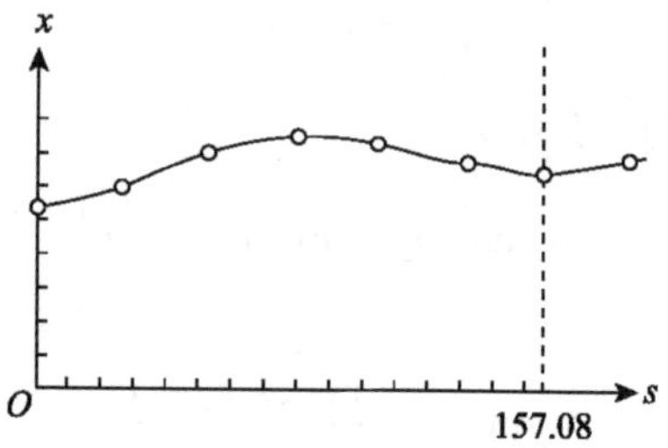

图7-2

例2 圆环面的平面截口.

为了便于检查和清洗水管管道,需要在90° 弯头上开个检查孔,并且盖上盖子后仍保持管内圆滑无阻,问怎样划成这个孔盖的周边曲线?

水管管道的90° 弯头是圆环面的一部分. 如图7-3取好一个直角坐标系$Oxyz$. 这个圆环面可以看成是zx 平面$(y=0)$ 上的圆$(x-R)^2+z^2=r^2$ 绕z 轴旋转而成的,因此它的方程是

$$\left(\sqrt{x^2+y^2}-R\right)^2+z^2=r^2.$$

化简后得

$$x^2+y^2+z^2+R^2-r^2=2R\sqrt{x^2+y^2}.$$

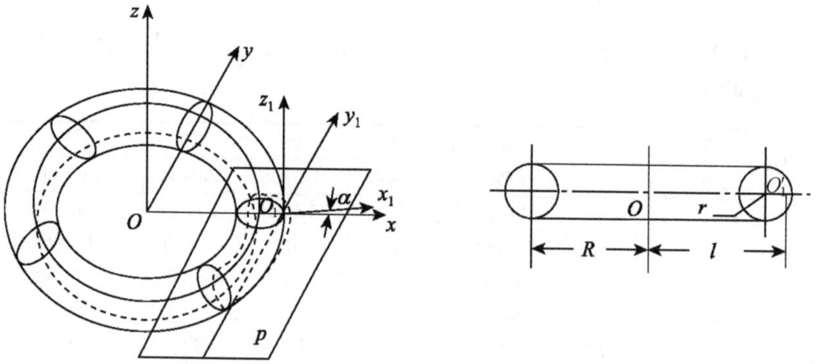

图7-3

现在用一个平面p 去截圆环面. 假定p 通过点$(l,0,0)$, 平行于y 轴且与x 轴交成α 角.取$(l,0,0)$ 为原点O_1 , 取p上平行于y 轴的直线为y_1 轴, 取与x 轴交角为α 的直线为x_1 轴. 我们建立了一个新坐标系$O_1x_1y_1z_1$. 它和旧坐标系$Oxyz$ 之间的变换

如下:

$$\begin{cases} y = y_1, \\ z = z_1 \cos\alpha + x_1 \sin\alpha, \\ x = -z_1 \sin\alpha + x_1 \cos\alpha + l. \end{cases}$$

平面p 在$O_1x_1y_1z_1$ 中的方程是$z_1 = 0$,圆环面在$O_1x_1y_1z_1$ 中的方程是

$$\begin{aligned} &(-z_1 \sin\alpha + x_1 \cos\alpha + l)^2 + y_1^2 + (z_1 \cos\alpha + x_1 \sin\alpha)^2 + R^2 - r^2 \\ =&2R\sqrt{(-z_1 \sin\alpha + x_1 \cos\alpha + l)^2 + y_1^2}. \end{aligned}$$

因此, 它们的交线是

$$\begin{cases} z_1 = 0, \\ (x_1 \cos\alpha + l)^2 + y_1^2 + x_1^2 \sin^2\alpha + R^2 - r^2 \\ = 2R\sqrt{(x_1 \cos\alpha + l)^2 + y_1^2}. \end{cases}$$

解第二个方程(把它看成是关于$\sqrt{(x_1 \cos\alpha + l)^2 + y_1^2}$ 的一元二次方程), 得到

$$\sqrt{(x_1 \cos\alpha + l)^2 + y_1^2} = R \pm \sqrt{r^2 - x_1^2 \sin^2\alpha}$$

$$y_1^2 = (R \pm \sqrt{r^2 - x_1^2 \sin\alpha})^2 - (x_1 \cos\alpha + l)^2.$$

最后得到

$$y_1 = \pm\sqrt{\left(R \pm \sqrt{r^2 - x_1^2 \sin^2\alpha}\right)^2 - (x_1 \cos\alpha + l)^2}.$$

从图7-4可以看出

$$\begin{aligned} O_1A &= \frac{r}{\sin\alpha}, \\ O_1B &= CB - CO_1 = \sqrt{DB^2 - DC^2} - CO_1 \\ &= \sqrt{r^2 - (l-R)^2 \sin^2\alpha} - (l-R)\cos\alpha. \end{aligned}$$

所以x_1 的取值范围如下:

$$-\frac{r}{\sin\alpha} \leqslant x \leqslant \sqrt{r^2 - (l-R)^2 \sin^2\alpha} - (l-R)\cos\alpha.$$

在$R = 28, r = 14, \alpha = 30°, l = 31$ 的场合, 我们进行计算的结果和根据这些数据画出的图形如下页表和图7-5所示.

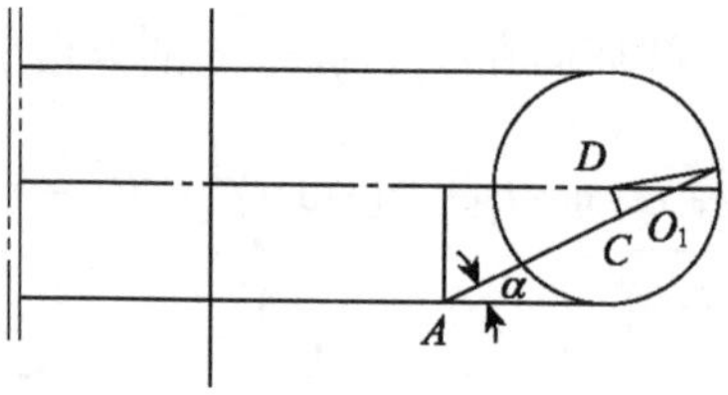

图7-4

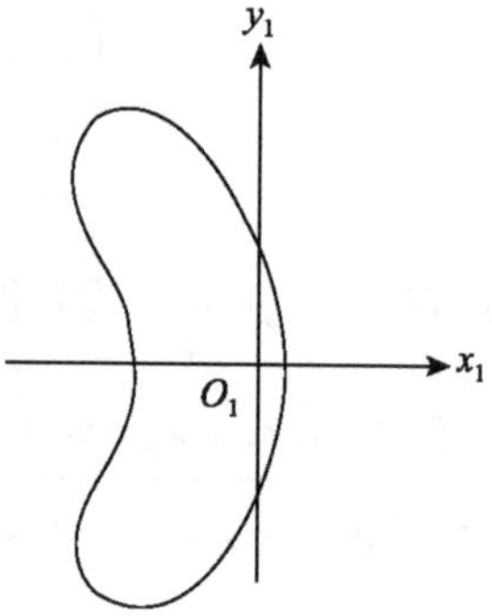

图7-5

序号	x_1	y_1
1	−28	±27.17
2	−23.08	{±34.19, ±16.79}
3	−18.17	{±35.51, ±8.24}
4	−13.25	± 35.29
5	−8.34	± 33.85
6	−3.42	± 31.13
7	1.49	± 26.83
8	6.41	± 19.93
9	11.32	0

7.2 两个二次曲面的交线

上节的两个例子中, 两个曲面的交线是用解析式子表达出来的. Levin 证明了两个二次曲面的交线可以用解析的方法来表示(Levin, J., A parametric algorithm for drawing pictures of solid objects composed of quadric surfaces, *Comm. ACM*, **10**(1976), 555—563). 首先他证明了下述的定理, 然后给出了求两个二次曲面交线的算法.

定理 两个二次曲面的交线必落在下列五种曲面的一个之上:

(1) 平面;

(2) 一对平面;

(3) 双曲柱面;

(4) 抛物柱面;

(5) 双曲抛物面.

为证明这个定理, 我们只须用到二次曲面的仿射不变量. 对此有兴趣的读者可参看上面的文章, 这里就不详述.

现在我们介绍求交线的步骤.

设两个二次曲面的方程分别为

$$S_1 = X^{\mathrm{T}}PX + 2R^{\mathrm{T}}X + c = 0,$$

和

$$S_2 = X^{\mathrm{T}}QX + 2S^{\mathrm{T}}X + d = 0.$$

其中

$$X = \begin{pmatrix} x \\ y \\ z \end{pmatrix},$$

$$P = \begin{pmatrix} p_{11} & p_{12} & p_{13} \\ p_{21} & p_{22} & p_{23} \\ p_{31} & p_{32} & p_{33} \end{pmatrix} \text{和} Q = \begin{pmatrix} q_{11} & q_{12} & q_{13} \\ q_{21} & q_{22} & q_{23} \\ q_{31} & q_{32} & q_{33} \end{pmatrix}$$

都是对称矩阵;

$$R = \begin{pmatrix} r_1 \\ r_2 \\ r_3 \end{pmatrix}, \quad S = \begin{pmatrix} s_1 \\ s_2 \\ s_3 \end{pmatrix},$$

$X^{\mathrm{T}}, R^{\mathrm{T}}$ 和S^{T} 分别表示X, R 和S 的转置阵.

先求出

$$\det(Q - \alpha P) = 0$$

的所有实根α , 然后把每一个α (最多有三个)代入二次曲面束

$$S_2 - \alpha S_1 = 0,$$

就可以得到上述定理中的五种曲面之一. 要判别它究竟是属于哪一种曲面, 我们用不变量, 或者用下列矩阵的秩, 即

$$\begin{pmatrix} q_{11} & q_{12} & q_{13} & s_1 \\ q_{21} & q_{22} & q_{23} & s_2 \\ q_{31} & q_{32} & q_{33} & s_3 \\ s_1 & s_2 & s_3 & d \end{pmatrix} - \alpha \begin{pmatrix} p_{11} & p_{12} & p_{13} & r_1 \\ p_{21} & p_{22} & p_{23} & r_2 \\ p_{31} & p_{32} & p_{33} & r_3 \\ r_1 & r_2 & r_3 & c \end{pmatrix}.$$

如果这秩是1或2, 则曲面$S_2 - \alpha S_1 = 0$ 属于(1)种或(2)种; 如果这秩是4, $S_2 - \alpha S_1 = 0$ 表示双曲抛物面; 如果这秩是3, 则$S_2 - \alpha S_1 = 0$ 属于(3)种或(4)种.

我们求下列两个曲面的交线

$$\begin{cases} S_2 - \alpha S_1 = 0, \\ S_1 = 0. \end{cases}$$

在(1)种的场合, 交线是二次曲线, 于是可以直接用公式来表示它. 当$S_2 - \alpha S_1 = 0$表示双曲抛物面时, 经过坐标变换后, 它的方程变成

$$\begin{cases} x = t, \\ y = S, \\ z = St. \end{cases}$$

代入$S_1 = 0$ 后, 便有

$$lS^2 + mS + n = 0.$$

其中l, m, n 都是t 的已知函数, 由此把S 表示为t 的函数, 再代入双曲抛物面的方程中, 就得出交线的参数表示式.

最后, 如果$S_2 - \alpha S_1 = 0$ 是抛物柱面或双曲柱面, 它的参数方程可写成

$$\begin{cases} x = x_0 + lS, \\ y = y_0 + mS, \\ z = z_0 + nS, \end{cases}$$

其中(x_0, y_0, z_0) 表示抛物线

$$\begin{cases} x_0 = t, \\ y_0 = kt^2, \\ z_0 = 0 \end{cases}$$

或双曲线

$$\begin{cases} x_0 = \varepsilon \dfrac{2t}{1-t^2} a, \\ y_0 = \varepsilon \dfrac{1+t^2}{1-t^2} b, \quad (-1 < t < 1, \varepsilon = \pm 1) \\ z_0 = 0. \end{cases}$$

从柱面方程和$S_1 = 0$ 也可把S 表示为t 的函数, 于是同样可以导出交线的参数方程.

从以上过程可以看出, 固定t 的一个值, 我们便得到

$$S_2 - \alpha S_1 = 0$$

上的一条直线, 然后把求$S_2 - \alpha S_1 = 0$ 与$S_1 = 0$ 的交线问题归结到求直线与二次曲面$S_1 = 0$ 的交点问题去. 这样, 只要解出一元二次方程就可以了.

附带指出, 本节所讨论的方法也可用到直纹面与二次曲面的场合.

7.3 求交线的数值方法

前两节中所述的情况都是比较简单的. 一般地, 要决定两个曲面的交线就必须解一组非线性方程, 因此, 也就不可能用具体的公式直接进行简单的计算, 而只能按照数值计算的方法来解决.

牛顿法是解非线性方程组的基本方法.它的基本思想是将非线性方程组逐次线性化而形成迭代程序1). 下面我们介绍如何应用这个方法去求交线的过程.

设两个曲面的方程是

$$f_1(\boldsymbol{x}) = 0,$$

和

$$f_2(\boldsymbol{x}) = 0.$$

这里$\boldsymbol{x} = (x, y, z)$. 为了使每一次求到的坐标都能表示交线上的一点, 我们不妨添上一个限制

$$f_3(\boldsymbol{x}) = 0.$$

这方程所表示的曲面可以是一系列平面(或球面或柱面等)中的一个. 求交线上一点的坐标这一问题归结为求解非线性方程组

$$\begin{cases} f_1(\boldsymbol{x}) = 0, \\ f_2(\boldsymbol{x}) = 0, \\ f_3(\boldsymbol{x}) = 0. \end{cases} \tag{3.1}$$

如果用一系列平面(或球面或柱面等)中的另一个代替$f_3(\boldsymbol{x}) = 0$, 我们又得到交线上的另一点, 等等.

假定Jacobi矩阵

$$D = \begin{pmatrix} \dfrac{\partial f_1}{\partial x} & \dfrac{\partial f_1}{\partial y} & \dfrac{\partial f_1}{\partial z} \\ \dfrac{\partial f_2}{\partial x} & \dfrac{\partial f_2}{\partial y} & \dfrac{\partial f_2}{\partial z} \\ \dfrac{\partial f_3}{\partial x} & \dfrac{\partial f_3}{\partial y} & \dfrac{\partial f_3}{\partial z} \end{pmatrix} \tag{3.2}$$

是满秩的, 牛顿迭代公式可表为

$$\boldsymbol{x}_{k+1} = \boldsymbol{x}_k - D^{-1}(\boldsymbol{x}_k)\boldsymbol{f}(\boldsymbol{x}_k)\,(k = 0, 1, \cdots), \tag{3.3}$$

1) 关于牛顿法的详细内容, 读者可参阅计算方法方面的书, 例如王德人编《非线性方程组解法与最优化方法》, 人民教育出版社(1979).

式中

$$\boldsymbol{f}(\boldsymbol{x}_k)=\begin{pmatrix} f_1(\boldsymbol{x}_k)\\ f_2(\boldsymbol{x}_k)\\ f_3(\boldsymbol{x}_k)\end{pmatrix},$$

x_0 是适当选取的初始值.

牛顿法(3.3)具有二阶收敛速度, 但计算量比较大, 先要算出向量值函数$\boldsymbol{f}(\boldsymbol{x}_k)$, 然后计算$D$ 和D^{-1} , 再计算$\boldsymbol{x}_{k+1}$, 重复这个过程, 直到序列$\boldsymbol{x}_k$ 收敛到某个$\boldsymbol{x}$ 为止($|\boldsymbol{x}_k-\boldsymbol{x}_{k+1}|<\varepsilon$ 即可, $\varepsilon>0$ 由具体问题来决定) . 另外, 当D 是奇异或病态时, 上述方法失效. 由于限制$f_3(\boldsymbol{x})=0$ 是我们附加上去的, 一般可以选取$f_3(\boldsymbol{x})=0$ 使牛顿法可行.

如果已知两曲面的方程是

$$\boldsymbol{r}_1=\boldsymbol{r}_1(u_1,v_1)$$

和

$$\boldsymbol{r}_2=\boldsymbol{r}_2(u_2,v_2),$$

则它们的交线由

$$\boldsymbol{r}_1(u_1,v_1)-\boldsymbol{r}_2(u_2,v_2)=0$$

决定. 一般地, 这是四个变量的三个数量方程. 为了逐点进行计算, 我们可以再附加一个限制

$$f_3(u_1,v_1)=0,$$

然后用牛顿法求解.

由方程组(3.1)表示的求曲面交线的问题, 也可以重新表达成求函数

$$F(\boldsymbol{x})=\frac{1}{2}\left[f_1^2(\boldsymbol{x})+f_2^2(\boldsymbol{x})+f_3^2(\boldsymbol{x})\right] \tag{3.4}$$

的极小点. 显然$F(\boldsymbol{x})$ 的整体极小点就是(3.1)的解. 它的有关解法可以参看优化方面的著作(如南京大学数学系计算数学专业编《最优化方法》, 科学出版社).

除了计算出两曲面交线上各点的坐标值外, 有时还需要知道交线在各点处的曲率. 为此, 我们将推导这个曲率公式.

设曲面S_1 和S_2 的交线是

$$\boldsymbol{r}=\boldsymbol{r}(s),$$

$\{\boldsymbol{r}(s),\boldsymbol{T}(s),\boldsymbol{N}(s),\boldsymbol{B}(s)\}$ 是对应的Frenet标架, 而且$\boldsymbol{n}_1$ 和$\boldsymbol{n}_2$ 分别是S_1和 S_2 的单位法线向量. 那么

$$T(s)=\pm\frac{\boldsymbol{n}_1\times\boldsymbol{n}_2}{|\boldsymbol{n}_1\times\boldsymbol{n}_2|}. \tag{3.5}$$

然而

$$kB = -kN \times T = \frac{\mp kN \times (n_1 \times n_2)}{|n_1 \times n_2|},$$

或者应用双重向量积公式(第1章(2.8)式)来改写为

$$kB = \frac{\mp[(kN \cdot n_2)\, n_1 - (kN \cdot n_1) n_2]}{|n_1 \times n_2|}$$
$$= \frac{\pm(k_1 n_2 - k_2 n_1)}{|n_1 \times n_2|},$$

这里k_1 和k_2 分别是$r(s)$ 处沿$T(s)$ 的两个曲面的法曲率.最后我们得到

$$k^2 = \frac{k_1^2 - 2k_1 k_2 \cos\theta + k_2^2}{\sin^2\theta}, \tag{3.6}$$

其中,

$$\cos\theta = n_1 \cdot n_2.$$

求得$r(s)$ 上各点的坐标值之后, 我们就可从(3.5)和(3.6)算出各点处的曲率.

以上关于曲面交线的讨论是十分粗浅的. 在理论上, 求两个曲面的交线的问题是可由公式或数值方法给以解决的, 但是在实际上, 问题并不是那么简单. 一般说来, 几何形体的表面是由许多曲面片构成的. 如果要求出这样的几何形体的表面的交线, 计算将是十分冗长, 有时甚至是非常困难的. 计算量将随着曲面片数目的增多而急剧上升, 困难将随几何图形的复杂程度的增加而增大.

为了减少计算量和节省计算机存贮单元的有效算法的理论研究非常复杂, 它涉及各种几何问题的一些有效算法, 乃是计算几何中的一个重要问题, 有几何复杂性之称. 这里就不去讨论它了.

7.4 可展曲面的展开

我们在第4章4.2节中曾证明, 两曲面之间的一个对应要成为等距对应的充要条件是: 两曲面经过适当参数的选择后, 具有同一第一基本形式.现在我们利用这个命题来证明可展曲面与平面之间存在着等距对应.

首先, 如第4章4.2节的例1所示, 平面的第一基本形式是

$$ds^2 = dx^2 + dy^2 \tag{4.1}$$

或经过参数变换

$$\begin{cases} x = \rho\cos\theta, \\ y = \rho\sin\theta \end{cases}$$

变为

$$ds^2 = d\rho^2 + \rho^2 d\theta^2. \tag{4.2}$$

其次, 我们将讨论柱面、锥面和切线面的第一基本形式.

一个柱面的方程是

$$\boldsymbol{r}(u,v)=\boldsymbol{\alpha}(u)+v\boldsymbol{l},$$

这里$\boldsymbol{l}$ 是固定的单位向量, u 是曲线$\boldsymbol{r}=\boldsymbol{\alpha}(u)$ 的弧长参数, 并且$\boldsymbol{\alpha}'(u)$ 与$\boldsymbol{l}$ 垂直, 就是说$\boldsymbol{\alpha}(u)$ 曲线与柱面的母线相垂直.

从

$$\boldsymbol{r}_u=\boldsymbol{\alpha}'(u),\boldsymbol{r}_v=\boldsymbol{l},$$

$$E=\boldsymbol{r}_u^2=1,\quad F=\boldsymbol{r}_u\cdot\boldsymbol{r}_v=0,\quad G=\boldsymbol{r}_v^2=1,$$

得到第一基本形式

$$I_1=du^2+dv^2,$$

它具有(4.1)的同一形式.

一个锥面的方程是

$$\boldsymbol{r}(u,v)=\alpha+v\boldsymbol{l}(u),$$

其中$\boldsymbol{\alpha}$ 是常向量, $l(u)$ 是单位向量, 且u 是曲线$\boldsymbol{r}=\boldsymbol{l}(u)$ 的弧长参数.

从

$$\boldsymbol{r}_u=v\boldsymbol{l}'(u),\quad \boldsymbol{r}_v=\boldsymbol{l}(u),$$

$$E=\boldsymbol{r}_u^2=v^2,\quad G=\boldsymbol{r}_v^2=1,$$

和$\boldsymbol{l}^2(u)=1,\boldsymbol{l}(u)\cdot\boldsymbol{l}'(u)=0$ 得到第一基本形式

$$I_2=v^2du^2+dv^2.$$

它具有(4.2)的同一形式.

最后, 一个切线面的方程是

$$\boldsymbol{r}(u,v)=\boldsymbol{\alpha}(u)+v\boldsymbol{T}(u),$$

其中u 和$\boldsymbol{T}(u)$ 分别表示$\boldsymbol{r}=\boldsymbol{\alpha}(u)$ 的弧长参数和单位切向量.

我们有

$$\boldsymbol{r}_u=\boldsymbol{T}(u)+vk\boldsymbol{N},$$
$$\boldsymbol{r}_v=\boldsymbol{T}(u),$$

其中$k(u)$ 是曲线$\boldsymbol{r}=\boldsymbol{\alpha}(u)$ 的曲率, $\boldsymbol{N}$ 是单位主法线向量, 因此,

$$E=\boldsymbol{r}_u^2=1+v^2k^2,\quad F=1,\quad G=1.$$

所求的第一基本形式为

$$I_3=(1+v^2k^2)du^2+2dudv+dv^2. \tag{4.3}$$

从上面的推导过程看出, 以u 为弧长参数且以$k(u)$ 为曲率的平面曲线$\bar{a}\,(u)$ 的切线面, 即所在平面本身可表成

$$\boldsymbol{r}\,(u,v)=\bar{\boldsymbol{\alpha}}\,(u)+v\bar{\boldsymbol{T}}\,(u)\,,$$

从而第一基本形式也是(4.3). 所以任何的切线面与平面之间是可以建立等距对应的.

这样, 证明了上述命题. 这时, 我们说可展曲面与平面贴合, 或者可展曲面被展开(摊成)为平面.

我们在第4章4.5节的第10题中曾指出, 曲面要为可展的充要条件是它的总曲率常等于零. 由此我们判定: 只有可展曲面才能被展开为平面. 这是因为, 曲面的总曲率完全决定于第一基本形式(Gauss定理), 而与平面可以建立等距对应的曲面的总曲率必定是零.

当可展曲面被展开为平面时, 它上面的任一条曲线C 变成平面上的一条曲线$\bar{C}$, 称为C 的展平线. 可展曲面上的测地线的展平线是直线.

本章7.1节的例1就是正圆柱面展开的例子. 正圆柱面与正圆锥面的展开是比较方便的.下面举一个斜圆锥面展开的例子.

例 斜圆锥面的展开.

已知一斜圆锥面如图7-6所示. 图7-7是它的展开图. 它是根据下述方法求得的.

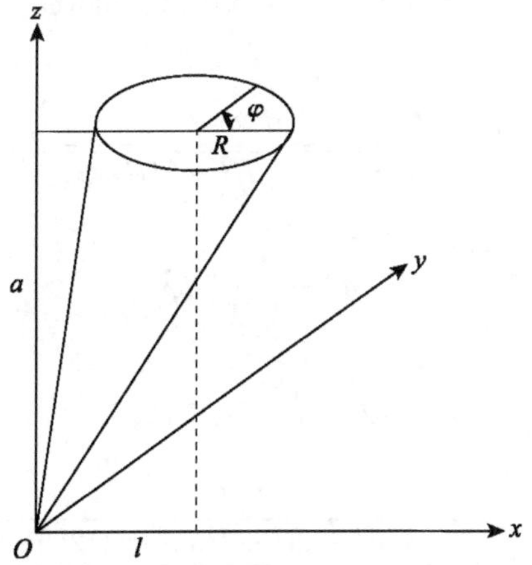

图7-6

设圆锥底面曲线(圆)的展平线的极坐标方程是

$$r=r\,(\theta)\,.$$

根据弧长公式便有

$$ds=\sqrt{dr^2+r^2d\theta^2}.$$

另一方面, 它又可写成(参见图7-6)

$$ds = Rd\varphi,$$

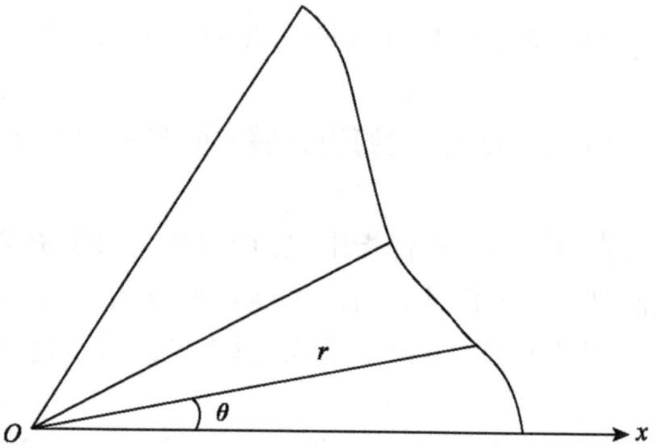

图7-7

所以

$$Rd\varphi = \sqrt{dr^2 + r^2 d\theta^2}.$$

r 表示斜圆锥母线的长度:

$$r = \sqrt{l^2 + a^2 + R^2 + 2lR\sin\varphi},$$

于是

$$dr = \frac{lR\cos\varphi}{\sqrt{l^2 + a^2 + R^2 + 2lR\sin\varphi}} d\varphi.$$

最后我们有

$$d\theta = f(\varphi)\, d\varphi,$$

或

$$\theta = \int_0^{\varphi} f(\varphi)\, d\varphi,$$

其中

$$f(\varphi) = \frac{R\sqrt{a^2 + R^2 + l^2\sin^2\varphi + 2lR\sin\varphi}}{l^2 + a^2 + R^2 + 2lR\sin\varphi}.$$

这样, 得到底面圆的展平线的参数方程(φ : 参变数)

$$\begin{cases} r = \sqrt{l^2 + a^2 + R^2 + 2lR\sin\varphi}, \\ \theta = \displaystyle\int_0^{\varphi} f(\varphi)\, d\varphi. \end{cases} \quad (0 \leqslant \varphi \leqslant \pi)$$

对应于$\pi \leqslant \varphi \leqslant 2\pi$ 的另一半曲线是和上列展平线对称的.

7.5 非可展曲面的近似展开

在实际中, 除了上节所述的可展曲面外, 还会碰到大量的非可展曲面, 对这些就有近似展开问题. 例如, 船体表面是由一块块弯曲的钢板(简称外板)焊接而成的. 这些弯曲的钢板须由平面钢板经弯曲加工才能得到. 一般地说, 外板是非可展曲面, 平面钢板到外板的对应只能是近似的等距对应. 船厂里使用许多人工外板展开的方法, 其中比较成熟也能符合实际需要的有直角尺法、轴线法和测地线法.

随着造船工业中电子技术应用的日益广泛, 使用电子计算机进行数学计算, 将外板展开成平面图形, 为数控切割机及其他自动下料切割装置提供信息等, 都是在船舶设计与制造的自动化中提出来的要求.

用样条曲线拟合船体表面的各种剖线, 然后按照人工的外板展开的各种方法编制计算机程序, 这些工作在许多单位已经获得成功. 这里我们不去介绍这些程序. 因为具有人工展开外板技术的人, 如果又有了样条曲线的知识, 自己都能编制这种程序; 而不具有人工展开外板技术的人, 介绍这些程序也不会知道是怎样用的.

复旦大学数学系的有些教师和学生曾经作过这样的试验, 企图将非可展曲面到平面的近似展开归纳为一个无约束的极值问题. 他们的试验次数虽然不多, 但这至少是一种普遍适用的方法, 现在介绍如下, 以供参考.

将已知的曲面划分成网格, 格子要比较小而且均匀一些(图7-8). 如果已知曲面的方程, 这是很方便的. 如果只给定曲面上的一些离散点, 就必须用样条曲线或样条曲面(参照第8章)先进行拟合, 然后插值.

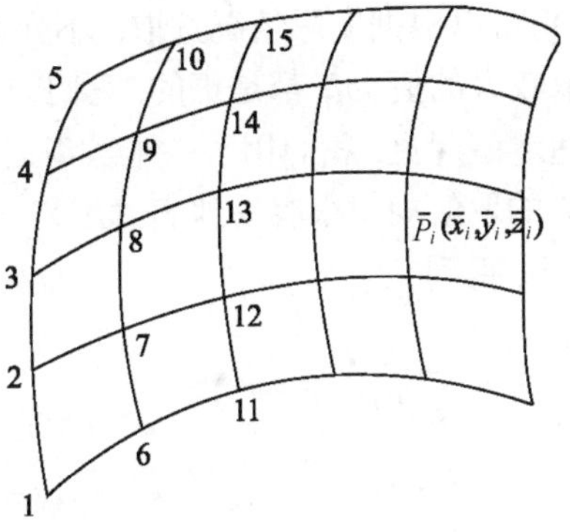

图7-8

假定曲面已被近似地展开成平面, 而变成了图7-9所示的图样. 这里出现的格子点就是曲面上的格子点的对应点. 设$\bar{P}_i\,(\bar{x}_i, \bar{y}_i, \bar{z}_i)$ 表示前者, 且$P_i\,(x_i, y_i)$ 表示后

者, $i=1,2,\cdots,l_0,l_0$ 是点的总数. 又令

$$\bar{l}_{ij}=\left|\overrightarrow{\bar{P}_i\bar{P}_j}\right|,$$

$$l_{ij}=\left|\overrightarrow{P_iP_j}\right|.$$

那么近似展开问题可归结为如下的极值问题:

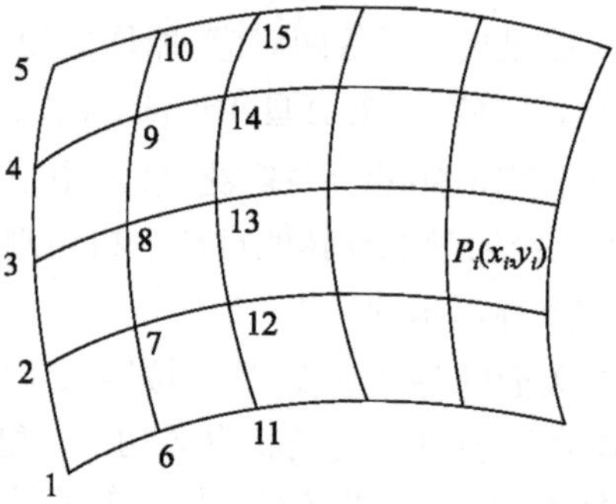

图7-9

已知$\bar{P}_i\left(\bar{x}_i,\bar{y}_i,\bar{z}_i\right)$, 求$P_i\left(x_i,y_i\right)\left(i=1,2,\cdots,l_0\right)$, 使

$$S=\frac{1}{2}\sum_{i=1}^{l_0}\sum_{N}g_{ij}\left(\bar{l}_{ij}-l_{ij}\right)^2=\min. \tag{5.1}$$

其中$\sum\limits_N$ 表示对与$\bar{P}_i$ 相邻的所有点的足标求和. 例如在图7-8中, 当$i=8$ 时, N 的取值是2, 3, 4, 9, 14, 13, 12, 7. 当$i=3$时, N 的取值是4, 9, 8, 7, 2; 当$i=1$ 时, N 取值2, 7, 6. g_{ij}是权因子, 它可以根据实际情况选取. 不允许变化或只允许有较小变化的$\bar{l}_{ij}$ 所对应的g_{ij} 应取较大的值. g_{ij} 都是正的, 它们的和等于1.

当然, 这里为了表达清楚起见, 我们用了一维数组表示$\bar{P}_i$ 的指标i , 但实际上应该取二维数组, 于是N 的取值规律很容易地表达出来.

将(5.1)对x_i 和y_i 求导, 得到

$$\begin{cases}\dfrac{\partial S}{\partial x_i}=-\sum\limits_N g_{ij}[(x_i-x_j)^2\\ \qquad\qquad+(y_i-y_j)^2-\bar{l}_{ij}^2]\left(x_i-x_j\right)/l_{ij}^2=0,\\ \dfrac{\partial S}{\partial y_i}=-\sum\limits_N g_{ij}[(x_i-x_j)^2\\ \qquad\qquad+(y_i-y_j)^2-\bar{l}_{ij}^2]\left(y_i-y_j\right)/l_{ij}^2=0.\end{cases} \tag{5.2}$$

$$(i=1,2,\cdots,l_0)$$

如用$\frac{1}{\bar{l}_{ij}^2}$ 代替$\frac{1}{l_{ij}^2}$ (误差是很小的)将带来很大方便, 这样, (5.2)为

$$\begin{cases} \dfrac{\partial S}{\partial x_i} = -\sum\limits_N g_{ij}[(x_i - x_j)^2 + (y_i - y_j)^2 - \bar{l}_{ij}^2](x_i - x_j)/\bar{l}_{ij}^2 = 0, \\ \dfrac{\partial S}{\partial y_i} = -\sum\limits_N g_{ij}[(x_i - x_j)^2 + (y_i - y_j)^2 - \bar{l}_{ij}^2](y_i - y_j)/\bar{l}_{ij}^2 = 0. \end{cases} \tag{5.3}$$

$$(i = 1, 2, \cdots, l_0)$$

这是非线性方程组, 可用牛顿法或其他方法求解.

非线性方程组的迭代解法都需要初始值. 为此, 人们曾经提出使用三角形法求近似值的建议. 为了保证精度, 从曲面网格的接近中间的一点开始计算, 再选择与它相邻的两点使全体构成一个三角形. 例如图7-10所示(将网格点重新编号), $\Delta\bar{P}_1\bar{P}_2\bar{P}_3$ 的三边长是已知的. 我们可以把它对应到平面上的$P_1\,(0,0)\,, P_2\,(\bar{l}_{12},0)$ 和P_3 , 而且可以根据第1章1.2节的例1中的方法求P_3 .接着以这个三角形各边为基础, 逐步求出其余各点$\bar{P}_i$ 的对应点$P_i\,(x_i,y_i)\,(i=1,2,\cdots,l_0)$. 这样求得的一些点就是我们所建议的(5.3)的迭代的初值.

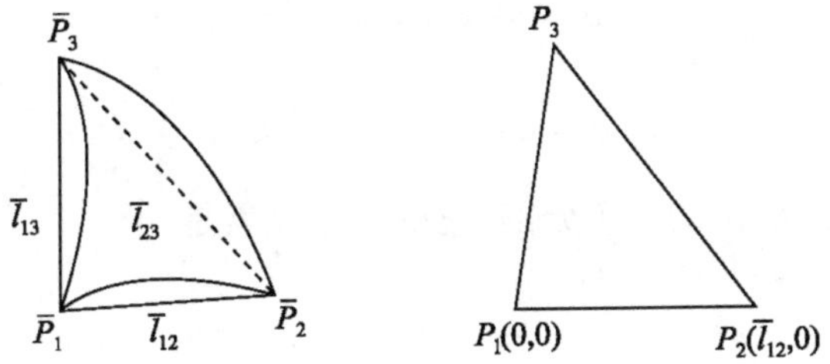

图7-10

第 8 章　曲面的拟合与设计

第6章所讨论的样条曲线、Bézier曲线和B 样条曲线, 确实是可以应用于曲面的拟合与设计中的许多问题的, 但是船体表面、飞机外形和汽车外形这类曲面, 光靠三向剖线(相互垂直的平面截线)表示的办法远远不能满足需要.所以我们必须直接用数学方法来拟合曲面和设计曲面. 本章大部分的内容可看成是第6章在空间相应的拓广.

8.1　双三次样条函数

定义　设D 是(u,w) 平面上的矩形区域$[a,b]\times[c,d]$; 令

$$\Delta_u : a = u_1 < u_2 < \cdots < u_n = b,$$

$$\Delta_w : c = w_1 < w_2 < \cdots < w_n = d,$$

$\Delta = \Delta_u \times \Delta_w$ 称为D 上的一个分割, 它的一个元素是

$$D_{ij} : [u_{i-1}, u_i] \times [w_{j-1}, w_j]$$

(见图8-1).

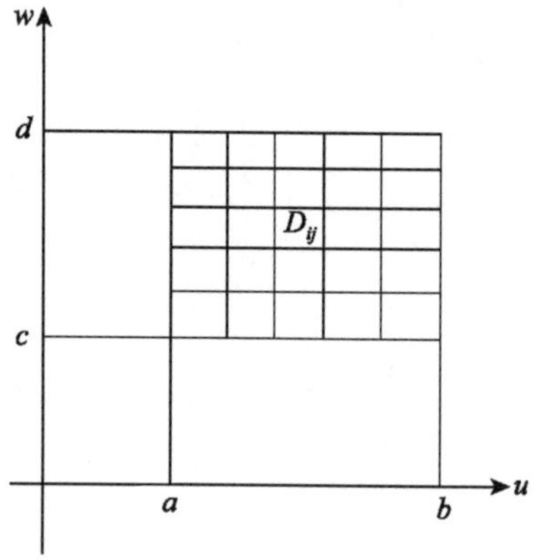

图8-1

现在假定D 上的函数$x\,(u,w)$ 满足下列两个条件:

(1) 在每个D_{ij} 上都是关于u 和w 的三次多项式, 即

$$x(u,w)=\sum_{e,f=0}^{3}B_{ef}^{ij}(u-u_{i-1})^{e}(w-w_{j-1})^{f},$$

其中各系数是常数;

(2) $x(u,w)$ 的偏导数

$$\frac{\partial^{(\alpha+\beta)}x(u,w)}{\partial u^{\alpha}\partial w^{\beta}}\quad(\alpha,\beta=0,1,2)$$

在D 上连续, 即$x(u,w)\in C_2^4(D)$.

这时, 称$x(u,w)$ 为D 上关于分割Δ 的双三次样条函数.

如果$x(u,w)$ 还满足第三个条件, 即

(3) $x(u_i,w_j)=x_{ij}\,(i=1,\cdots,n,j=1,\cdots,m)$,

其中x_{ij} 是给定的常数, 那么称$x(u,w)$ 为D 上的插值双三次样条函数.

事实表明, D 上关于分割Δ 的双三次样条函数的全体构成一个$(n+2)\times(m+2)$ 的线性空间.它的每一个元素可表示成

$$x(u,w)=\sum_{s=1}^{n+2}\sum_{t=1}^{m+2}a_{st}\varphi_s(u)\varphi_t(w),\tag{1.1}$$

式中$\varphi_s(u)\,(s=1,\cdots,n+2)$ 是关于分割Δ_u 的三次样条函数所组成的线性空间U 的基; $\psi_t(w)\,(t=1,\cdots,m+2)$ 是关于分割Δ_w 的三次样条函数所组成的线性空间W 的基, a_{st} 是常数.

$x(u,w)$ 的全体X 就是U 和W 的张量积1)

$$U\otimes W.$$

$\varphi_s(u)\,\varphi_t(w)\,(s=1,\cdots,n+2,t=1,\cdots,m+2)$ 是它的基.

从(1.1)立刻可以得到

定理 给定了

$$x_{ij},p_{\alpha j},q_{i\beta},S_{\alpha\beta}\,(i=1,\cdots,n,j=1,\cdots,m,\alpha=1,n,\beta=1,m),$$

便可唯一决定双三次样条函数$x(u,w)$, 使它满足

$$\begin{cases}x(u_i,w_j)=x_{ij}, & x'_u(u_\alpha,w_j)=p_{\alpha j},\\ x'_w(u_i,w_\beta)=q_{i\beta}, & x''_{uw}(u_\alpha,w_\beta)=S_{\alpha\beta}.\end{cases}\tag{1.2}$$

1) 设U 是$[a,b]$ 上的函数的线性空间, W 是$[c,d]$ 上的函数的线性空间, $u(x)\in U,w(y)\in W,X(x,y)=u(x)w(y)$ 的全体称为$[a,b]\times[c,d]$ 上的张量积, 记为$U\otimes W$.

在双三次样条函数的实际使用中，我们一般采用在 D 的每个元素 D_{ij} 上的分块表示，以代替(1.1).

假设在 $D_{ij}\,(i=2,\cdots,n, j=2,\cdots,m)$ 给定了

$$
(c_{ij})=\begin{pmatrix} x_{i-1j-1} & x_{i-1j} & q_{i-1j-1} & q_{i-1j} \\ x_{ij-1} & x_{ij} & q_{ij-1} & q_{ij} \\ p_{i-1j-1} & p_{i-1j} & S_{i-1j-1} & S_{i-1j} \\ p_{ij-1} & p_{ij} & S_{ij-1} & S_{ij} \end{pmatrix}, \tag{1.3}
$$

其中

$$
p_{ij}=x'_u\left(u_i,w_j\right),\quad q_{ij}=x'_w\left(u_i,w_j\right),\quad S_{ij}=x''_{uw}\left(u_i,w_j\right),
$$

那么，我们按照上述定理便可唯一地决定 $x\left(u,w\right)$ 在 D_{ij} 上的表达式.

首先考察在 $[0,1]$ 上单变数 u 的三次函数 $p\left(u\right)$. 如果它满足边界条件

$$
p\left(0\right)=p_0, p\left(1\right)=p_1, p'\left(0\right)=m_0, p'\left(1\right)=m_1,
$$

那么

$$
p\left(u\right)=F_0\left(u\right)p_0+F_1\left(u\right)p_1+G_0\left(u\right)m_0+G_1\left(u\right)m_1, \tag{1.4}
$$

其中

$$
\begin{cases} F_0\left(u\right)=2u^3-3u^2-1, \\ F_1\left(u\right)=-2u^3+3u^2, \\ G_0\left(u\right)=u(u-1)^2, \\ G_1\left(u\right)=u^2\left(u-1\right). \end{cases} \tag{1.5}
$$

(1.4) 称为Hermite插值公式.

如果把区间 $[0,1]$ 改成 $[u_{i-1},u_i]$，则有

$$
\begin{aligned} p\left(u\right)=&\,p_0F_0\left(\frac{u-u_{i-1}}{h_i}\right)+p_1F_1\left(\frac{u-u_{i-1}}{h_i}\right) \\ &+h_i\left[m_0G_0\left(\frac{u-u_{i-1}}{h_i}\right)+m_1G_1\left(\frac{u-u_{i-1}}{h_i}\right)\right], \end{aligned} \tag{1.6}
$$

这里 $h_i=u_i-u_{i-1}$. (1.6)还可写成矩阵形式

$$
p(u)=\left(F_0\left(\frac{u-u_{i-1}}{h_i}\right)F_1\left(\frac{u-u_{i-1}}{h_i}\right)h_iG_0\left(\frac{u-u_{i-1}}{h_i}\right)h_iG_1\left(\frac{u-u_{i-1}}{h_i}\right)\right)\begin{pmatrix} p_0 \\ p_1 \\ m_0 \\ m_1 \end{pmatrix},
$$

或

$$p\,(u)=UA\,(h_i)\begin{pmatrix}p_0\\p_1\\m_0\\m_1\end{pmatrix},\tag{1.7}$$

其中

$$U=\Big((u-u_{i-1})^3\quad (u-u_{i-1})^2\quad (u-u_{i-1})\quad 1\Big),$$

$$A\,(h_i)=\begin{pmatrix}\dfrac{2}{h_i^3}&\dfrac{-2}{h_i^3}&\dfrac{1}{h_i^2}&\dfrac{1}{h_i^2}\\\dfrac{-3}{h_i^2}&\dfrac{3}{h_i^2}&\dfrac{-2}{h_i}&\dfrac{-1}{h_i}\\0&0&1&0\\-1&0&0&0\end{pmatrix}.\tag{1.8}$$

对(1.3)的每一列利用(1.7), 我们得到

$$x\,(u,w_{j-1})=UA(h_i)\begin{pmatrix}x_{i-1j-1}\\x_{ij-1}\\p_{i-1j-1}\\p_{ij-1}\end{pmatrix},$$

$$x\,(u,w_j)=UA(h_i)\begin{pmatrix}x_{i-1j}\\x_{ij}\\p_{i-1j}\\p_{ij}\end{pmatrix},$$

$$q(u,w_{j-1})=UA(h_i)\begin{pmatrix}q_{i-1j-1}\\q_{ij-1}\\S_{i-1j-1}\\S_{ij-1}\end{pmatrix},$$

$$q(u,w_j)=UA(h_i)\begin{pmatrix}q_{i-1j}\\q_{ij}\\S_{i-1j}\\S_{ij}\end{pmatrix}.$$

最后, 应用(1.7)到$x(u,w_{j-1}),x(u,w_j),q(u,w_{j-1}),q(u,w_j)$, 并以$g_j=w_j-w_{j-1}$代替$h_i$, 以

$$W=\Big((w-w_{j-1})^3\quad (w-w_{j-1})^2\quad (w-w_{j-1})\quad 1\Big)$$

代替U, 我们有

$$x(u,w)=WA(g_i)\begin{pmatrix}x(u,w_{j-1})\\x(u,w_j)\\q(u,w_{j-1})\\q(u,w_j)\end{pmatrix},$$

于是

$$\begin{aligned}x(u,w)&=\left(x\left(u,w_{j-1}\right)x\left(u,w_j\right)q\left(u,w_{j-1}\right)q\left(u,w_j\right)\right)A'\left(g_j\right)w'\\&=UA\left(h_i\right)\left(c_{ij}\right)A'\left(q_j\right)W'.\end{aligned}\tag{1.9}$$

这就是$x(u,w)$ 在D_{ij} 的表达式. A' 与W' 分别表示A 与W 的转置.

剩下来的问题是如何求出各点(u_i,w_j) 上的p_{ij},q_{ij} 和s_{ij}. 对此, 我们把第6章中所述的三次样条函数的连续性方程应用到这里来.具体步骤如下:

(1)设$w=w_j$, 分割为$\Delta_u,x_{1j},x_{2j},\cdots,x_{nj}$ 为插值数据, 且p_{1j},p_{nj} 为边界斜率, 解出三次样条函数的连续性方程, 从而算出$p_{2j},\cdots,p_{n-1j}$.

(2)设$u=u_i$, 分割为$\Delta_w,x_{i1},x_{i2},\cdots,x_{im}$ 为插值数据, 且q_{i1},q_{im} 为边界斜率, 解出连续性方程, 从而算出$q_{i2},\cdots,q_{im-1}$.

(3) 设$w=w_1\,(w_m)$, 分割为$\Delta_u,q_{11},\cdots,q_{n1}\,(q_{1m},\cdots,q_{nm})$ 为插值数据, 且S_{11} 和$S_{n1}(S_{1m}$ 和$S_{nm})$ 为边界斜率, 解出连续性方程, 从而算出$S_{21},\cdots,S_{n-11}\big(S_{2m},\cdots,S_{n-1m}\big)$.

(4) 再设$u=u_i$, 分割为$\Delta_w,p_{i1},\cdots,p_{im}$ 为插值数据, 且S_{i1} 和S_{im} 为边界斜率, 解出连续性方程, 从而得出所有的S_{ij}.

习　题

1. 验算Hermite 插值公式(1.4).
2. 试证(1.5)中的四个函数有下列数值:

$$\begin{aligned}&F_0\left(0\right)=1,F_0(1)=F'_0\left(0\right)=F'_0\left(1\right)=0,\\&F_1\left(0\right)=0,F_1\left(1\right)=1,F'_1\left(0\right)=F'_1\left(1\right)=0,\\&G_0\left(0\right)=G_0\left(1\right)=0,G'_0\left(0\right)=1,G'_0\left(1\right)=0,\\&G_1\left(0\right)=G_1\left(1\right)=0,G'_1\left(0\right)=0,G'_1\left(1\right)=1.\end{aligned}$$

3. 证明满足条件(1.2)的双三次样条函数唯一存在.

8.2　双三次曲面

双三次样条函数的概念和算法是deBoor在1962年提出来的. 上一节的内容取

自deBoor的文章Bicubic spline interpolation, *J. Math. Physics*, **41**(1962), pp. 212—218.

双三次函数的概念和算法可以直接推广至向量形式, 即双三次曲面.

如果已知R^3 中的向量组

$$\boldsymbol{r}_{ij}, \boldsymbol{P}_{\alpha j}, \boldsymbol{Q}_{i\beta}, \boldsymbol{S}_{\alpha\beta}\,(i=1,\cdots,n; j=1,\cdots,m; \alpha=1,n; \beta=1,m)\,, \tag{2.1}$$

则可用8.1的方法, 分三次算出三个双三次样条函数$x\,(u,w)\,, y(u,w)$ 和$z(u,w)$, 于是向量函数

$$\boldsymbol{r}\,(u,w) = (x(u,w), y(u,w), z(u,w)) \tag{2.2}$$

就表示双三次曲面.它满足

$$\begin{aligned}
&\boldsymbol{r}\,(u_i,w_j) = \boldsymbol{r}_{ij},\\
&\boldsymbol{r}_u\,(u_\alpha,w_j) = \boldsymbol{P}_{aj},\\
&\boldsymbol{r}_w\,(u_i,w_\beta) = \boldsymbol{Q}_{i\beta},\\
&\boldsymbol{r}_{uw}\,(u_\alpha,w_\beta) = \boldsymbol{S}_{\alpha\beta}.
\end{aligned}$$

从(1.9)得出各分块的表示

$$\boldsymbol{r}\,(u,w) = UA(h_i)(\boldsymbol{c}_{ij})A'(g_i)W', \tag{2.3}$$

其中

$$(\boldsymbol{c}_{ij}) = \begin{pmatrix}
\boldsymbol{r}_{i-1j-1} & \boldsymbol{r}_{i-1j} & \boldsymbol{Q}_{i-1j-1} & \boldsymbol{Q}_{i-1j}\\
\boldsymbol{r}_{ij-1} & \boldsymbol{r}_{ij} & \boldsymbol{Q}_{ij-1} & \boldsymbol{Q}_{ij}\\
\boldsymbol{P}_{i-1j-1} & \boldsymbol{P}_{i-1j} & \boldsymbol{S}_{i-1j-1} & \boldsymbol{S}_{i-1j}\\
\boldsymbol{P}_{ij-1} & \boldsymbol{P}_{ij} & \boldsymbol{S}_{ij-1} & \boldsymbol{S}_{ij}
\end{pmatrix}. \tag{2.4}$$

在实际问题中, 往往没有给出参数(u,w) 的区域D 和分割Δ . 我们可以根据累加弦长作参数的办法作出如下的决定: 挑选适当的i_0 和j_0 , 对j_0 行和j_0 列分别算出弦长

$$\begin{aligned}
h_i &= \left|\boldsymbol{r}_{ij_0} - \boldsymbol{r}_{i-1j_0}\right|, \quad i=2,\cdots,n,\\
g_j &= \left|\boldsymbol{r}_{i_0j} - \boldsymbol{r}_{i_0j-1}\right|, \quad j=2,\cdots,m.
\end{aligned}$$

令

$$H = \sum_{i=2}^{n} h_i, \quad G = \sum_{j=2}^{m} g_j,$$

则

$$D = [0,H]\times[0,G]\,.$$

分割Δ由

$$\begin{aligned}
&u_1 = w_1 = 0, \quad u_i = \sum_{r=2}^{j} h_r,\\
&w_j = \sum_{r=2}^{j} g_r\,(i=2,\cdots,n, \quad j=2,\cdots,m)
\end{aligned}$$

决定.

另外, 在已知$\boldsymbol{r}_{ij}$ 而未给定$\boldsymbol{P}_{\alpha j}, \boldsymbol{Q}_{i\beta}, \boldsymbol{S}_{\alpha\beta}$ 的场合, 我们根据第6章8.6的办法可求出$\boldsymbol{P}_{\alpha j}, \boldsymbol{Q}_{i\beta}$ 和$\boldsymbol{S}_{\alpha\beta}$.

在与江南造船厂的协作过程中, 我们曾使用过双三次曲面, 取得了较好的效果.

8.3 Coons 曲面

Coons在一篇报告(S. A. Coons, Surfaces for computer-aided design of space forms, *AD*-663504, 1967)中, 发展了他在1964年的想法, 提出了构造曲面的几种数学方法. 后来人们称这样构造出来的曲面为Coons曲面, 目前这些曲面已被广泛地应用于计算机辅助几何设计中.

这里我们沿用Coons的简记方法, 来表达一个在$[0,1]\times[0,1]$ 上定义起来的曲面

$$\boldsymbol{r}(u,w), \tag{3.1}$$

并简记为

$$uw;$$

它的四条边界曲线

$$\boldsymbol{r}(u,0), \boldsymbol{r}(u,1), \boldsymbol{r}(0,w), \boldsymbol{r}(1,w)$$

分别简记为

$$u0, u1, 0w, 1w;$$

相邻两条边界的交点简记为

$$00, 01, 10, 11,$$

称为(3.1)的角点.另外还有记法

$$u0_u = \left.\frac{\partial(uw)}{\partial u}\right|_{w=0}, \quad u0_w = \left.\frac{\partial(uw)}{\partial w}\right|_{w=0}$$

等(见图8-2).

第一类Coons曲面是由四条边界$u0, u1, 0w, 1w$ 完全决定的, 公式是

$$\begin{aligned} uw = {} & (u0\,u1)\begin{pmatrix} F_0(w) \\ F_1(w) \end{pmatrix} + (F_0(u)F_1(u))\begin{pmatrix} 0w \\ 1w \end{pmatrix} \\ & - (F_0(u)F_1(u))\begin{pmatrix} 00 & 01 \\ 10 & 11 \end{pmatrix}\begin{pmatrix} F_0(w) \\ F_1(w) \end{pmatrix}. \end{aligned} \tag{3.2}$$

第二类Coons曲面是由四条边界曲线

$$u0, u1, 0w, 1w$$

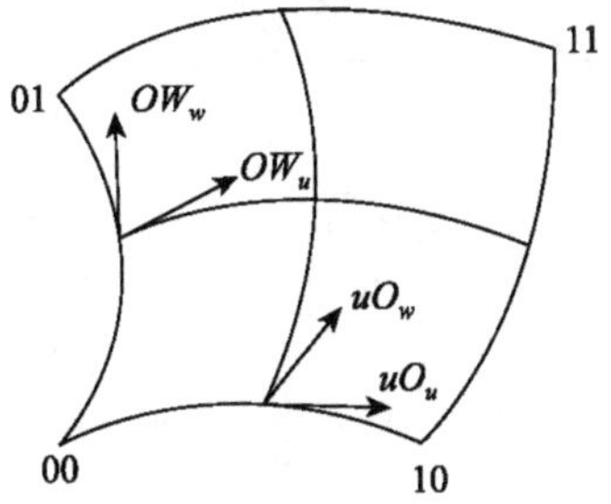

图8-2

和四条边界上的方向导数

$$u0_w, u1_w, 0w_u, 1w_u$$

决定的, 公式是

$$uw = (u0\ u1\ u0_w\ u1_w)\begin{pmatrix} F_0(w) \\ F_1(w) \\ G_0(w) \\ G_1(w) \end{pmatrix} + (F_0(u)\ F_1(u)\ G_0(u)\ G_1(u))\begin{pmatrix} 0w \\ 1w \\ 0w_u \\ 1w_u \end{pmatrix}$$

$$-(F_0(u)F_1(u)G_0(u)G_1(u))\begin{pmatrix} 00 & 01 & 00_w & 01_w \\ 10 & 11 & 10_w & 11_w \\ 00_u & 01_u & 00_{uw} & 01_{uw} \\ 10_u & 11_u & 10_{uw} & 11_{uw} \end{pmatrix}\begin{pmatrix} F_0(w) \\ F_1(w) \\ G_0(w) \\ G_1(w) \end{pmatrix}. \tag{3.3}$$

(3.2)和(3.3)中出现的四个函数F_0, F_1, G_0, G_1 满足下列条件:

$$\begin{cases} F_0(0) = 1, F_0(1) = F'_0(0) = F'_0(1) = 0, \\ F_1(0) = 0, F_1(1) = 1, F'_1(0) = F'_1(1) = 0, \\ G_0(0) = G_0(1) = 0, G'_0(0) = 1, G'_0(1) = 0, \\ G_1(0) = G_1(1) = G'_1(0) = 0, G'_1(1) = 1. \end{cases} \tag{3.4}$$

我们称这些为混合函数或调配函数(blending functions). (1.5)式中的四个函数就是最常用的混合函数. 此外, Coons在他的文章中还举出下列四个函数:

$$F_0(u) = \cos^2\frac{\pi}{2}u, \quad F_1(u) = \sin^2\frac{\pi}{2}u,$$

$$G_0(u) = \frac{\sin\frac{\pi}{2}u - \sin^2\frac{\pi}{2}u}{\frac{\pi}{2}},$$

$$G_1(u)=\frac{\cos^2\frac{\pi}{2}u-\cos\frac{\pi}{2}u}{\frac{\pi}{2}}.$$

(3.2)和(3.3)还可写成如下更简洁的形式:

$$uw=-(-1\ F_0(u)\ F_1(u))\left(\begin{array}{c|cc}0 & u0 & u1\\ \hline 0w & 00 & 01\\ 1w & 10 & 11\end{array}\right)\begin{pmatrix}-1\\ F_0(w)\\ F_1(w)\end{pmatrix},\tag{3.5}$$

和

$$uw=-(-1\ F_0(u)\ F_1(u)\ G_0(u)\ G_1(u))\left(\begin{array}{c|cccc}0 & u0 & u1 & u0_w & u1_w\\ \hline 0w & 00 & 01 & 00_w & 01_w\\ 1w & 10 & 11 & 10_w & 11_w\\ 0w_u & 00_u & 01_u & 00_{uw} & 01_{uw}\\ 1w_u & 10_u & 11_u & 10_{uw} & 11_{uw}\end{array}\right)\begin{pmatrix}-1\\ F_0(w)\\ F_1(w)\\ G_0(w)\\ G_1(w)\end{pmatrix}.\tag{3.6}$$

我们可以直接验证, 第一类Coons曲面是以四条已知曲线为边界的. 两片具有公共边界的第一类Coons曲面是连续拼接着, 但是不光滑的.

第二类Coons曲面不但以四条已知曲线作为边界, 而且以另外给定的四个向量函数作为边界上的方向导数. 它们分别是边界u 曲线上各点的w 方向的导数和边界w 曲线上各点u 方向的导数. 因此, 当第二类Coons曲面两片相拼接时, 很容易做到一阶连续或光滑拼接.

如图8-3所示, 只要成立

$$1w=\overline{0w},$$
$$1w_u=\lambda\overline{0w}_u,$$

这两片Coons曲面就可以光滑拼接.

如果要构造曲面使得它能适合边界上对曲率的要求, 那就必须用第三类Coons曲面, 而对此项需要三对混合函数. 如果采用多项式来作混合函数, 它们的次数便不能低于五次. 详细情况这里从略.

至此为止, 我们对边界曲线和方向导数没有附加任何限制, 就是说, 它们可以是各种向量函数. 对混合函数也是这样, 只要它们满足(3.4)即可. 这样构成的Coons曲面是最一般的.

如果取(1.5)式中的四个函数为混合函数, 而且规定$u0,u1,0w,1w$ 和$u0_w,u1_w,0w_u,1w_u$都是由角点上的信息

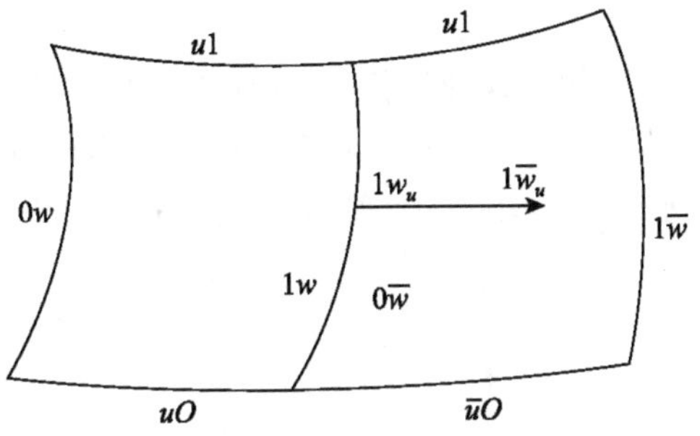

图8-3

$$C=\begin{pmatrix}00 & 01 & 00_w & 01_w\\ 10 & 11 & 10_w & 11_w\\ 00_u & 01_u & 00_{uw} & 01_{uw}\\ 10_u & 11_u & 10_{uw} & 11_{uw}\end{pmatrix}$$

所决定的三次函数, 即

$$\begin{pmatrix}0w\\ 1w\\ 0w_u\\ 1w_u\end{pmatrix}=C\begin{pmatrix}F_0(w)\\ F_1(w)\\ G_0(w)\\ G_1(w)\end{pmatrix}\tag{3.7}$$

和

$$(u0\ u1\ u0_w\ u1_w)=(F_0(u)\ F_1(u)\ G_0(u)\ G_1(u))C,$$

那么将它们代入(3.3)的结果是

$$uw=(F_0(u)\ F_1(u)\ G_0(u)\ G_1(u))C\begin{pmatrix}F_0(w)\\ F_1(w)\\ G_0(w)\\ G_1(w)\end{pmatrix}=UMCM'W',\tag{3.8}$$

其中

$$M=\begin{pmatrix}2 & -2 & 1 & 1\\ -3 & 3 & -2 & -1\\ 0 & 0 & 1 & 0\\ 1 & 0 & 0 & 0\end{pmatrix},$$

$$U=(u^3\ u^2\ u\ 1), W=(w^3\ w^2\ w\ 1).$$

它与8.2中的双三次曲面的分块表达式(2.3)相一致.实际上, 只要在(2.3)中取$h_i = g_i = 1$, 就得到(3.8).

下面举两个例子, 分别表示如何用三次参数曲线拟合四分之一的圆周和用一片双三次曲面拟合单位球面的八分之一. 这些都是Coons首先提出的.

例1 如图8-4所示, AB 是O 点为圆心, r 为半径的四分之一圆周.我们要用三次参数曲线去拟合这段圆弧. 这时, 边界条件如下:

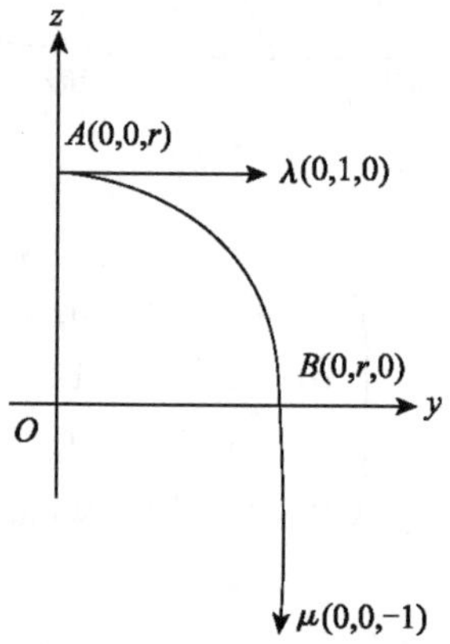

图8-4

$$\boldsymbol{P}(0) = (0,0,r),$$
$$\boldsymbol{P}'(0) = \lambda(0,1,0),$$

$$\boldsymbol{p}(1) = (0,r,0), \boldsymbol{p}'(1) = \mu(0,0,-1).$$

设曲线为

$$\boldsymbol{p}(w) = (0,0,r)F_0(w) + (0,r,0)F_1(w) + \lambda(0,1,0)G_0(w) + \mu(0,0,-1)G_1(w),$$

或者写成坐标形式

$$\begin{cases} x = 0, \\ y = rF_1(w) + \lambda G_0(w), \\ z = rF_0(w) - \mu G_1(w). \end{cases}$$

这里的λ 和μ 是可以任意选取的. $F_0(u), F_1(u), G_0(u), G_1(u)$ 由(1.5)式决定. 为了使它更加逼近圆弧, 我们可挑选λ 和μ , 使通过圆弧的中点, 即

$$\boldsymbol{p}\left(\frac{1}{2}\right) = r\left(0, \frac{\sqrt{2}}{2}, \frac{\sqrt{2}}{2}\right).$$

于是有

$$rF_1\left(\frac{1}{2}\right)+\lambda G_0\left(\frac{1}{2}\right)=\frac{\sqrt{2}}{2}r,$$
$$rF_0\left(\frac{1}{2}\right)-\mu G_1\left(\frac{1}{2}\right)=\frac{\sqrt{2}}{2}r.$$

解得

$$\lambda=\mu=4(\sqrt{2}-1)r.$$

最后, 得到三次参数曲线

$$\boldsymbol{p}(w)=(0,0,r)F_0(w)+(0,r,0)F_1(w)+\lambda\left[(0,1,0)\,G_0(w)+(0,0,-1)G_1(w)\right].$$

例2 图8-5表示了单位球面在第一卦限的部分. 我们将用一片双三次曲面来拟合它.

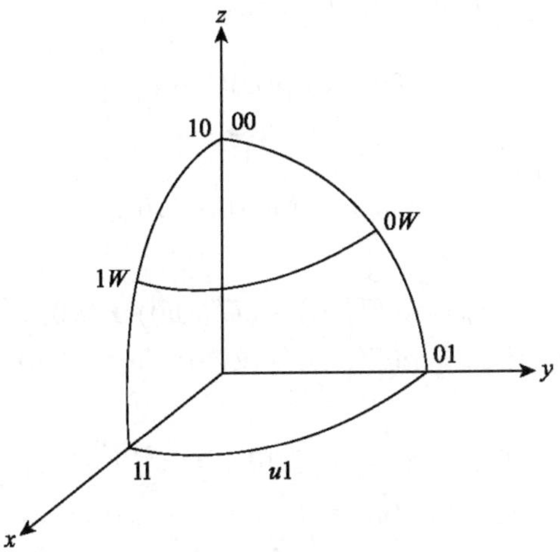

图8-5

从图8-5明显地看出:

$$00=10=(0,0,1),$$

$$01=(0,1,0), 11=(1,0,0).$$

因为边界曲线$u0$ 退化成一点, 所以

$$00_u=10_u=0.$$

为了利用(3.8), 还必须确定

$$01_u, 11_u, 00_w, 01_w, 10_w, 11_w, 00_{uw}, 01_{uw}, 10_{uw}, 11_{uw}.$$

首先用例1中的办法可定出

$$
\begin{aligned}
00_w &= a(0,1,0), \quad 01_w = a(0,0,-1),\\
10_w &= a(1,0,0), \quad 11_w = a(0,0,-1),
\end{aligned}
$$

这里

$$a = 4(\sqrt{2}-1).$$

所以边界曲线为

$$
\begin{aligned}
0w &= 00F_0(w) + 01F_1(w) + 00_wG_0(w) + 01_wG_1(w),\\
1w &= 10F_0(w) + 11F_1(w) + 10_wG_0(w) + 11_wG_1(w).
\end{aligned}
$$

当固定w 时, 平行于Oxy 平面的圆半径就由$0w$ 与$1w$ 的y 分量

$$\rho(w) = F_1(w) + aG_0(w)$$

来代替. 再用例1的办法, 求出u 曲线的两端点切线

$$0w_u = a\rho(w)(1,0,0)$$

和

$$1w_u = a\rho(w)(0,-1,0).$$

于是

$$
\begin{aligned}
0w_{uw} &= a(F'_1(w) + aG'_0(w))(1,0,0),\\
1w_{uw} &= a(F'_1(w) + aG'_0(w))(0,-1,0).
\end{aligned}
$$

最后得到

$$
\begin{aligned}
00_{uw} &= a^2(1,0,0), 10_{uw} = a^2(0,-1,0),\\
01_{uw} &= 11_{uw} = 0.
\end{aligned}
$$

将这些角点信息代入(3.8)式, 我们就得到

$$
\begin{cases}
x = \rho(u)\rho(w),\\
y = (F_0(u) - aG_1(u))\rho(w),\\
z = F_0(w) - aG_1(w).
\end{cases}
$$

容易验证$x^2 + y^2 + z^2 \approx 1$.

8.4 三角域上的光滑插值

三角域上的光滑插值法往往比矩形域上的要来得合适一些, 因为后者只能用于特殊情况, 构造张量积曲面是一个例子. 对于本来就有着三角剖分的那些曲面来说, 三角域上的插值就必然更合适了.

三角域边界值的光滑插值函数首先出现于R. E. Barnhill, G. Birkhoff和W. J. Gordon的论文(Smooth interpolation in triangles, *J. of Approximation Theory.* **8** (1973)).

设T 是xy 平面上顶点为$A(0,0), B(1,0)$ 和$C(1,1)$ 的一个特殊三角形. 当然可以用仿射变换把它变成任何一个三角形. AB, BC 和CA 分别称为T 的第一, 第二和第三边.

对定义在三角形T (内部和边界)上的连续函数$F(x,y)$, 我们考虑三个投影算子

$$\mathscr{P}_i : F \to \mathscr{P}_i[F] = U_i(x,y), i = 1,2,3.$$

其中

$$U_1(x,y) = \frac{1-x}{1-y}F(y,y) + \frac{x-y}{1-y}F(1,y), \tag{4.1}$$

$$U_2(x,y) = \frac{x-y}{x}F(x,0) + \frac{y}{x}F(x,x), \tag{4.2}$$

$$U_3(x,y) = \frac{1-x}{1-x+y}F(x-y,0) + \frac{y}{1-x+y}F(1,1-x+y). \tag{4.3}$$

容易验证, U_i 恰恰表示在T 的第i 边的平行线段上的线性插值(图8-6). $z = U_i(x,y)$ 的图形是一个直纹面, 它的母线在xy 平面上的投影平行于T 的第i 边. 这些性质在仿射变换下都是不变的.

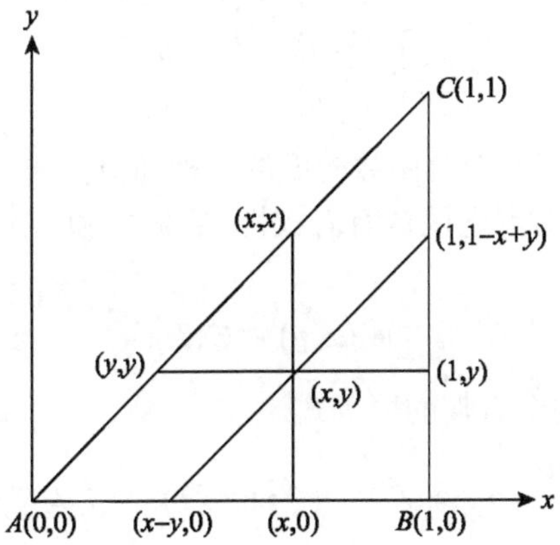

图8-6

$\mathscr{F}_1, \mathscr{F}_2$ 和$\mathscr{F}_3$ 是不可交换的三个投影算子, 事实上

$$\mathscr{F}_1\mathscr{F}_2[F] = \frac{1-x}{1-y}F(y,y) + \frac{x-y}{1-y}\left[(1-y)F(1,0) + yF(1,1)\right], \tag{4.4}$$

$$\mathscr{F}_1\mathscr{F}_1[F] = \frac{x-y}{x}\left[(1-x)F(0,0) + xF(1,0)\right] + \frac{y}{x}F(x,x). \tag{4.5}$$

$\mathscr{F}_1\mathscr{F}_2 \neq \mathscr{F}_2\mathscr{F}_1$. 但有趣的是在$T$ 的边界∂T 上却成立了:

$$\mathscr{F}_i\mathscr{F}_j\,[F]\,|_{\partial T} = \mathscr{F}_j\mathscr{F}_i\,[F]|_{\partial T.}$$

令

$$\mathscr{L} = \mathscr{F}_i\mathscr{F}_j\mathscr{F}_k \quad (i \neq j \neq k \neq i) \tag{4.6}$$

由(4.1), (4.2)和(4.3)可证

$$\mathscr{L}\,[F] = L(x,y), \tag{4.7}$$

$$L(x,y) = (1-x)F(0,0) + (x-y)F(1,0) + yF(1,1). \tag{4.8}$$

设投影算子

$$Q^* = \frac{1}{2}\left[\mathscr{F}_1 + \mathscr{F}_2 + \mathscr{F}_3 - \mathscr{L}\right],$$

则Q^* 是T 上的一个连续算子, 它把任何$F \in C(T)$ 映照到$W = Q^*\,[F]$:

$$\begin{aligned} W(x,y) =& \frac{1}{2}\left\{\left[\frac{1-x}{1-y}F(y,y) + \frac{x-y}{1-y}F(1,y)\right] + \left[\frac{x-y}{x}F(x,0) + \frac{y}{x}F(x,x)\right]\right. \\ &+ \left[\frac{1-x}{1-x+y}F(x-y,0) + \frac{y}{1-x+y}F(1,1-x+y)\right] \\ &\left. - \left[(1-x)\,F(0,0) + (x-y)F(1,0) + yF\,(1,1)\right]\right\}. \end{aligned} \tag{4.9}$$

由此可证

$$\begin{aligned} W(x,0) &= F(x,0), \\ W(1,y) &= F(1,y), \\ W(y,y) &= F(y,y). \end{aligned}$$

所以$W(x,y)$ 是由三对线性混合函数构成的一种插值方法. 从式中看来, T的三个顶点是奇点, 但由于每一对混合函数有着权性, 它们之和为1, 所以这种奇点是可以避免的, 因此

$$W(x,y) \in C(T).$$

我们还可以证明两个有趣的恒等式:

$$Q^* = \frac{1}{2}\left[(\mathscr{F}_i \oplus \mathscr{F}_j) + (\mathscr{F}_i \oplus \mathscr{F}_k)\right] \quad (i \neq j \neq k \neq i)$$

和

$$Q^* = \frac{2}{3}\sum_{i=1}^{3}\mathscr{F}_i - \frac{1}{6}\sum_{i\neq j}\mathscr{F}_i\mathscr{F}_j = \frac{1}{6}\sum_{i\neq j}\mathscr{F}_i \oplus \mathscr{F}_j,$$

其中

$$\mathscr{F}_i \oplus \mathscr{F}_j = \mathscr{F}_i + \mathscr{F}_j - \mathscr{F}_i\mathscr{F}_j$$

被称为布尔和.

如令

$$[\mathscr{F}_i \oplus \mathscr{F}_j][F] = U_{ij}(x,y),$$

则

$$U_{ij}|_{\partial T} = F|_{\partial T.}$$

由此也证明了$W(x,y)$ 的插值性质.

为了对函数$F(x,y)$ 和它的法向导数插值, 我们必须利用三对三次混合函数.

和(4.1), (4.2), (4.3)相类似, 我们以Hermite插值取代线性插值, 并作投影算子$\mathscr{F}_1$, $\mathscr{F}_2$ 和$\mathscr{F}_3$, 其中

$$\begin{aligned}\mathscr{F}_1[F] =& F_0(X)F(y,y) + G_0(X)(1-y)F_x(y,y)\\ &+ F_1(X)F(1,y) + G_1(X)(1-y)F_x(1,y),\end{aligned} \tag{4.10}$$

这里的F_0, F_1, G_0, G_1 就是前几节用过的Hermite形式的混合函数,

$$X = \frac{x-y}{1-y}.$$

经计算得知

$$\begin{aligned}\mathscr{F}_1[F] =& \frac{(x-1)^2(2x-3y+1)}{(1-y)^3}F(y,y) + \frac{(x-y)(x-1)^2}{(1-y)^2}F_x(y,y)\\ &- \frac{(x-y)^2(2x-y-3)}{(1-y)^3}F(1,y) + \frac{(x-y)^2(x-1)}{(1-y)^2}F_x(1,y).\end{aligned} \tag{4.11}$$

同理, 得出

$$\begin{aligned}\mathscr{F}_2[F] =& \frac{(y-x)^2(x+2y)}{x^3}F(x,0) + \frac{(y-x)^2y}{x^2}F_y(x,0)\\ &+ \frac{y^2(3x-2y)}{x^3}F(x,x) + \frac{y^2(y-x)}{x^2}F_y(x,x),\end{aligned} \tag{4.12}$$

$$\begin{aligned}\mathscr{F}_3[F] =& \frac{(1-x)^2(3y-x+1)}{(1-x+y)^3}F(x-y,0) + \frac{(x-1)^2y}{(1-x+y)^2}[F_x(x-y,0) + F_y(x-y,0)]\\ &+ \frac{y^2(-3x+y+3)}{(1-x+y)^3}F(1,1-x+y) + \frac{y^2(x-1)}{(1-x+y)^2}[F_x(1,1-x+y)\\ &+F_y(1,1-x+y)].\end{aligned} \tag{4.13}$$

可以验证: 在∂T 上有

$$\mathscr{F}_1\mathscr{F}_2[F] = \begin{cases} F(y,y), \quad x=y,\\ F(0,0)F_0(x) + F_x(0,0)G_0(x) + F(1,0)F_1(x) + F_x(1,0)G_1(x), y=0,\\ F(1,0)F_0(y) + F_y(1,0)G_0(y) + F(1,1)F_1(y) + F_y(1,1)G_1(y), x=1.\end{cases}$$

令

$$U_{ij} = (\mathscr{F}_i \oplus \mathscr{F}_j)[F]. \tag{4.14}$$

对于$F \in C^2(T)$ 成立下列关系:

$$U_{ij}|_{\partial T} = F|_{\partial T}, \quad \left.\frac{\partial U_{ij}}{\partial \boldsymbol{n}}\right|_{\partial T} = \left.\frac{\partial F}{\partial \boldsymbol{n}}\right|_{\partial T}, \tag{4.15}$$

这里$\dfrac{\partial F}{\partial \boldsymbol{n}}$ 表示F在∂T 上的一阶法向导数.

三对三次的混合函数构造的插值曲面$W(x,y)$ 决定于算子

$$Q = \frac{2}{3}\sum_{i=1}^{3}\mathscr{F}_i - \frac{1}{6}\sum_{i\neq j}\mathscr{F}_i\mathscr{F}_j,$$

即

$$Q[F] = W(x,y).$$

在边界上成立

$$W = F \quad 和 \quad \frac{\partial W}{\partial \boldsymbol{n}} = \frac{\partial F}{\partial \boldsymbol{n}}. \tag{4.16}$$

8.5 Bézier 曲 面

8.5.1 张量积Bézier曲面

定义 已知R^3 中$(m+1)(n+1)$ 个点

$$b_{ij}(i = 0,1,\cdots,m, j = 0,1,\cdots,n),$$

mn 次张量积Bézier曲面的表示式是

$$\begin{aligned} &P(u,w) = \sum_{i=0}^{m}\sum_{j=0}^{n} B_{i,m}(u)B_{j,n}(w)b_{ij}, \\ &(u,w) \in [0,1]\times[0,1], \end{aligned} \tag{5.1}$$

这里, $B_{i,m}, B_{j,n}$ 是Bernstein基函数(见第6章6.7). 连线

$$b_{ij}b_{ij+1}\,(i = 0,1,\cdots,m, j = 0,1,\cdots,n-1)$$

和

$$b_{ij}b_{i+1j}\,(i = 0,1,\cdots,m-1, j = 0,1,\cdots,n)$$

所构成的网格, 称为Bézier曲面的特征网格, b_{ij} 称为顶点, $b_{ij}b_{ij+1}$ 和$b_{ij}b_{i+1j}$ 称为边(图8-7).

从Bernstein基函数的性质, 我们可以推出Bézier曲面的一些明显的性质:

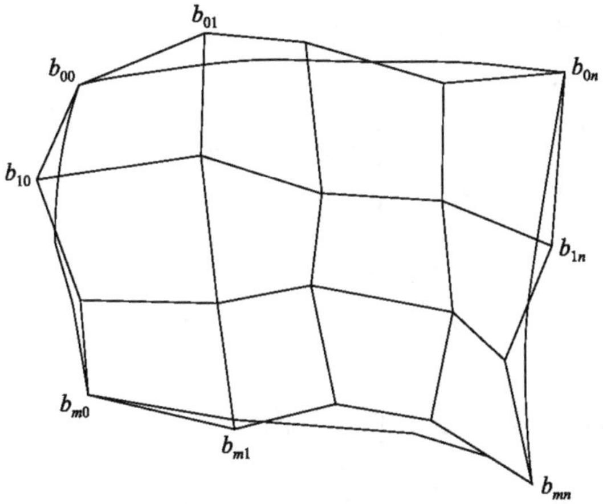

图8-7

(1) u 曲线.

$$P(u,w_0)=\sum_{i=0}^{m}B_{i,m}(u)\left(\sum_{j=0}^{m}B_{j,n}(w_0)b_{ij}\right)$$

是以$\sum\limits_{j=0}^{n}B_{j,n}(w_0)b_{ij}(i=0,1,\cdots,m)$ 为顶点的m 次Bézier曲线, 特别是

$$P(u,0)=\sum_{i=0}^{m}B_{i,m}(u)b_{i,0},$$
$$P(u,1)=\sum_{i=0}^{m}B_{i,m}(u)b_{i,n}.$$

同理, w 曲线是n 次Bézier曲线.

(2) 曲面$P(u,w)$ 通过特征网格的四个角点, 并且在角点处的切平面是过角点的两条边所在的平面.

(3) 凸包性质.

由于

$$B_{i,m}(u)B_{j,n}(w)\geqslant 0,$$
$$\sum_{i=0}^{m}\sum_{j=0}^{n}B_{i,m}(u)B_{j,n}(w)=1,$$

$P(u,w)$ 在全体网格顶点的凸包内.

当$m=1$(或$n=1$) 时, u 曲线(或w 曲线)是直线段, Bézier曲面是直纹面.

当$m=n=1$ 时, 如$b_{00},b_{01},b_{10},b_{11}$ 共面, (5.1)决定一个平面; 如$b_{00},b_{01},b_{10},b_{11}$ 不共面, 我们不妨取仿射坐标系使它们分别为(0, 0, 0), (1, 0, 0), (0, 1, 0), (0, 0, 1).

于是(5.1)

$$P(u,w)=(1-u)(1-w)b_{00}+(1-u)wb_{01}+u(1-w)b_{10}+uwb_{11}$$

成为

$$\begin{cases}x=w-uw,\\ y=u-uw,\\ z=uw.\end{cases}$$

这曲面显然是二次曲面

$$(x+z)(y+z)=z.$$

由于u 线与w 线都是直线, u 线都平行于平面

$$x+z=0,$$

所以$P(u,w)$ 是双曲抛物面.

当$m=n=2$ 时, 两族参数曲线都是抛物线.

最有用的是$m=n=3$ 的情形. 这时

$$\begin{aligned}P(u,w)&=(B_{0,3}(u)\quad B_{1,3}(u)\quad B_{2,3}(u)\quad B_{3,3}(u))\\&\quad\cdot\begin{pmatrix}b_{00}&b_{01}&b_{02}&b_{03}\\b_{10}&b_{11}&b_{12}&b_{13}\\b_{20}&b_{21}&b_{22}&b_{23}\\b_{30}&b_{31}&b_{32}&b_{33}\end{pmatrix}\begin{pmatrix}B_{0,3}(w)\\B_{1,3}(w)\\B_{2,3}(w)\\B_{3,3}(w)\end{pmatrix}\\&=UN(b_{ij})N^{\mathrm{T}}W^{\mathrm{T}}.\end{aligned}\tag{5.2}$$

其中

$$U=(u^3\quad u^2\quad u\quad 1),\quad W=(w^3\quad w^2\quad w\quad 1),$$

$$N=\begin{pmatrix}-1&3&-3&1\\3&-6&3&0\\-3&3&0&0\\1&0&0&0\end{pmatrix}.$$

将(5.2)与双三次形式(3.8)比较, 便可求得矩阵(c_{ij})和(b_{ij})的关系.

和Bézier曲线相类似, 我们可以建立Bézier曲面的作图定理与剖分定理.

设$(u_0,w_0)\in[0,1]\times[0,1]$. 我们将用几何作图法直接确定$P(u_0,w_0)$ 的位置和曲面在这点的切平面的位置.令

$$b_{ij}^{00}=b_{ij},\quad i=0,1,\cdots,m,\quad j=0,1,\cdots,n.$$

且定义运算

$$\psi(w_0)(b_{ij}^{00}) = \left(b_{ij_1}^{01}\right), \quad j_1 = 1, \cdots, n.$$

它决定于下列公式:

$$b_{ij_1}^{01} = (1 - w_0)b_{ij_1-1}^{00} + w_0 b_{ij_1}^{00}.$$

$b_{ij_1}^{01}$ 是$b_{ij_1-1}^{00}b_{ij_1}^{00}$ 的定比分点, 即

$$\overrightarrow{b_{ij_1-1}^{00}b_{ij_1}^{01}} = w_0\overrightarrow{b_{ij_1-1}^{00}b_{ij_1}^{00}}$$

(见图8-8).

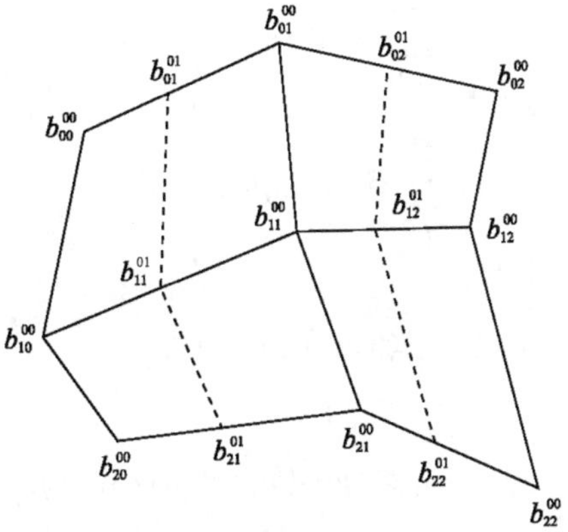

图8-8

同理, 将$\psi(w_0)$作用于$\left(b_{ij_1}^{01}\right)$, 便得到$\left(b_{ij_2}^{02}\right)$, $j_2 = 2, \cdots, n$. 如此类推, 最后将$\psi(w_0)$作用于$\left(b_{ij_{n-1}}^{0n-1}\right)$, 得到$b_{in}^{0n}$. 这一过程可写为

$$b_{ij_r}^{0r} = (1 - w_0)b_{ij_r-1}^{0r-1} + w_0 b_{ij_r}^{0r-1}, \quad j_r = r, \cdots, n.$$

设$\varphi(u_0)$ 是另一种由下列式子决定的运算:

$$\varphi(u_0)(b_{ij}^{00}) = (b_{i_1j}^{10}), \quad i_1 = 1, \cdots, m,$$

其中

$$b_{i_1j}^{10} = (1 - u_0)b_{i_1-1j}^{00} + u_0 b_{i_1j}^{00}.$$

同样

$$\varphi(u_0)(b_{i_1j}^{10}) = (b_{i_2j}^{20}), \quad i_2 = 2, \cdots, m,$$

其中

$$b_{i_2j}^{20} = (1 - u_0)b_{i_2-1j}^{10} + u_0 b_{i_2j}^{10}.$$

一般地

$$\varphi(u_0)(b_{i_{k-1}j}^{k-10})=(b_{i_kj}^{k0}),\quad i_k=k,\cdots,m,$$

其中

$$b_{i_kj}^{k0}=(1-u_0)b_{i_k-1j}^{k-10}+u_0b_{i_kj}^{k-10}.$$

如果将$\varphi(u_0)$ 作用到(b_{in}^{0n}) , 并且连续作用m 次, 那么最后得到

$$b_{mn}^{mn}=(1-u_0)b_{m-1n}^{m-1n}+u_0b_{mn}^{m-1n}.$$

由Bézier曲线的作图法可知

$$\sum_{j=0}^{n}B_{j,n}(w_0)b_{ij}=b_{in}^{0n},$$

$$\sum_{i=0}^{m}B_{i,m}(u_0)b_{in}^{0n}=b_{mn}^{mn},$$

所以

$$P(u_0,w_0)=b_{mn}^{mn},$$

即

$$\varphi^m(u_0)\varphi^n(w_0)(b_{ij})=P(u_0,w_0).$$

可以证明, $\varphi(u_0)$ 和$\psi(w_0)$ 对任一网格点的作用是可以交换的. 这只要注意到$\varphi(u_0)$和$\psi(w_0)$ 对任一空间四边形$ABCD$ 是可以交换的事实.实际上, 令

$$\begin{aligned}E&=(1-w_0)A+w_0B,\\F&=(1-w_0)C+w_0D,\\G&=(1-u_0)A+u_0C,\\H&=(1-u_0)B+u_0D,\end{aligned}$$

则

$$(1-u_0)E+u_0F=(1-w_0)G+w_0H=J,$$

并且E,F,G,H,J 五点共平面. 因此

$$\psi^n(w_0)\varphi^m(u_0)(b_{ij})=P(u_0,w_0).$$

下面, 我们将求曲面在$P(u_0,w_0)$ 处的切平面. 显然

$$\psi^{n-1}(w_0)\varphi^{m-1}(u_0)(b_{ij})=\begin{pmatrix}b_{m-1n-1}^{m-1n-1} & b_{m-1n}^{m-1n-1}\\ b_{mn-1}^{m-1n-1} & b_{mn}^{m-1n-1}\end{pmatrix},$$

$$\psi^n(w_0)\varphi^{m-1}(u_0)(b_{ij}) = \begin{pmatrix} b_{m-1n}^{m-1n} \\ b_{mn}^{m-1n} \end{pmatrix},$$

$$\psi^{n-1}(w_0)\varphi^m(u_0)(b_{ij}) = (b_{mn-1}^{mn-1} b_{mn}^{mn-1}).$$

根据Bézier曲线的作图法可知

$$P w(u_0, w_0) = n\overrightarrow{b_{m-1n}^{m-1n} b_{mn}^{m-1n}},$$
$$P_u(u_0, w_0) = m\overrightarrow{b_{mn-1}^{mn-1} b_{mn}^{mn-1}}.$$

于是我们得到

作图定理 设(b_{ij}) 是Bézier曲面(5.1)的特征网格的顶点.对任一$(u_0, w_0) \in [0,1] \times [0,1]$, 我们有

$$\begin{cases} P(u_0, w_0) = \varphi^m(u_0)\psi^n(w_0)(b_{ij}) = b_{mn}^{mn}, \\ \boldsymbol{n}(u_0, w_0) = \overrightarrow{b_{m-1n}^{m-1n} b_{mn}^{m-1n}} \times \overrightarrow{b_{mn-1}^{mn-1} b_{mn}^{mn-1}}, \end{cases} \tag{5.3}$$

其中

$$\begin{cases} \psi(w_0)(b_{ij_{r-1}}^{k_r-1}) : b_{ij_r}^{k_r} = (1-w_0) b_{ij_{r-1}}^{k_r-1} + w_0 b_{ij_r}^{k_r-1}, \\ \varphi(u_0)(b_{i_{k-1}j}^{k-1_r}) : b_{i_kj}^{k_r} = (1-u_0) b_{i_k-1j}^{k-1_r} + u_0 b_{i_kj}^{k-1_r}. \end{cases} \tag{5.4}$$

$\boldsymbol{n}(u_0, w_0)$ 表示$P(u, w)$ 在(u_0, w_0) 处的法向量.

我们还可以证明

剖分定理 设一点$(u_0, w_0) \in (0,1) \times (0,1)$. 一个Bézier曲面(5.1)可剖分为四块Bézier曲面, 它们的特征网格的顶点分别是

$$(b_{ij}^{ij}), (b_{in}^{in-j}), (b_{mj}^{m-ij}), (b_{mn}^{m-in-j}),$$

且决定于(5.4).

证明略.

另一方面, 必须指出保凸性命题对Bézier曲面不成立. 例如$m = n = 2$, 九点的特征网格顶点是

$$(\alpha, p, -h), (0, \sigma, 0), (\alpha, p, h),$$
$$(\alpha, \alpha, -h), (0, 0, 0), (\alpha, \alpha, h),$$
$$(p, \alpha, -h), (\sigma, 0, 0), (p, \alpha, h),$$

其中$p > \alpha > 0$. 虽然特征网格由四个梯形构成, 并且是一个凸多面体的边界的一部分, 但当$\sigma > 3\alpha + p$ 时, 相应的Bézier曲面不是凸的(图8-9).

事实上, 很容易从Gauss曲率公式

$$K = \frac{1}{D^4}\left[(P_{uu}, P_u, P_w)(P_{ww}, P_u, P_w) - (P_{uw}, P_u, P_w)^2\right]$$

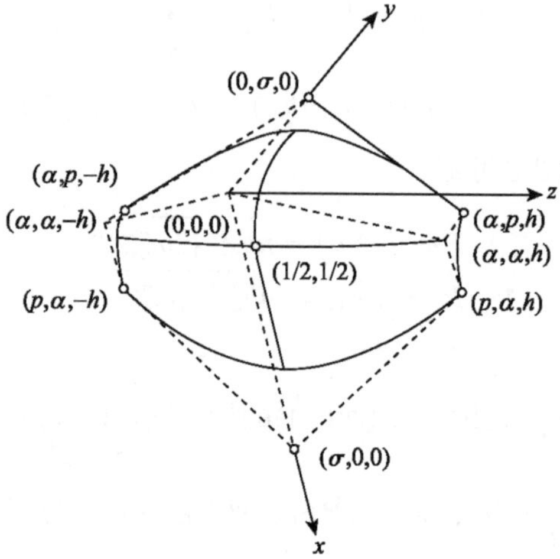

图8-9

计算出

$$K\left(\frac{1}{2},\frac{1}{2}\right) < 0.$$

这里

$$D^2 = (P_u \times P_w)^2.$$

但是, 关于Bézier曲面的凸性, 我们可以证明一个比较强的定理.

设Bézier曲面的特征网格的顶点(b_{ij}) 满足:

(1) 所有的顶点和边是(b_{ij}) 的凸包的顶点和边;

(2) $b_{ij}, b_{i,j+1}, b_{i+1,j}, b_{i+1,j+1}$ 构成平行四边形,

则该Bézier曲面是凸的.

8.5.2 三角域上的Bézier曲面

对三角形ABC 所在的平面上的一点P , 引进重心坐标(或面积坐标) $P(u_1, u_2, u_3)$, 它满足

$$u_1 + u_2 + u_3 = 1.$$

它的几何意义是

$$u_1 = \frac{S_{\Delta PBC}}{S_{\Delta ABC}}, \quad u_2 = \frac{S_{\Delta PCA}}{S_{\Delta ABC}}, \quad u_3 = \frac{S_{\Delta PAB}}{S_{\Delta ABC}},$$

其中S_Δ 表示该Δ 的有向面积(见图8-10). 对ΔABC 内部或边界上的点, 恒有

$$u_1 \geqslant 0, \quad u_2 \geqslant 0, \quad u_3 \geqslant 0.$$

三角域上的n 次Bézier曲面片是参数三角形的R^3 的一个映照:

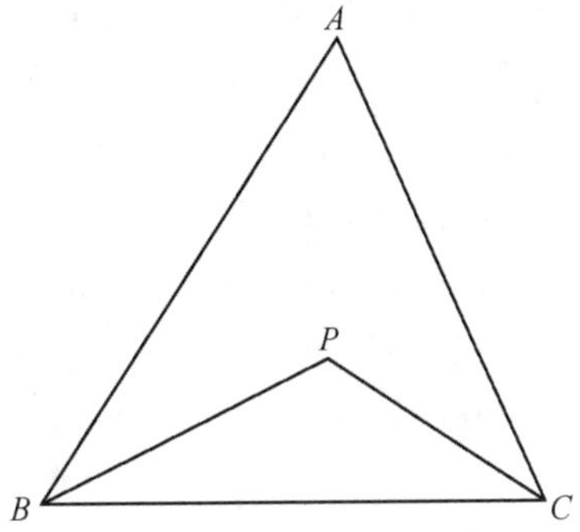

图8-10

$$\boldsymbol{B}(u_1,u_2,u_3)=\sum_{\substack{i+j+k=n\\ i,j,k\geqslant 0}}\frac{n!}{i!j!k!}u_1^i u_2^j u_3^k \boldsymbol{V}_{ijk}. \tag{5.5}$$

$\boldsymbol{V}_{ijk}$ 称为它的特征网格的顶点.易知三角域上的n 次Bézier曲面共有$\dfrac{(n+1)(n+2)}{2}$个顶点.特征网格由

$$\Delta \boldsymbol{V}_{i+1jk}\boldsymbol{V}_{ij+1k}V_{ijk+1}\,(i=1,\cdots,n;i+j+k+1=n)$$

和

$$\Delta \boldsymbol{V}_{ijk-1}\boldsymbol{V}_{ij-1k}\boldsymbol{V}_{i-1jk}\,(i=1,\cdots,n-1,i+j+k-1=n)$$

拼接而成.

与张量积Bézier曲面相类似, 三角域上的Bézier曲面也有一些明显的性质:

(1) $\boldsymbol{B}(u_1,u_2,u_3)$ 在它的特征网格的凸包内;

(2) 边界曲线$\boldsymbol{B}(0,u_2,u_3)$, $\boldsymbol{B}(u_1,0,u_3)$ 和$\boldsymbol{B}(u_1,u_2,0)$ 分别是对应的边界顶点所决定的Bézier曲线;

(3) $\boldsymbol{B}(u_1,u_2,u_3)$ 过三个角点, 且在角点处与特征网格过该点的平面相切. 如$n=3$, $\boldsymbol{B}(u_1,u_2,u_3)$ 过$\boldsymbol{V}_{300}$ 且与$\boldsymbol{V}_{300}$, $\boldsymbol{V}_{210}$ 和$\boldsymbol{V}_{201}$ 所决定的平面相切(见图8-11).

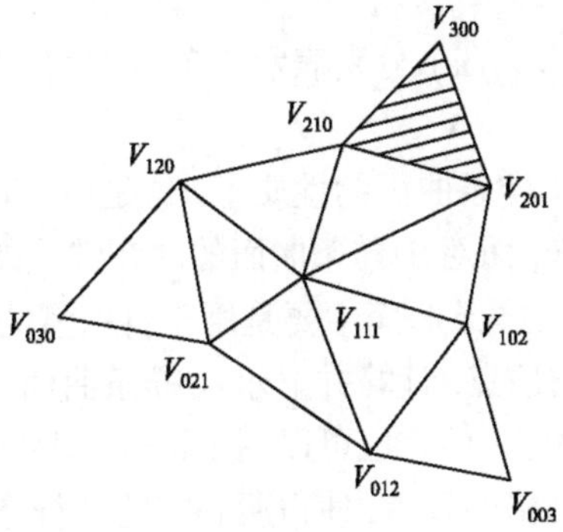

图8-11

同样, 对三角域上的Bézier曲面, 作图定理和剖分定理也成立. 也可举例子证明保凸性命题不成立. 这些就不介绍了. 有兴趣的读者请参阅下列资料:

(1) M. A. Sabin. The use of piecewise forms for the numerical representation of sharp dissertation, Budapest, Hungary, 1977.

(2) R. N. Goldman. Using degenerate Bézier triangles and tetrahedra to subdivide Bézier curves, *C. A. D.*, **6** (1982), p. 307.

(3) R. N. Goldman. Subdivision algorithms for Bézier triangles, *C. A. D.*, **3**(1983), p. 159.

(4) Geng-zhe Chang and P. J. Davis. The convexity of Bernstein polynomials over triangles (unpublished).

(5) G. Farin. Designing c^1 surfaces consisting of triangular cubic patches, *C. A. D.*, **5**(1982), p. 253.

8.6　B 样条曲面

我们按照张量积很容易地把B 样条曲线的定义推广到B 样条曲面.

定义　(等距B 样条曲面)已知R^3 中$(M+1)\,(N+1)$ 个点的序列$b_{ij}(i=0,1,\cdots,M, j=0,1,\cdots,N)$ 时, mn 次参数曲面

$$P(u,w)=\sum_{i=0}^{m}\sum_{j=0}^{n}F_{i,m}(u)F_{j,n}(w)b_{k+i,l+j},\quad 0\leqslant u,w\leqslant 1$$

称为mn 次的等距B 样条曲面的第(k,l) 片. 这里的$F_{i,m}(u)$ 和$F_{j,n}(w)$ 决定于第6章的(8.2)式, $m\leqslant M, n\leqslant N$. $\{b_{ij}\}$ 称为B 样条曲面的特征网格的顶点.

更一般的不等距B 样条曲面由

$$P(u,w)=\sum\sum b_{ij}B_{i,m+1}(u)B_{j,n+1}(w)$$

表示. 这里$B_{i,m+1}(u), B_{j,n+1}(w)$ 分别表示在节点序列(t_i) 和(s_j) 上的B 样条基函数.

我们不再深入讨论B 样条曲面的性质了. 这是由于, 许多重要的性质都可从B 样条曲线的性质类推出来, 而对B 样条曲面的内在性质的研究又进行得很少.

和Bézier曲面一样, B 样条曲面主要是用于自由型曲面的设计的. 设计的步骤如下: 先给出特征网格的顶点, 计算并显示B 样条曲面, 然后修改顶点, 再计算显示, 依次类推, 直到满意为止. 但它也可以用于拟合, 即从已知的离散的型值点出发, 求出B 样条曲面的特征网格的顶点, 使得所确定的B 样条曲面过已知的型值点. 我们称它为反问题.

求解B 样条曲面的反问题可以化为求解B 样条曲线的反问题. 下面, 我们着重讨论三次等距B 样条曲线的反问题. 提法是: 已知一列点$P_i(i=1,2,\cdots,n-1)$, 求以点P_i 为每一段B 样条曲线的端点的三次等距B 样条曲线.

设$b_0,b_1\cdots,b_n$ 是要求的B 样条曲线的特征多边形的顶点. 根据第6章的(8.9)式, 这些顶点必须满足方程组

$$b_{i-1}+4b_i+b_{i+1}=6P_i \quad (i=1,2,\cdots,n-1), \tag{6.1}$$

只要加上两个适当的边界条件, 就可以完全求解.

上海飞机制造厂在一个试验性的辅助外形设计系统中, 采用了两端具有四重节点的等距B 样条基函数(郑会琳等, 一个试验性的辅助外形设计系统, 航空学报, **3**(1982)). 它与普通的等距B 样条相比, 仅仅开头的两个和最后的两个有所不同. 而中间的B 样条基则完全一样.这样做, 好处在于端点有了良好的插值性质. 例如, 在第6章的(9.11)中, 首端满足下列条件:

$$\begin{aligned}&p(0)=b_0,p'(0)=3(b_1-b_0),\\&p''(0)=3(b_2-b_1)+6(b_0-b_1),\end{aligned}$$

即这种B 样条曲线过特征多边形的始点, 并且与特征多边形的第一边相切; 此外, 还可以由使用者控制曲率. 根据边界条件之不同, 我们区分三种情况如下.

(1) 已知$P_i(i=0,1,\cdots,n)$, 求两端是四重节点的三次B 样条曲线, 使它以$P_0,P_2,P_3,\cdots,P_{n-2},P_n$ 为每一段B 样条曲线的端点, 而且P_1 和P_{n-1} 分别是首段和末段上对应于参数

$$t=\frac{1}{3}\text{和}\frac{2}{3}$$

的点.

设所求的B 样条曲线的特征多边形的顶点为$b_0,b_1,\cdots,b_n$, 根据第6 章(9.11)和(9.12), 我们得出前三式

$$\begin{cases}b_0=P_0,\\ \dfrac{8}{27}b_0+\dfrac{61}{4\times 27}b_1+\dfrac{43}{27\times 12}b_2+\dfrac{1}{6\times 27}b_3=P_1,\\ \dfrac{1}{4}b_1+\dfrac{7}{12}b_2+\dfrac{1}{6}b_3=P_2.\end{cases} \tag{6.2}$$

然而用第三式改写第二式,

$$8b_0+15b_1+3b_2=27b_1-b_2.$$

最后的三式与前三式是对称的:

$$\begin{cases}\dfrac{1}{6}b_{n-3}+\dfrac{7}{12}b_{n-2}+\dfrac{1}{4}b_{n-1}=P_{n-2},\\ 3b_{n-2}+15b_{n-1}+8b_n=27P_{n-1}-P_{n-2},\\ b_n=P_n.\end{cases} \tag{6.3}$$

中间的方程是

$$\frac{1}{6}b_{i-1}+\frac{2}{3}b_i+\frac{1}{6}b_{i+1}=P_i,\quad i=3,\cdots,n-2.$$

于是$b_0,b_1,\cdots,b_n$ 满足的方程组可写成

$$\begin{pmatrix} 1 & & & & & & & & \\ 8 & 15 & 3 & & & & & & \\ & \frac{1}{4} & \frac{7}{12} & \frac{1}{6} & & & & & \\ & & \frac{1}{6} & \frac{2}{3} & \frac{1}{6} & & & & \\ & & & \ddots & \ddots & \ddots & & & \\ & & & & \frac{1}{6} & \frac{2}{3} & \frac{1}{6} & & \\ & & & & & \frac{1}{6} & \frac{7}{12} & \frac{1}{4} & \\ & & & & & & 3 & 15 & 8 \\ & & & & & & & & 1 \end{pmatrix}\begin{pmatrix} b_0 \\ b_1 \\ b_2 \\ b_3 \\ \vdots \\ \vdots \\ \vdots \\ b_{n-2} \\ b_{n-1} \\ b_n \end{pmatrix}$$

$$=\begin{pmatrix} P_0 \\ 27P_1-P_2 \\ P_2 \\ \vdots \\ \vdots \\ \vdots \\ P_{n-2} \\ 27P_{n-1}-P_{n-2} \\ P_n \end{pmatrix}, \tag{6.4}$$

对此可用追赶法求解.

(2) 已知$P_i(i=0,1,\cdots,n)$ 及两端的切向T_0,T_n. 求一B 样条曲线, 使它以P_i 为B 样条曲线段的端点, 而且B 样条曲线的首末两端的切向合于T_0 和T_n.

和(6.4)相类似地我们获得方程组

$$
\begin{pmatrix}
1 & & & & & & \\
-3 & 3 & & & & & \\
 & 7 & 2 & & & & \\
 & \frac{1}{6} & \frac{2}{3} & \frac{1}{6} & & & \\
 & & \ddots & \ddots & \ddots & & \\
 & & & \frac{1}{6} & \frac{2}{3} & \frac{1}{6} & \\
 & & & & 2 & 7 & \\
 & & & & & 3 & -3 \\
 & & & & & & 1
\end{pmatrix}
\begin{pmatrix}
b_0 \\ b_1 \\ \vdots \\ \vdots \\ \vdots \\ \vdots \\ \vdots \\ \vdots \\ b_{n-1} \\ b_n
\end{pmatrix}
$$

$$
= \begin{pmatrix}
P_0 \\ T_0 \\ 3P_1 - 3P_0 \\ P_2 \\ \vdots \\ P_{n-2} \\ 3P_{n-1} - 3P_n \\ T_n \\ P_n
\end{pmatrix}, \tag{6.5}
$$

对此也可用追赶法求解.

(3) 在(1)中, 由于B 样条曲线特征多边形顶点的数目多于已知点的数目, 因此增加上了两个条件: 对应于首段参数$t_1 = \dfrac{1}{3}$ 的点是P_2 , 对应于末段参数$t_2 = \dfrac{2}{3}$ 的点是P_{n-1}. 这里的$\dfrac{1}{3}$ 和$\dfrac{2}{3}$ 是人为规定的. 如果取

$$
t_1 = \frac{|\overrightarrow{P_0P_1}|}{|\overrightarrow{P_0P_1}| + |\overrightarrow{P_1P_2}|}, \quad t_2 = \frac{|\overrightarrow{P_{n-1}P_n}|}{|\overrightarrow{P_{n-2}P_{n-1}}| + |\overrightarrow{P_{n-1}P_n}|},
$$

就可避免由于已知点列的分布的不均匀所引起的突变.

现在再来解B 样条曲面的反问题, 已经没有什么困难了. 设

$$
P_{ij}(i = 0, 1, \cdots, m; j = 0, \cdots, n)
$$

是R^3 中的$(m+1)(n+1)$ 个点. 要决定过这些点的B 样条曲面的特征网格的顶点V_{ij}, 我们可以根据下列步骤进行:

(1) 固定i , 对$P_{ij}(j=0,\cdots,n)$ 求解"曲线反问题", 从此得出b_{ij};

(2) 固定j , 对$b_{ij}(i=0,\cdots,m)$ 求解"曲线反问题", 从此得出V_{ij}.

《现代数学基础丛书》已出版书目

1 数理逻辑基础(上册) 1981.1 胡世华 陆钟万 著
2 数理逻辑基础(下册) 1982.8 胡世华 陆钟万 著
3 紧黎曼曲面引论 1981.3 伍鸿熙 吕以辇 陈志华 著
4 组合论(上册) 1981.10 柯 召 魏万迪 著
5 组合论(下册) 1987.12 魏万迪 著
6 数理统计引论 1981.11 陈希孺 著
7 多元统计分析引论 1982.6 张尧庭 方开泰 著
8 有限群构造(上册) 1982.11 张远达 著
9 有限群构造(下册) 1982.12 张远达 著
10 测度论基础 1983.9 朱成熹 著
11 分析概率论 1984.4 胡迪鹤 著
12 微分方程定性理论 1985.5 张芷芬 丁同仁 黄文灶 董镇喜 著
13 傅里叶积分算子理论及其应用 1985.9 仇庆久 陈恕行 是嘉鸿 刘景麟 蒋鲁敏 编
14 辛几何引论 1986.3 J.柯歇尔 邹异明 著
15 概率论基础和随机过程 1986.6 王寿仁 编著
16 算子代数 1986.6 李炳仁 著
17 线性偏微分算子引论(上册) 1986.8 齐民友 编著
18 线性偏微分算子引论(下册) 1992.1 齐民友 徐超江 编著
19 实用微分几何引论 1986.11 苏步青 华宣积 忻元龙 著
20 微分动力系统原理 1987.2 张筑生 著
21 线性代数群表示导论(上册) 1987.2 曹锡华 王建磐 著
22 模型论基础 1987.8 王世强 著
23 递归论 1987.11 莫绍揆 著
24 拟共形映射及其在黎曼曲面论中的应用 1988.1 李 忠 著
25 代数体函数与常微分方程 1988.2 何育赞 萧修治 著
26 同调代数 1988.2 周伯壎 著
27 近代调和分析方法及其应用 1988.6 韩永生 著
28 带有时滞的动力系统的稳定性 1989.10 秦元勋 刘永清 王 联 郑祖庥 著
29 代数拓扑与示性类 1989.11 [丹麦] I. 马德森 著
30 非线性发展方程 1989.12 李大潜 陈韵梅 著

31 仿微分算子引论 1990.2 陈恕行 仇庆久 李成章 编
32 公理集合论导引 1991.1 张锦文 著
33 解析数论基础 1991.2 潘承洞 潘承彪 著
34 二阶椭圆型方程与椭圆型方程组 1991.4 陈亚浙 吴兰成 著
35 黎曼曲面 1991.4 吕以辇 张学莲 著
36 复变函数逼近论 1992.3 沈燮昌 著
37 Banach 代数 1992.11 李炳仁 著
38 随机点过程及其应用 1992.12 邓永录 梁之舜 著
39 丢番图逼近引论 1993.4 朱尧辰 王连祥 著
40 线性整数规划的数学基础 1995.2 马仲蕃 著
41 单复变函数论中的几个论题 1995.8 庄圻泰 杨重骏 何育赞 闻国椿 著
42 复解析动力系统 1995.10 吕以辇 著
43 组合矩阵论(第二版) 2005.1 柳柏濂 著
44 Banach 空间中的非线性逼近理论 1997.5 徐士英 李 冲 杨文善 著
45 实分析导论 1998.2 丁传松 李秉彝 布 伦 著
46 对称性分岔理论基础 1998.3 唐 云 著
47 Gel'fond-Baker 方法在丢番图方程中的应用 1998.10 乐茂华 著
48 随机模型的密度演化方法 1999.6 史定华 著
49 非线性偏微分复方程 1999.6 闻国椿 著
50 复合算子理论 1999.8 徐宪民 著
51 离散鞅及其应用 1999.9 史及民 编著
52 惯性流形与近似惯性流形 2000.1 戴正德 郭柏灵 著
53 数学规划导论 2000.6 徐增堃 著
54 拓扑空间中的反例 2000.6 汪 林 杨富春 编著
55 序半群引论 2001.1 谢祥云 著
56 动力系统的定性与分支理论 2001.2 罗定军 张 祥 董梅芳 著
57 随机分析学基础(第二版) 2001.3 黄志远 著
58 非线性动力系统分析引论 2001.9 盛昭瀚 马军海 著
59 高斯过程的样本轨道性质 2001.11 林正炎 陆传荣 张立新 著
60 光滑映射的奇点理论 2002.1 李养成 著
61 动力系统的周期解与分支理论 2002.4 韩茂安 著
62 神经动力学模型方法和应用 2002.4 阮 炯 顾凡及 蔡志杰 编著
63 同调论——代数拓扑之一 2002.7 沈信耀 著
64 金兹堡-朗道方程 2002.8 郭柏灵 黄海洋 蒋慕容 著

65 排队论基础 2002.10 孙荣恒 李建平 著

66 算子代数上线性映射引论 2002.12 侯晋川 崔建莲 著

67 微分方法中的变分方法 2003.2 陆文端 著

68 周期小波及其应用 2003.3 彭思龙 李登峰 谌秋辉 著

69 集值分析 2003.8 李 雷 吴从炘 著

70 强偏差定理与分析方法 2003.8 刘 文 著

71 椭圆与抛物型方程引论 2003.9 伍卓群 尹景学 王春朋 著

72 有限典型群子空间轨道生成的格(第二版) 2003.10 万哲先 霍元极 著

73 调和分析及其在偏微分方程中的应用(第二版) 2004.3 苗长兴 著

74 稳定性和单纯性理论 2004.6 史念东 著

75 发展方程数值计算方法 2004.6 黄明游 编著

76 传染病动力学的数学建模与研究 2004.8 马知恩 周义仓 王稳地 靳 祯 著

77 模李超代数 2004.9 张永正 刘文德 著

78 巴拿赫空间中算子广义逆理论及其应用 2005.1 王玉文 著

79 巴拿赫空间结构和算子理想 2005.3 钟怀杰 著

80 脉冲微分系统引论 2005.3 傅希林 闫宝强 刘衍胜 著

81 代数学中的 Frobenius 结构 2005.7 汪明义 著

82 生存数据统计分析 2005.12 王启华 著

83 数理逻辑引论与归结原理(第二版) 2006.3 王国俊 著

84 数据包络分析 2006.3 魏权龄 著

85 代数群引论 2006.9 黎景辉 陈志杰 赵春来 著

86 矩阵结合方案 2006.9 王仰贤 霍元极 麻常利 著

87 椭圆曲线公钥密码导引 2006.10 祝跃飞 张亚娟 著

88 椭圆与超椭圆曲线公钥密码的理论与实现 2006.12 王学理 裴定一 著

89 散乱数据拟合的模型、方法和理论 2007.1 吴宗敏 著

90 非线性演化方程的稳定性与分歧 2007.4 马 天 汪宁宏 著

91 正规族理论及其应用 2007.4 顾永兴 庞学诚 方明亮 著

92 组合网络理论 2007.5 徐俊明 著

93 矩阵的半张量积:理论与应用 2007.5 程代展 齐洪胜 著

94 鞅与 Banach 空间几何学 2007.5 刘培德 著

95 非线性常微分方程边值问题 2007.6 葛渭高 著

96 戴维-斯特瓦尔松方程 2007.5 戴正德 蒋慕蓉 李栋龙 著

97 广义哈密顿系统理论及其应用 2007.7 李继彬 赵晓华 刘正荣 著

98 Adams 谱序列和球面稳定同伦群 2007.7 林金坤 著

99 矩阵理论及其应用 2007.8 陈公宁 编著
100 集值随机过程引论 2007.8 张文修 李寿梅 汪振鹏 高 勇 著
101 偏微分方程的调和分析方法 2008.1 苗长兴 张 波 著
102 拓扑动力系统概论 2008.1 叶向东 黄 文 邵 松 著
103 线性微分方程的非线性扰动(第二版) 2008.3 徐登洲 马如云 著
104 数组合地图论(第二版) 2008.3 刘彦佩 著
105 半群的 S-系理论(第二版) 2008.3 刘仲奎 乔虎生 著
106 巴拿赫空间引论(第二版) 2008.4 定光桂 著
107 拓扑空间论(第二版) 2008.4 高国士 著
108 非经典数理逻辑与近似推理(第二版) 2008.5 王国俊 著
109 非参数蒙特卡罗检验及其应用 2008.8 朱力行 许王莉 著
110 Camassa-Holm 方程 2008.8 郭柏灵 田立新 杨灵娥 殷朝阳 著
111 环与代数(第二版) 2009.1 刘绍学 郭晋云 朱 彬 韩 阳 著
112 泛函微分方程的相空间理论及应用 2009.4 王 克 范 猛 著
113 概率论基础(第二版) 2009.8 严士健 王隽骧 刘秀芳 著
114 自相似集的结构 2010.1 周作领 瞿成勤 朱智伟 著
115 现代统计研究基础 2010.3 王启华 史宁中 耿 直 主编
116 图的可嵌入性理论(第二版) 2010.3 刘彦佩 著
117 非线性波动方程的现代方法(第二版) 2010.4 苗长兴 著
118 算子代数与非交换 L_p 空间引论 2010.5 许全华 吐尔德别克 陈泽乾 著
119 非线性椭圆型方程 2010.7 王明新 著
120 流形拓扑学 2010.8 马 天 著
121 局部域上的调和分析与分形分析及其应用 2011. 4 苏维宜 著
122 Zakharov 方程及其孤立波解 2011. 6 郭柏灵 甘在会 张景军 著
123 反应扩散方程引论(第二版) 2011. 9 叶其孝 李正元 王明新 吴雅萍 著
124 代数模型论引论 2011. 10 史念东 著
125 拓扑动力系统——从拓扑方法到遍历理论方法 2011. 12 周作领 尹建东 许绍元 著
126 Littlewood-Paley 理论及其在流体动力学方程中的应用 2012. 3 苗长兴 吴家宏 章志飞 著
127 有约束条件的统计推断及其应用 2012. 3 王金德 著
128 混沌、Mel′nikov 方法及新发展 2012. 6 李继彬 陈凤娟 著
129 现代统计模型 2012. 6 薛留根 著
130 金融数学引论 2012. 7 严加安 著
131 零过多数据的统计分析及其应用 2013. 1 解锋昌 韦博成 林金官 著

132　分形分析引论　2013.6　胡家信　著
133　索伯列夫空间导论　2013.8　陈国旺　编著
134　广义估计方程估计方程　2013.8　周　勇　著
135　统计质量控制图理论与方法　2013.8　王兆军　邹长亮　李忠华　著
136　有限群初步　2014.1　徐明曜　著
137　拓扑群引论(第二版)　2014.3　黎景辉　冯绪宁　著
138　现代非参数统计　2015.1　薛留根　著